2021年国家社科基金特别委托项目

山西省2023年图书、音像电子、网络出版物重点选题

A History of
World Printing Culture

世界印刷文化史

孙宝林 编著

山西出版传媒集团

山西经济出版社

印刷文明研究之力作
——为《世界印刷文化史》序

柳斌杰

我国传统文化的经典《大学·中庸》有言在先："物有本末，事有终始，知所先后，则近道矣。"（引自《大学·中庸》中华书局，2006年版）这为我们后人研究学问指出了一个方法论原则。学习历史、研究历史、借鉴历史、创造历史是人们实践活动和文化传承的基本规律，可以给人们增添认识过去、把握现在、开拓未来的智慧和力量。

中国印刷博物馆原馆长孙宝林同志编著的《世界印刷文化史》，就是这样一部探究印刷文明本来、知古鉴今的力作。在其出版付印之前，作者送来了书稿，嘱我作序，有幸先睹为快。加之我国是对人类印刷文明做过重要贡献的国家，我始终充满了敬意和自豪，故而允之，有言可序。

印刷技术的出现，是人类继语言沟通、文字书写之后最伟大的一次传播革命，它以能把人们的思想、文化、信息、设计、创意、图形等精神创造复制到相应的物质载体上的伟大贡献，创造了人类文明新形态，是人类文明史上的里程碑。因为它改变了语言、文字传播的业态和局限性，使人们的思想、文化、知识跨越了生存的时间和地理空间，变得不朽。

第一，满足了人类记录历史和保存记忆的长期愿望，也克服了口传谬误和书写差错的缺点。大量精编、细校的印刷经典，长期留住了信史和人类的集体记忆，让人类不忘曾经走过的路。

第二，解决了人类思想、文化、知识远距离交流传播的难题，推进了多元思想、多样文化、多种知识大范围交流互鉴，整体加快了人类文明进步的速度。

第三，促进了知识的生产和人文教化的社会化。由于有了印刷业的支持，大量的知识如哲学、文学、科技、宗教、艺术等作品得以印刷出版，带来了文化业的繁荣。而书籍的印刷发行又为教书育人提供了文本，于是大规模的社会教化机构就发展起来了，从书院、经院到各类学校，社会教育蓬勃兴起。

第四，改变了人类的生活方式和生产方式，加快了社会文明进步。印刷出版物一经问世，就震动了社会各界，文化进入了千家万户。读书成了一种生活方式和有志青年的追求。而知识又改变了大多数人的理想信念，社会的创造力激发出来，变革的力量增强了。在经济方面，出现货币、契约、合同、证券等印刷产品，人类第一次实现了对资产、资本的"虚拟化"——有价证券代替了黄金、白银、铜钱、土地、矿山和机器等，大大解放了生产力，提升了贸易、投资能力。早期的古典经济学家，马克思、恩格斯等都对其给予高度肯定，做过精彩的论述。

中华民族是对印刷文明做出过特殊贡献的民族，在印刷技术的物质载体和工艺技能方面都有着不同凡响的发明创造。印刷技术的关键在于"印"，而"印"6000多年前在中国就出现了，从最初的部落"印信"到夏、商、周王室及封国、诸侯国的"典册授印"，都是权威的证明。那时候印章的符号或文字虽简略，但其制作过程已经具备印刷的基本要素，是蔡伦造纸、雕版印刷、毕昇发明活字印刷技术等印刷出版业进步发展的技术原理的探索过程。正是造纸术和印刷术成就了中国出版，为中华民族的子孙后代留下了数以百万种计的历史经典，以其强大的传统文化力量，为中华民族立心立命、立魂立德，熔铸了几千年生生不息的文化血脉。这一点得到世界公认。联合国主编的《人类文明史》，英国人主编的《思想史》《科技史》，以及美国人、德国人、法国人的关于印刷文化的书，都充分记述了中国的这两大发明。而西方启蒙学者，马克思主义的创始人等，都充分肯定了中国人对印刷文明的伟大贡献。作为中华民族的子孙后代，我们为此感到光荣，感到自豪。

《世界印刷文化史》正是以文化史的视域和历史学的方法，讲述印刷文化的过去、现在和未来的故事，给被誉为人类文明之母的伟大发明立传存史，讴歌凝结在几千年印刷技术工艺和印刷出版重塑文明史之上的人类智慧和共同劳动成果。书稿读之，油然而生敬意，使我们的历史自信、文化自信更加深入内心。初读此书，我以为有以下三个突出的特点：

一是宏大的视野。以全人类的印刷文化起源、发展、交流、互鉴为叙事本体，展示了全景式的印刷文明景象，让人们看到在探索人类文明的进程中，各个民族、各个地域、各个时代的探索者、创造者，都做出了巨大的贡献，因而构成了文化的多样性和文明的多元性。坚持文化交流和文明互鉴，始终是文明演进的正确选择。

二是科学的态度。以正确的历史观和严谨的学术规范，增添了作品的文化价值和学术价值。在治史方法上，坚持了马克思主义历史唯物主义，史从事出、事从人出、论从实出，增强了历史深度和可信度。而在研究上，则引证和吸收了中外相关学者的最新研究成果，丰富了整个著作的内容和印刷文化的厚度，体现了编著者的科学精神和对真理性的追求。

三是爱国的情怀。在全球视野的印刷文化中，以崇敬的笔触，表达了对我国古代发明印刷术历史功绩的景仰，讲述了印刷文明对中华民族文化繁荣和社会进步的独特作用，以及现代印刷文化在传承历史文化、赓续民族血脉、创造时代文明方面的发展前景。尤其是在印刷文明、数字文明迭代融合发展的新格局中，如何弘扬和发展印刷文明，加快优秀传统文化创造性转化和创新性发展方面的研究，更是充满了自主、自立、自信，表达了对中华民族伟大复兴的坚定信念。

据我所知，宝林同志在主持中国印刷博物馆工作期间，以刻苦钻研专业和干一行爱一行的精神，盘活了馆藏资源，创新了服务社会教育方式，以多种方法唤起了社会对印刷文化的重视和热爱，在国内外青少年中广泛开展了中国印刷文化的学习和实践。尤其在学术的高度上，开拓了《印刷文化（中英文版）》学术期刊和国际印刷文化论坛等多个文化交流互鉴阵地，在国际上维护了中国印刷术发明者的声誉，使中国印刷文化在国内外扩大了影响。这次编著的《世界印刷文化史》，又是一部具有世界性的印刷文化史，必将在世界了解中国、中国了解世界的双向传播中，起到兴文化、展形象的积极作用。我为这些厚植文化之根的编著者点赞！

当前，全国各族人民正在中国共产党的领导下，创造属于我们这个时代的新文明。知古鉴今、继往开来，是中华文明生生不息、万古长青的力量之源。让我们共同发扬中华优秀文化的光荣传统和创新精神，勇担新的文化使命，坚持开放包容和文明互鉴，实现文明新超越，在中国式现代化新征程中为人类文明进步做出更大的贡献。

柳斌杰　第十二届全国人民代表大会常务委员会委员、
教育科学文化卫生委员会主任委员
原新闻出版总署署长
国家版权局原局长

前言

刚刚进入二十四节气"大雪",首都北京就迎来了今冬第一场降雪。广袤大地,银装素裹。临窗眺望古都中轴线,思绪万千。人类历史的长河并非笔直而是蜿蜒向前。人类作为地球上最具灵性的物种,正是以思想和技术的加持,不断探寻着想知的未知。当停息片刻,我们总是会回首看看来时的路,想一想出发时的初心和期待。我常常不揣浅陋,努力从坚定文化自信和历史自觉主动的本心出发,追寻古人智慧,启迪当下思考。

学习贯彻习近平文化思想,自觉落实总书记对我国优秀传统文化创造性转化、创新性发展以及坚持文化主体性的要求。总书记强调,任何文化要立得住、行得远,要有引领力、凝聚力、塑造力、辐射力,就必须有自己的主体性。文化自信就来自我们的文化主体性。有了文化的主体性,就有了文化意义上的自我,文化自信就有了根本依托。我把总书记关于文化建设的要求时刻记在心里，注意团结引领专家学者推进中国故事的国际表达，讨论提出印刷文化国际表达的概念，探索构建自主的学术话语体系。

知古鉴今，以史为鉴。两年多前，在任中国印刷博物馆馆长期间，我承担了国家社科基金特别委托课题"印本文化研究"任务。在工作交往和推进我国印刷文化研究过程中，结识了一批颇有思想的专家学者，他们对我国自印刷术诞生以来的各个发展高峰均有较深的认识和理解，同时颇具国际视野，他们在印刷文化研究领域的建树给予了我很多的启发。我想能否由中国学者执笔，以时间为轴，以高维的视角和全球的视野，撰写一部世界印刷文化史，期望从推进人类文明互鉴，各美其美、美美与共的理念出发，叙述属于中国更属于全人类的印刷文化，这就是本书的源起。

本书立足于5000多年的中华文明史，1400多年的印刷史，分印刷起源、雕版印刷、活字魅力、数字印刷、印刷艺术和印刷文化六章，阐释千年世界印刷文化发展史，不仅覆盖印刷术起源地中国，还涉及亚洲的其他国家或地区，以及非洲、欧洲、美洲等地。

本书编著者期望以历史梳理和系统思考，呈现凝结于物质载体之上的精神内涵，以此不负印刷术发明国的称号，以此怀念和铭记

前　言

为印刷术不断发展进步及其凝结为印刷文化的先贤。

《世界印刷文化史》一书由我作为课题负责人提出主要思路和结构框架，并对全部书稿进行审读。各章撰写分工如下：第一章谷舟，第二章何朝晖，第三章徐忆农，第四章第一、二、四节万晓霞团队、第三节赵春英，第五章龚小凡，第六章孙宝林。

何朝晖老师精心收集世界范围的雕版印刷史料并做比较研究。徐忆农老师为全书的统稿与审校付出了辛勤努力，赵香为课题研究和成书出版做出了大量具体的协调和推动工作，于梦晓参与了资料搜集整理与文稿修改。山西经济出版社领导高度重视，责编吴迪及编辑团队的精心策划和辛苦劳动，使得本书更加完善。在此一并表示衷心感谢！

癸卯年冬月
于北京天桥艺术大厦

孙宝林，全国政协委员，中国版权保护中心党委书记、主任，中国版权协会副理事长，第二届全国编辑出版学名词审定委员会顾问。受聘中国科协首席科学传播专家、国家图书馆"文津讲坛"特聘教授、国家社科基金特别委托项目首席专家。央视《开讲啦》等栏目主讲嘉宾。合著《传统的未来——印刷文化十二讲》，俄文版入选"2022年经典中国国际出版工程"。首倡我国印刷出版文化研究，"出版文化""印刷文化"入选全国科技名词词条。论文《试论开展印本文化研究的价值和意义》被《新华文摘》转载，《讲好版权文化故事》在学习强国平台阅读量超430万人次。规范剧本娱乐版权话题全网传播1.5亿人次。发表《推动构建版权文化学术话语体系》等论文及文章30余篇。

目录

第一章　印刷起源　1
第一节　印刷术的信息载体　6

第二节　印刷术的物质基础　21

第三节　印刷术的技术基础　37

第四节　印刷术的经济社会基础　44

第二章　雕版印刷　67
第一节　中国的雕版印刷　70

第二节　雕版印刷的世界传播　114

第三章　活字魅力　185
第一节　中国活字印刷术的起源与发展　187

第二节　活字印刷文化在亚非的传播与影响　232

第三节　活字印刷文化在欧美的传播与影响　247

第四节　活字印刷文化对世界文明的贡献　268

第四章　数字印刷　271

第一节　近现代世界印刷技术的革新与进步　273

第二节　近现代中国印刷技术的变革与发展　289

第三节　汉字激光照排系统的发明与意义　295

第四节　数字时代印刷技术的实践与前景　309

第五章　印刷艺术　319

第一节　印刷书中的插图艺术　321

第二节　印刷书中的版式与字体艺术　366

第三节　版画艺术　397

第六章　印刷文化　451

第一节　印刷术发明被誉为"人类文明之母"　457

第二节　印刷术的诞生不亚于当今互联网的出现　470

第三节　印刷文化是全人类共同的精神财富　481

后　记　486

第一章 印刷起源

第一章　印刷起源

　　纵观人类文明的发展历程，文明传播方式的每一次进步，都极大地推动了社会文明的进展。继语言的出现、文字的诞生为文明生长所产生的奠基作用，印刷术的发明使文明的种子四处生发壮大，由一棵棵幼苗茁壮成长为参天大树。

　　印刷术是通过转印材料把印版上的图文转印到承印物上的工艺技术。[①]作为一种图文的复制技术，它的出现克服了以往手写传播难以大规模复制信息的局限性，打破了少数人对知识的垄断，推动了文化和教育的普及，使人类由人际传播时代进入大众传播时代。千余年来，印刷术带来的变化，在人类社会各个方面都产生了

[①] 张树栋：《不忘初心——在科技史层面上创新、发展的印刷史研究》，载中国印刷博物馆组编《版印文明——中国古代印刷史学术研讨会论文集》，文化发展出版社，2019，第196页。

前所未有的深刻影响。印刷术对促进人类文明贡献之大，影响之深远，非其他技术发明所能媲美，由此也被西方誉为"进步之母"。①

在千余年的发展历程中，印刷术经历了从手工的雕版印刷、活字印刷到机械印刷的发展历程。印刷承载物从早期的纸张，发展为当今的高分子合成物，印刷几乎无所不在，无处不包。印版由最早的木版、泥版、蜡版发展为铅版、照相铜锌版、石版、玻璃版、电子刻版、感光树脂版、预涂感光版等，再到数码印刷的无版印刷，变化之巨大令人应接不暇。随着数字信息化时代的到来，印刷术随时代进步、技术发展、社会生活文化的变化，应用面不断扩大。印刷术的应用范围极为广泛，除主要用于印刷图书外，从隋唐时期的历法、经咒，到宋元明清时期的插图、版画、纸币、广告、地契，再到当今的包装、服饰、线路板等各个方面，印刷品走进了人们的日常生活，成为不可或缺的一个重要组成部分。千余年来，印刷术的发展变化，赋予了其丰富的文化内涵。印刷不仅是一种技术，更是一种文化，一种艺术载体。技术与文化的一体性，使印刷发展充满了无限可能性。

雕版印刷是印刷术发展的第一个阶段，它开启了印刷历史的新纪元。关于印刷术起源于何时何地存在多种说法，如中国说、印度说、韩国说等。其中，中国说就存在"两汉论""南北朝论""隋唐论"

---

① 西方有句名言："印刷为进步之母！"（Printing, the mother of progress!）转自：张树栋，庞多益，郑如斯等：《中华印刷通史》，印刷工业出版社，1999，第5页。

等多种观点。①虽然观点较多，但不可否认的是印刷术的出现是技术经验的积累，是数千年文化发展的积淀，更是为了满足源源不断的文化诉求。在学界长达几十年的学术探讨中，中国"隋唐论"是最为认可的观点，也是当今世界主流的看法和观点。

本章主要探讨印刷术发展的第一个阶段——雕版印刷术的起源问题，上溯语言和文字的诞生，下讫隋唐之际印刷术的出现。通过探讨印刷术的运用对象、技术的源头、物质材料基础，从技术论、社会需求、成本运用等角度综合阐述世界印刷术的起源问题。

---

① 曹之：《中国印刷术的起源》，武汉大学出版社，2015，第20—43页。

第一节　印刷术的信息载体

文字与图像是印刷的基础，作为印刷的主要对象，两者与语言构建了信息传播的基础。从人类信息传播的发展历程来看，追求并实现图文信息快速传递是信息传播发展的一般规律。在印刷术发展之前，人类信息传播经历了语言传播、文字传播两个重要阶段。语言的积淀、文字的成熟推动了人类知识的传承、文化教育的发展，另一方面也为印刷传播时代的出现奠定了坚实的基础。

一、语言、图像的起源

自人类群居而起，就逐步产生了社交和传播活动。从最早的语言、图文等构成信息传播的"星火之辉"，到纸张出现和印刷术的发明，逐步成就了文明发展的"燎原之势"，其间历经了数万年。

语言是人类传播活动的起始。语言如何起源，何时起源存在着不同的观点。是源于感情表达、劳动创造，还是对自然界声音的模仿。语言在何地最早出现的争论亦是众说纷纭。是同一起源，还是独立起源？却存在许多难以破解之谜。

　　语言传播时代极为漫长，它是人类信息传播最初始阶段，也是最重要、最基本的阶段。无论时光如何变迁，它始终是我们人类信息传播最基础的手段。通过口语进行交流，是人类区别于其他动物的最显著的特征之一。作为人类传播史上十分重要的一步，它代替了原始的叫喊、手势和标志，将抽象的意义转化为语言符号，用于表达事物、动作、思想和状态。这是原始人类集体生活劳动智慧的结晶。可以想象，从声音发展成为固定的语言，必然经历了漫长的发展过程。在语言未发展成型之前，我们想象原始人类可能通过声音模拟、手势比画、连蒙带猜的交流方式进行彼此的沟通，难以谈及不同族群之间的交流。语言的出现，成为维系社会成员关系、促进交流理解、传递思维和信息的重要工具，更是为人类思想观念的后续成就开启了康庄大道。

　　艺术的起源可追溯至旧石器时代晚期。在西班牙阿尔塔米拉洞穴、法国拉斯科洞穴发现了目前人类最早期的绘画。或许出于对生活的描述和歌颂，古人开启了绘画的大门。不同阶段，古人对世界的认识和感知不同，亦对绘画产生了深刻影响。考古遗址中发现的新石器时代的岩画与彩陶，为了解史前绘画提供了丰富的材料。如仰韶文化时期的鹳鱼石斧图彩陶缸、人面鱼纹彩陶盆等，代表了我国史前时期较为精美的绘画技术。先秦时期，青铜器上的花纹装饰较为丰富，帛画展示了早期中国画的线条之美。两汉和魏晋南北朝时期，山水画、花鸟画开始萌芽。隋唐时期社会经济发展文化兴盛繁荣，绘画也随之呈现出繁荣的局面。作为一种别样的语言，艺术的发展为印刷品提供了丰富的内容。

二、汉字的发展和精神

文字是人类文明进步史上的一项伟大成就，一方面引导人类由"野蛮时代"迈进"文明时代"，另一方面从时间的久远和空间的广阔上实现了对语言传播的超越。不同于语言，文字将听觉符号转为视觉符号，使语言有形并得以保存。人类信息的传递和积累不再依靠于有限的记忆力，同时打破了知识传播的距离限制，扩展了人类交流的空间。

文字对思想情感的具象化更是一场艰辛而漫长的探索。在语言交流的推动下，一万多年前开始出现原始文字雏形。原始图像、刻符的发展逐步形成了文字的胚胎。由于世界各地环境与习惯的差异，各区域早期文字在不同方向上发展，如古埃及人的象形文字，苏美尔人的楔形文字等。这些文字造就了古代文明的历史成就。如今这些古文字已销声匿迹不再使用，且和该地区现行使用的文字几乎没有关联。中国的汉字是现存最古老的仍在使用的文字。作为唯一未中断的文明古国，汉字的使用融到中华民族的血脉之中。

汉字是我们中华民族最了不起的发明。它为中华儿女与其他民族以及无限的未来间的传承交流搭起了沟通的桥梁。作为书面交流的符号，汉字极大地推动了中华文明的发展。几千年来，随着社会发展变迁，汉字亦在不断演变。在记录与传播功能之外，汉字自身也成为文化，成为学问，成为文化主体性的表达。汉字的成熟定形为印刷术的出现奠定了基础。

(一) 字之源

从古至今，世人对汉字的起源做过诸多的探索，他们将文字的产生主要归功于当时的圣贤，由此出现了许多传说。其中，仓颉造字的传说最为知名。相传五千年前，黄帝史官仓颉创造了文字，仓颉因此被尊称为"造字圣人"。如今，我国陕西、河南、山东等地保存了不少纪念仓颉的遗迹，表达了人民对造字先师的敬重。2014 年，仓颉传说入选第四批国家级非物质文化遗产名录。

随着考古研究的进展，人们逐步认识到文字最早源于图画符号。我国最早的文字符号可追溯至河南舞阳贾湖遗址发现的龟甲上的符号，它距今约 7500 年。此外，仰韶文化遗址（公元前 5000—公元前 3000 年）、良渚文化遗址（公元前 3300—公元前 2200 年）、山东半岛大汶口文化遗址（公元前 3100—公元前 2600 年）也发现了一些可能与汉字起源有关的刻画符号。山西临汾陶寺遗址（公元前 2300—公元前 1900 年）发现的陶罐上出现的"文"字，骨耜上出现的"辰"字，是目前发现最早与汉字有直接联系的文字。在生产和生活的推动下，这种早期记载事物的图形文字进一步发展演变成了象形文字,汉字得以创造。

(二)字之变

1. 手写时代的发展

甲骨文是我国迄今发现的成熟的文字系统,距今已有3300年的历史。甲骨文基本具备了汉字"六书"的构造法则,奠定了汉字造字设计的理论基础。它为研究我国汉字发展和早期历史提供了丰富的资料。鉴于甲骨文的重要历史价值,2017年11月甲骨文成功入选世界记忆名录。

随着文化的积累和进步,在甲骨文的基础上,汉字不断丰富,字体不断发生变化,经历了篆书、隶书、楷书、行书、草书等阶段。其中楷书的成熟和完备,使得汉字的笔画特征和结构规范最终得以确定。楷体出现于汉代,文字平直端正,成为印刷术出现时最为常用的字体。无论是唐朝的"写经体",还是明清时盛行的"馆阁体",抑或楷书四大名家"欧颜柳赵"字体风格,都在雕版印刷中得到体现和运用,甚至成为鉴定版本的重要依据。

此外,印刷时代流行的"写刻本"更是将书法意蕴融入版刻之中。此类刻本古籍是以名家手稿为写样,再聘请名匠上稿精心刻印而成。要在木板上彰显原书法韵味颇为不易,因此,写刻本一般都是由经验丰富、技艺高超的刻字匠操刀运作。历代留存的写刻本并不多见,常常一页书就是一幅精美的书法作品,甚为难得。写刻本的出现可以追溯到宋朝。北宋初期,我国雕版印刷开始大规模普及,刊行法帖的风气盛行。如苏轼抄写了《楞伽经》四卷,1088年福州觉禅院命工匠刻印此经。写刻本使传统书法因雕版印刷术得以保存下来。通过写刻本,我们可见雕版印刷术工艺之美。写刻本是中国传统书法艺术与雕刻艺术的精心结合，是雕刻工匠和知识分子精心合作的产物。

2. 印刷时代的突破

隋唐时期，雕版印刷术诞生。人们自此逐步采用书面印刷的方式传播可信的有价值的知识信息。文字与印刷技术的结合，对文字的形式产生了重要影响。受书写习惯的影响，楷体字体成为早期印刷最先使用的字体。在刻刀和雕版木纹的影响下，古代刻字工匠们逐步设计出一种脱离书法字体、适应批量印刷的专用字体——宋体字。宋体字横平竖直，横细竖粗，起落笔处有棱有角，字形方正，笔画硬挺。宋体字的出现标志着我国汉字字体发展迈向了一个新的台阶。

"宋体字"在南宋时就已有雏形。如宋刻本《春秋繁露》《图画见闻志》采用了一种失去笔意、文字板滞的字体，然而运用并不广泛。到了明中叶以来，复古之风盛起，反映在字体上就是一反元、明初的赵体字，而崇尚宋朝的欧、颜体，但是画虎不成，受木材纹理、雕刻技艺以及成本等因素的影响，雕刻出的字形失真也就在所难免。对欧体这种上下略长，左右较短，结构长方形的字体来说，不利于在面积见小的印版上行刀。相比之下字体略显肥劲朴厚的颜体则合适于印版刻写，但颜体的笔画又过于粗细悬殊。柳体结构方正，起落顿笔以及瘦硬的风格都吻合刻版的特点，尤以略带斜势横画最有特征，但这种笔画上的倾斜又呈现出不合乎规范的现象。明代刻字匠们结合书写特征与刻字的实际需求，发展了笔画更趋横平竖直，横细竖粗的"宋体字"。

当"通俗"的宋体字作为印刷书体出现之后，对它的审美评价便出现了两个极端。贬损者认为这种字体死板、僵硬，毫无生气，甚至还有人认为其刻板拘谨，书体僵化。而褒益者则不仅喜爱，更有尊崇之态，认为"字贵宋体，取其端楷庄严，可垂永久"。宋体字显然没有颜、柳、欧、赵手写体来的那样美丽悦目，但它的笔画从非常接近于用毛笔书写的楷书，演变成极端直线化的刻书体。它比之前出现在印本上的（唐、宋、金、元以来）、没有一个统一标准的各种楷体字都更显整齐划一。它字体方正端庄，笔画横平竖直，横细竖粗，棱角分明，结构严谨，整齐均匀，有极强的笔画规律性，从而使人在阅读时有一种舒适醒目的感觉。尽管这种新字体的笔画被有些人说成是近于"机械"的线条，但它易于雕刻，便于印刷，利于阅读，因此在明清广泛的书籍商品生产需求下，逐渐成了当时印刷出版业的通行字体。近代铅活字印刷技术兴起之后，宋体被定为我国印刷的基本字体。宋体字自诞生到如今广泛应用，并在其基础上诞生了多种风格的字体。如20世纪初最为知名的聚珍仿宋，日本明朝体，如今的华文中宋、华文仿宋、中易宋体、细明体等。宋体字的出现是应书籍商品生产的客观需要及刻工文字审美及几百年来刻版经验积累所得。此种"通俗"字体的出现，适应了时代发展的需要，相信今后对支脉赓续也将持续产生深远影响。

在宋体字变化的同时，许多人开始尝试将现代技术与汉字字形相结合，在凸、凹、平、孔四大不同印刷方式上表现出汉字的形态美。在印刷使用主干字体楷体、宋体、仿宋体、黑体的基础上，字体设计的创作思路、设计风格不断丰富和发展。为切合不同出版物主题内容的需求，专用标题字、美术字不断突破以往宋体、楷体字体的思维框架。在字体设计中既有借鉴古籍刻本的字形进行创作，也有对手写美术字体进行融合创新，或借鉴西方设计理念，推陈出新。铅印时代对汉字字体的设计方法的探索，奠定了当前电脑字体设计的理论基础。

3. 汉字简化

中国文字发展由商周古文字金文大篆，到小篆，再由小篆到隶书，由隶书到正书（楷体），新文字总是旧文字的简俗字。在文字的发展过程中，为提高书写效率，伴随着书体的变化，汉字笔画不断简化。自鸦片战争以来，中国面临千年未有之变局，中国知识分子开始睁眼看世界，重新审视几千年来的中华文化。一些知识分子认为中国的汉字独立于语言之外，笔画繁难，导致百姓学习困难，造成教育落后，是导致国家落后的根源。因此，百余年来，为推动文化教育进步，中国的一批知识分子不断谋求对汉字进行改革。

1892年，从海外归国的卢戆章深感汉字复杂，出版了中国拼音文字的第一本著作《一目了然初阶》。他的拼音文字易认、易懂、易写，推广拼音文字可以统一语言，团结全体，普及教育，对文化教育大有益处。此观点得到了不少人的赞同。之后，新文化运动更是将汉字改革运动推向了高潮。社会上的一些精英人物支持推广拼音文字、废除汉字。另一方面，文字简化工作也不断在向前推进。1935年国民政府公布了《第一批简体字表》，但后来没有推行。1949年新中国成立，继续推动文字改革。1956年1月在国务院第23次会议上通过《汉字简化方案》，1964年5月文改委出版的《简化字总表》中，简化了2235个汉字，消除了不少异体字，此举极大地推动了扫盲运动的开展。1958年，国家颁布《汉语拼音方案》，推广普通话，采用拉丁字母，制订汉语拼音方案，为汉字注音，但不作为要代替汉字的拼音文字。2001年，国家施行《中华人民共和国国家通用语言文字法》，首次以法律的形式明确了普通话和规范汉字作为国家通用语言文字的地位。汉字拼音化与汉字繁简之争暂时告一段落。

4. 信息时代的变革

20世纪70年代，计算机技术在西方逐渐普及。如何实现汉字数字化，高效快速地在电脑上实现汉字输出成为当时我国信息化发展最为迫切的一个任务。1974年8月，周恩来总理批示了"748工程"，其中有一项工作就是推动计算机的中文化进程。在以王选为代表的科研团队的努力下，20世纪80年代我国终于成功研制出汉字激光照排系统，在计算机上实现了汉字的高速还原与输出，为汉字插上了信息化翅膀。这项发明挽救了汉字，也成功驳斥了"计算机是方块汉字的掘墓人，也是汉语拼音文字的助产士"等谬论。

随着时代进步，汉字运用与发展进入了一个新阶段，同时也面临一些新问题。借助高科技手段，汉字以不同的形式呈现在人们生活的各个方面。借助数字化手段，汉字与不同设计素材相搭配，将汉字的文化内涵进一步具体化、形象化。汉字美化理念进一步突破。人们真真切切认识并体验到汉字随科技进步而散发的无穷文化魅力。随着电脑普及和人工智能时代的到来，汉字输入方式的变化，我们由"笔者"变成了"键盘人"。

从甲骨、石刻、竹简到纸张，再到如今的屏幕媒介，在书写习惯、审美、技术等因素影响下，汉字随着书写载体的变化在不断发生演变。在此几千年中，汉字突破形表意，走向"形声化"，解决造字危机，同时不断简化，提高书写效率。在拼音化呼声的冲击下，汉字亦在不断与时俱进。汉字的变，既符合它自身的发展规律，也迎合了时代的发展需求，彰显出强有力的生命力。它的这种演变，使得我们中华文化得以传承发展，让中华文化在世界上得以独树一帜。

（三）字之美

鲁迅先生曾说，中国文字有三美：意美以感心，音美以感耳，形美以感目。博大精深的汉字方块字之美，带来的不仅仅是使用过程中的方便，也蕴含了从古至今华夏民族的文化底蕴和孜孜不倦的精神追求。

欣赏甲骨，我们可见其神秘之美。睹钟鼎铭文、琅琊刻石拓片，我们可见大小篆之古朴美。《熹平石经》

为我们呈现隶书之端庄美。欣赏天下第一行书《兰亭集序》，可见其玉树临风之飘逸美。欧、颜、柳、赵之四大名家，让我们体悟到楷体之隽秀美，并影响到了我们的为人准则。怀素的《草书千字文》更让我们了解到了书法竟可有笔走龙蛇的旷世奇美。如今，计算机的介入使汉字字体设计的创意与表现如鱼得水，汉字的文化魅力进一步得到彰显。汉字以其丰富的文化内涵为当代艺术提供了许多元素。当我们读到某段触及心灵的文字时，不经意间看到了这种古朴的"象形文字"背后的意蕴与精神是那么的动人心魄，触及灵魂，不由心生骄傲与自豪。

（四）字之神

1. 敬天惜字

文字是圣人的眼睛，古人对有文字的纸都充满感情。万物有灵，书写文字的纸被读书人认为是"圣迹"，敬惜它们就是积累功德。因此，我国读书人一直保留着敬天惜字的文化传承。所用过的经史子集，在磨损残破之后是不得随意丢弃的，都得择良辰吉日行礼祭奠之后，再点火焚化。明清时期，我国惜字、敬字风俗日盛，人们建造了大量的惜字亭，用于焚烧写有字迹的纸张。如今这些分布在我国各地的遗迹见证着中华民族"惜字"的文化传统，以及对文化的敬重。

2. 读书始于识字

识字在我国一直是一种身份的象征。学习文字，意味着接受了圣贤的教导，成为一个读书人。无论是"眼前直下三千字"还是"人生识字忧患始"，汉字总会以不同的角度进入读书人的思想观念。然而，无论其如何变化，知识分子、读书人、圣贤的教导这些标签都将伴随着他们的一生，而这些标识也是推动中华文化一直不断向前发展的重要动力。

3. 字如其人

在千百年文字的发展过程中，书法家们一直在探索文字与人的精神互动。字彰显了一个人的精神、性格；人融入字中，方能展现出书法的终极魅力。见字如面，人们通过文字表达自身的情感与诉求，文字成为人们沟通情感、感悟智慧的重要内容。读一段文字就如与一位名人进行交流。在汉字发展的几千年历史中，出现了很多经典书法作品和著作，这些熠熠生辉的作品并未随着时代的发展而不为人知，反而借其中的韵味，我们得以与不同时代的人进行对话与交流，体味其中的文化内容。这种交流会随着文字的精神传承一直延续下去。

汉字不仅仅是一种工具，它还是一种文化，一种情怀，一种审美，一种思想，它的演变记录着中华文明绵延至今的神韵与精髓。不管它的形态如何变化，文字表达人类思想情感的主题永远不会变。中华文明能够持续发展，从未中断，始终保持着旺盛的生命力，和汉字文化的发展有密切的联系。汉字作为中华文化的载体，它将永存于中华文化的血脉之中。

附：文字演变年表

* 10000 年前左右，刻划符号出现。

* 商朝时期（公元前 1600—公元前 1046 年），中国黄河流域使用甲骨文。

* 西周时期（公元前 1046—公元前 711 年），中国黄河流域使用金文。

* 春秋时期（公元前 770—公元前 476 年），秦国作大篆。

* 战国时期（公元前 476—公元前 221 年），六国（齐、楚、燕、韩、赵、魏）文字并用。

* 战国至西汉初，《尔雅》成书，是我国第一部词典。

* 秦朝（公元前 221—公元前 206 年），取消六国异体字，简化大篆，作小篆。

* 汉朝（公元前 202—220 年），隶书取代小篆成为主要字体。楷书、草书形成。

* 100—121 年，东汉许慎作《说文解字》，这是我国第一部字典。

* 220—280 年，钟繇创小楷。

* 353 年，王羲之作"天下第一行书"《兰亭集序》。

* 7 世纪，吞弥·桑布扎创造藏文。

* 8—9 世纪，回鹘使用回鹘文。

* 868 年，世界上最早有明确纪年的雕版印刷品《金刚经》问世。

* 唐朝（618—907 年），楷书盛行。

* 920 年，辽太祖耶律阿保机下令由耶律突吕不和耶律鲁不古参照汉字创制契丹大字。

★ 925 年左右，耶律迭剌在回鹘文的启发下创造出契丹小字。

★ 1036 年，元昊命大臣野利仁荣创制西夏文字。

★ 宋朝（960—1279 年），印刷专用的"宋体字"萌芽。

★ 1269 年，元世祖忽必烈颁布八思巴创制的蒙古新字。

★ 1599 年清太祖努尔哈赤命额尔德尼和噶盖二人参照蒙古文字头创制满文。

★ 1716 年，《康熙字典》成书，共收录汉字 47035 个。

★ 1913 年，制定汉语注音符号。

★ 1949 年新中国成立以来，国家为促进少数民族文化教育事业的发展，帮助一些少数民族改进和创制了文字。

★ 1956 年，颁布《汉字简化方案》。

★ 1958 年，第一届全国人民代表大会第五次会议批准颁布《汉语拼音方案》。

★ 1964 年，扩大简化字的范围和字数，制定《简化字总表》。

★ 1979 年，王选成功研制汉字激光照排系统的主体工程。

★ 1983 年，王永民发明五笔输入法。

★ 20 世纪 80 年代，数字矢量字体开始成为印刷厂排印的主要形式。

★ 1986 年，重新发布《简化字总表》。

★ 20 世纪 90 年代，web 字体设计兴起。

★ 2001 年，施行《中华人民共和国国家通用语言文字法》。

★ 2013 年，发布《通用规范汉字表》。

第二节　印刷术的物质基础

雕版印刷术是印刷发展史上的第一座里程碑，开启了印刷时代的纪元。要探讨印刷术的出现，必须先了解印刷三要素，即印墨、印版以及承印物的发展历程。雕版印刷的主要承印物是纸张，印墨主要为松烟和油烟墨，印版主要为木版。根据对当今雕版印刷技艺的实地调研，古代雕版印刷工艺流程主要分为板材准备、写样、上板、刻字、清理版面、打印样、挖补、再校、刷印几大步骤。[①] 不同的步骤，使用的材料和工具有所不同。物质材料的成熟和完备为印刷术的出现奠定了坚实的物质基础。中国之所以成为印刷术的发明国，与印刷物质基础的完备密不可分。

---

① 潘吉星：《中国科学技术史·造纸与印刷卷》，科学出版社，1998，第321页。

一、墨的出现和发展

墨的发展有着十分漫长的历史。当前，印刷品种类繁多，书刊、报纸、各类包装、标签、陶瓷、金属、电子产品等领域都涉及印刷，印刷用墨的品种也纷繁复杂。不同时期的油墨，其用途、组分、性能都有所不同。印刷油墨随着印刷技术的进步逐步发展为当今适应平凸凹孔和数字印刷的胶印油墨、柔印油墨、凹印油墨和数字印刷油墨等等。

不管印刷技术如何变革，印刷用墨从本质上来说，其组成部分都是由色料（也称为着色剂）、连接料（包括水性和油性）以及助剂（也称为添加剂）构成。着色剂赋予油墨颜色，连接料起分散着色剂（颜料）和赋予油墨流动性和印刷适性的作用，辅助剂起改善油墨性能的作用。根据所使用的连接料溶解性的不同，印刷用墨主要分为水性墨和油性墨两种类别。水性油墨使用的连接料是由水和水溶性高分子有机物构成，而油性油墨的连接料则是由有机溶剂和油溶性高分子有机物构成。水性油墨和油性油墨在性能、印刷质量、环保性上有较大差别。

人类开发墨的历史可追溯至远古时期，那时古人就有意识地选取有色矿物作为书写和绘画的材料。地域文化的不同，导致东西方古人在墨的使用上也不同。古代欧洲人主要使用炭黑墨水，由煤或灯烟与胶混合而成，或使用金属五倍子墨水。然而，此两种墨水都难以大规模量产，不能满足大规模印刷的需求。这一客观条件，是古代欧洲难以推动印刷术产生的原因之一。

根据文献记载，我国最早在西周时期就已出现了人工制墨。经过不断的发展，形成了松烟墨、油烟墨、桐烟墨、漆烟墨等不同类别的墨，其中以松烟墨和油烟墨最为普及。印刷油墨从我国古代发明的墨逐步演化而来。本节主要阐述传统雕版印刷术所用松烟墨和油烟墨的发展过程。

（一）松烟墨

松烟制墨法是中国制墨史上重要的传统制墨方法之一。松烟是由松树不完全燃烧产生的烟灰所得，但并不是所有的松枝都可以用来烧烟。关于对松枝的选择，宋朝晁贯之的《墨经》一书中有相关的记载。古人对用于烧烟的松木是以松脂的含量为选择标准的，最好的松木是被松脂完全浸透但又不渗出的，而没有松脂或松脂含量极低的只能列为下品。选用松木制烟是因为，一方面富含松脂的松木在燃烧时可以产生品质较好的烟炱；另一方面松木在我国分布很广，种属很多，取材较为方便。

此前我国发现的最早的松烟墨出土于湖北云梦睡虎地战国墓。此时墨体积较小，使用时需将其放置在石砚上，用研石研磨。东汉时期，小墨丸、小墨块逐渐被尺寸较大的墨锭所取代。此时墨锭无需借助研石，直接就可在砚台上研磨。魏晋时期，墨的制作更为精致，不仅对书画艺术的发展做出了重要贡献，而且在墨锭表面模印花纹等装饰手法的发展，为唐宋乃至明清时期，墨锭融雕刻、书法、绘画等艺术形式为一体开了先河，墨锭自身也逐渐发展成为集中展示多种传统艺术的文化载体。此时出现了第一位制墨名家韦诞，制墨技艺也逐步见于史书。北魏贾思勰《齐民要术》中出现了史上第一份制墨配方："以好胶五两浸梣皮汁中。梣，江南樊鸡木皮也。其皮入水绿色，解胶，又益墨色。可下鸡子白，去黄，五颗，亦以真朱砂一两、麝香一两，别治，细筛，都合调，下铁臼中，宁刚不宜泽，捣三万杵，杵多益善。合墨不得过二月、九月，温时败臭，寒则难干潼溶，见风日解碎。重不得过二三两。墨之大诀如此。宁小不大。"这是史料中第一次对制墨的原料和工艺进行详细记载。从原料的准备和注意事项，到不同材料间的配比和具体操作方法，甚至包括作为制墨秘方的中药材添加剂的种类和用量，可以说是涉及制墨的方方面面。除工艺本身外，配方内还专门提到了制墨的时间，说明当时工匠的经验丰富，已经可以根据气候条件匹配相应的工艺，这对后世的制墨工艺有着深远的影响。

　　唐宋时期以文化著称，文风鼎盛，著书量激增，对于墨的使用也就有了更高的要求，文化的兴盛推动了制墨业的繁荣发展。首先是大量技艺高超的墨工出现。为了保障供给朝廷的墨块品质，唐朝时期开始专门设置负责制墨的墨务官，这一职务的设立一直延续到清朝。唐代墨工第一人祖敏，是可考证的第一位由官府任命的墨务官。此外，五代时期墨务官李廷珪父子，他们所造的墨以松烟轻、胶质好、调料匀、锤捣细著称，据说存放五六十年后仍然"其坚如玉，其纹如犀"，被宋人称为天下第一墨。除了名匠的大量涌现，作为手工艺的制墨业，对技艺的记录也是很重要的部分。宋朝开始，越来越多关于制墨工艺的专著开始出现，比如苏易简的《文房四谱》、李孝美的《墨谱法式》、晁贯之的《墨经》等，内容包括从原料采集、原料配比、操作要领到养蓄之法，不可谓不细致、不全面，为制墨业的发展奠定了坚实的基础。这一时期，松烟墨已经从文人小规模的自给自足，发展为批量生产，既要供文人墨客日常书写作画使用，更要满足宫廷中的批量需求。南宋周辉在他的著作《清波杂志》中提到，到大观年间，宋徽宗时期的著名墨工张滋所制的墨，光库存就超过十万斤之多。

墨的产量有如此巨大的涨幅，就需要更多的松木来满足生产需求。由于松木的生长需要一定的时间，而且非一定年数的松木不可用，砍伐需求量的增加势必会造成供不应求的情况出现。沈括在《梦溪笔谈》中便有描述，宋朝邢台地区有过大规模的"制墨活动"，伐松取材，斧斤不断，以致松树原材料供不应求，所以制墨中心的转移势在必行。从《墨经》的记载中可以看出，魏晋时期，制墨中心就开始出现从陕西转移至江西，继而继续向河北和山西转移，到北宋时期制墨中心已有十余处之多，遍布全国各地。

在经历了先秦萌芽、东汉成形、魏晋完善和唐宋鼎盛之后，松烟墨于南宋时期开始走下坡路，被点油取烟制墨而成的油烟墨顺势取代，油烟墨成为新的用墨主流。

(二) 油烟墨

古代油烟墨，其烟料主要是通过燃烧动物油、植物油、矿物油所得。早在南北朝时期，将军张永就创造了"麻子墨"，通过燃烧大麻籽油获取烟料。经过现代科学检测发现，油烟墨颗粒确实在光泽度上优于松烟墨。油烟颗粒自身的特点，也为其今后逐渐取代松烟墨奠定了一定的基础。唐之后，油烟墨法日渐成熟。明代弘治年间宋诩在他的著作《竹屿山房杂部》中，详细记录了五代时期李廷珪的油烟墨法，涉及制墨的各个工序。北宋沈括在《梦溪笔谈》一书中还提出了用石油制墨的替代方法，留下了中国最早关于石油的记录。油烟墨的发展在明清时期达到高峰，油烟墨完全取代松烟墨成为市面上的主要墨品。在这一时期，油烟墨的制造工艺发展成熟，出现了一些关于工艺和原料的专著，比如明洪武年间沈继孙的《墨法集要》，堪称集油烟墨法大成之作，它完全以油烟墨制作工艺流程为框架，详尽地记载了各个工序流程的操作方法和注意事项，具有很强的可操作性。原料的多样化也在这一时期体现出来，除了提及最多、最常用的麻子油和桐油，明清时期动物油也被大量使用，这样就使原料的获得难度降低，制墨的成本大大降低。原料可选项的增加，就会出现对不同油品性能的比较。在《墨法集要》一书中，作者指出："诸油俱可烧烟制墨，但桐油得烟最多，为墨色黑而光，久则日黑一日。余油得烟皆少，为墨色淡而昏，久则日淡一日。"同样的结论，在清代谢崧岱的《南学制墨札记》一书中也有记载。他在亲自试验的基础上提出，湖南土产的桐油烟最好，松脂次之，再次是猪油，最差的是灯油和麻油。

当今，古法制墨的方法仍有传承，但工艺上有所损益。总体而言，油烟墨共分四档，油烟101（五石漆烟）、油烟102（超贡烟）、油烟103（贡烟）、油烟104（顶烟）4种。油烟原料都相仿，主要是麝香、冰片等名贵药材、香料的配方不同，油烟101、油烟102还加放适当的金箔，颜色乌黑有光泽，属高级墨，其中以油烟101为最贵。

（三）墨汁的发展

墨汁的运用与墨的发展是相伴相随的。它并非舶来品，也并非近现代才有。自研墨开始，有人为省去磨墨之苦、节省磨墨时间，便会大量调制墨汁，装于墨盒、竹筒之中，图一时之利。故在科考时，为节省磨墨时间，不少士子会事前磨好墨，装于墨盒之中。此外，账房先生查账写账时，不便时时磨墨，也常用墨汁。盛放墨汁的墨盒也十分讲究。用红铜装墨效果最好，而用白铜、白瓷装墨易臭。墨盒形状以椭圆形为佳，圆形次之，正方形与长方形最不可取。这是由于古代的墨盒内含墨瓤，方形盒易导致墨瓤内墨汁流失，蘸墨时墨瓤上墨浓而瓤外墨淡。墨盒的运用有着悠长的历史。在南京明代吴祯墓中发现有一件铜墨盒。铜盒长10.2厘米，宽9.8厘米，高5厘米，盒中有吸过墨汁的干丝绵，说明最晚在明代初期墨盒就已经得到运用。[1]

---

[1] 朱兰霞：《南京明代吴祯墓发掘简报》，《文物》1986年第9期。

印刷业对墨汁需求量极大。自雕版印刷术于隋唐之际诞生以来，宋朝时期得以兴盛，此后我国开始广泛运用雕版印刷术印刷书籍。印刷业的发展推动了墨汁的兴盛。然而，大多数印刷用墨对墨汁的要求并不高，所取的烟都为烟囱近火端的粗质烟灰，配上胶和附加料，贮存于桶内。这种墨汁久置祛除臭味后使用效果极佳；相反，如用新调的墨汁印刷，极易模糊。

墨汁的商业化生产与一得阁密切相关。一得阁最先对墨汁的商业化生产进行探索，解决了其凝结度的问题，使之具有墨色深浅不变、四时随取随用的特点。一得阁创始人谢崧岱受同学灯上取烟方法的启发，从光绪六年（1880年）开始学习、研究制墨的方法，经过多次尝试，"屡试屡误，屡误屡悟"，至光绪九年（1883年）研究出了墨汁入盒的方法。谢崧岱在光绪十年（1884年）出版的著作《南学制墨札记》中总结了制墨八法。他创办一得阁，也是为便于读书人学习。

我国古代传统工艺制作的墨汁在市场的冲击下也在不断改进。[①] 自1840年鸦片战争爆发后，国门洞开，清政府与列强陆续签订了一系列不平等条约。随着各大通商口岸的开放，大批洋货涌入中国。与西方工业生产相比，中国传统手工生产因其速度慢、产量低、成本高，遭到市场淘汰。中国文人所用的笔、墨、砚在很大程度上被外来市场的洋烟、铅笔以及与墨水相匹配使用的钢笔等新式书写工具所替代。其中洋烟即工业炭黑墨，它是使用矿物质油燃烧取出的烟煤制作成的墨，

---

① 谷舟：《中国近代印刷用墨发展考述》，《现代出版》2022年第6期。

因煤油等矿物质油较便宜，近百年油烟墨大多使用洋烟做材料。洋烟生产便利、产量高、成本低廉，其对中国传统制墨业造成了极大的冲击。不少制墨商贪图洋烟低价，纷纷改用这种工业炭黑，不再使用松烟、桐油烟。用洋烟制出来的墨汁光泽性差，层次单薄，难以媲美水墨魅力，一段时期内被视为低档墨。然而，一些商家在传统松烟、油烟供应不足或价格偏高的情况下，加快了对洋烟墨的研发，制出了不少成功的墨汁。如宣统二年（1910年），上海胡开文墨厂采用廉价的工业炭黑成功制成了"坤和""利康"牌墨汁，这对传统的徽墨造成了巨大的冲击。[1]

如今，我们的制墨法与明清以来的传统制墨法大同小异，只是所用烟与药料均不如明清的考究，故墨的品质不及古墨。为了迎合大众的购买力，一些厂商对墨的配方进行了不同程度的调配，在传统植物油烟中依其品类等级酌量掺入工业炭黑，并配以不同的胶类和添加物以迎合不同群体的书写需求。

---

[1] 罗士洞：《守"墨"成规——文化视野中的墨》，《民族艺术》2017年第5期。

二、纸张的出现与发展

纸张是印刷术的主要承印物。在纸张出现前，古人采用了多种载体记录信息。如古埃及将象形文字刻在石板、写于莎草。两河流域的记录系统包括筹码、空心泥球、泥质信封、印章及泥版文书等。[①]而我国更是经历了甲骨、陶器、青铜、丝帛、简牍等多种形式。纸张是以植物纤维原料，经过切断（剉）、沤煮、漂洗、舂捣、帘抄、干燥等一系列工序步骤，制成的具有广泛的推广和使用价值的纤维薄片。[②]印刷术的发明与纸张有十分紧密的联系。纸张轻薄、受墨性好、柔软耐折、易于保存，这些无可比拟的优势，使纸张成为最为常用的书写和印刷材料。造纸工艺的成熟，为印刷术的出现奠定了坚实的基础。

根据《后汉书》记载，蔡伦为中国造纸术的发展做出了杰出贡献。该书《蔡伦传》一节中指出："自古书契多编以竹简，其用缣帛者谓之为纸。缣贵而简重，并不便于人。伦乃造意，用树肤、麻头及敝布、鱼网以为纸。元兴元年奏上之。帝善其能，自是莫不从用焉，故天下咸称'蔡侯纸'。"这是历史文献中最早关于造纸术的记载。

在蔡伦造纸之前，西汉时期已经有纸。如1933年，黄文弼先生在

---

① 马欢欢：《西亚印章系统的发展和演变》（博士学位论文），吉林大学，2018。

② 王菊华：《中国古代造纸工程技术史》，山西教育出版社，2006。

新疆罗布泊汉烽燧遗址发现的麻纸；1973 年甘肃省博物馆文物工作队在额济纳旗的汉代居延遗址中发现的"金关纸"。105 年，蔡伦在总结前人造纸经验的基础上，用树皮、麻头、破布和旧渔网做造纸原料，对麻纸制作技术进行进一步革新，尤其是对造纸原料上的突破，使得纸的性能更佳，成本更为低廉。这种"蔡侯纸"可称为真正意义上的书写用纸。蔡伦之发明，意义重大。在汉代使用麻纸、皮纸之后，魏晋南北朝时期，纸张已经十分普及。在东晋安帝元兴元年（402 年），桓玄篡政时曾下令："古无纸故用简，非主于恭。今诸用简者，宜以黄纸代之。"这是我国古代由政府下令正式用纸的开端。此时，又制造出了藤皮和桑皮纸；隋唐五代时期麻纸兴盛，竹纸开始出现。这一时期还发明了在色纸面上饰以金银粉的金花纸、水纹纸和砑花纸。宋以后，皮纸与竹纸是主要纸类。造纸原料的使用也因地域有所差别。北宋苏易简在《文房四谱》中曾写道："蜀中多以麻为纸……江浙间多以嫩竹为纸。北土以桑皮为纸。剡溪以藤为纸。海人以苔为纸。浙人以麦茎、稻秆为之者脆薄焉，以麦藁、油藤为之者尤佳。"

中国造纸术在发明之后，开始向外传播到世界各地。魏晋南北朝之际，造纸术亦在朝鲜半岛、越南、日本得以运用。中亚造纸始于唐朝。天宝十年（751 年）唐与大食在中亚的怛罗斯交战，一些造纸匠被俘，在中亚传授造纸技术。自此以后，造纸术不断西传至欧洲。西班牙、法国和意大利等国家在10—12世纪掌握了造纸术。

　　18世纪以后，随着文化、教育的发展，欧洲各国的耗纸量与日俱增，不少西方人士来中国寻求新的造纸技术。如1815年巴黎出版的《中国艺术、技术与文化图说》中公布了中国的竹纸制造技术，向西方人介绍了抄纸、纸药和纸张干燥等工艺流程，底版为清乾隆年间中国画师手绘图，由法国耶稣会士蒋友仁寄往巴黎，使得中国传统的竹纸制造技术完好地传到欧洲。1840年宋应星《天工开物·杀青》章节有关造纸的技艺被翻译成法文刊于《法兰西科学院院刊》，为西方人提供了中国造纸技术的重要信息。

　　值得一提的是西方社会中早已使用的"莎草纸"。莎草纸起源于古埃及，广泛流行于古地中海地区。已知的最早莎草纸文献，来自古埃及第五王朝（公元前2500—公元前2350年）的阿布塞神庙。此类纸张直到11世纪因中国纸的流行，才逐步停止使用。莎草纸并非纸张，它是把纸莎草外皮剥去切成薄片，然后浸泡敲打晾晒而成。此种书写载体，质地薄脆易碎，遇到潮湿天气还容易发霉变质，材质不如真正的纸有韧性，而且原料的单一性极大地影响了其推广使用范围，其性能也决定其不适用于印刷。其后古代欧洲使用的羊皮纸，主要是采用羊皮浸泡刮皮晾晒而成。此种书写材料，性能极佳，但难以广泛地用于书籍印刷。纸张的限制，也极大地决定了印刷术的出现难以在中世纪的欧洲得以实现，只有造纸技术的新突破才能使这一情况得到根本性的改变。

第一章　印刷起源

三、雕版和雕刻工具的选用

（一）雕版的选用

版材是印刷的基础。挑选到硬度适中、易于雕刻、吸墨性好且释墨性佳的木料是雕版印刷的第一步。木材纹理需规则、少有疤节，易于下刀。选用的木材硬度太高，将极大地增加刻字的难度，降低工作效率。反之，木材太软，虽会提高刻字效率，但木版吸墨性极强，会导致印刷效果不佳。由于印刷需要大量木雕版，所选用的木材应该分布广泛，价格相对便宜，否则高昂的成本使出版商难以承担。

梨木、枣木、梓木为最常用的雕版木材。这些木料软硬适中，纹理细腻，吸墨性好，不宜翘裂变形。目前现存最为完整的汉文大藏经《乾隆大藏经》就是采用79036块梨木板雕刻印刷而成的。由于这些木头常用于书籍出版，一度成为中国书籍的代称。如"付之梨枣""付梓""锓梓"都有刻版刊印书籍之义。"灾梨祸枣""灾梓"引申为滥刻无用的书。

版材的置办是刻书能否顺利进行的关键环节。组织者为保证印刷质量，要对整套雕版的选材进行严格把关，并进行较为严格的加工处理。根据史料记载，梨木板的选取十分讲究。在清朝《纂修四库全书档案》中

"河南巡抚何煟奏遵旨采办刊书梨板解京折"条目记载："至梨木惟秋冬收脂之时，采买锯板，方得平整不翘，一交春夏，难免翘湿。"根据此条史料，乾隆时期河南官员为刻书所选用的梨木板都为秋冬梨木。此时梨木收脂，品质最佳。

通过对第一批至第五批国家珍贵古籍名录收录的古籍版面尺寸进行统计，发现因书文内容、时代审美、版式特征不同，古籍版面尺寸大小不一，一般纵向高20—35厘米，横向宽15—25厘米。这也是古代雕版最常见的尺寸。一般而言，若为梨木，通常挑选20—40年树龄的梨树。为确保加工后的梨木板不翘板、裂缝，今天的工匠们会将未加工的秋冬梨木板放置水中浸泡一年以上，去除树脂糖分，之后放在阴凉处晾干。[①]等所有梨木阴干透后，再对板材进行刨平加工，再擦以菜籽油、豆油之类的植物油，将木板表面打磨光滑。[②]这样处理后的雕版才不会变形，更易保存。

（二）刻版工具

雕版印刷属于凸版印刷范畴，其图文部分凸于非图文区域。为使文字凸于木版表面，刻工必须精细地剔除图文周边的余木，对雕版非图文部位进行减地挖空处理。从一块木料到刻好的雕版，中间要使用不同类别、大小的工具。尤其是版上文字需要还原原手写文书的风格

[①] 张永林：《浅谈〈摄政王令〉雕版再现》，《中国印刷》2008年第6期。
[②] 潘吉星：《中国科学技术史·造纸与印刷卷》，科学出版社，1988，第318页。

特点，这就对刻刀的使用提出了更高的要求。

早在 3000 年前，我国工匠已经掌握了冶铁技术。炼铁工艺的发展，极大地推动了生产工具的进步，为生产力的提高发挥了重要作用。春秋战国时期，中国就有炼钢的技术。在西汉中晚期，中国出现炼钢新技术"炒钢"法。到了东汉末，炼钢技术进一步发展，出现"灌钢"法的初始形式。魏晋南北朝时灌钢工艺不断成熟，钢的产量和品质大大提高，为隋唐以后生产力的大幅度增长提供了条件。炼钢技术的进步也为打造坚固耐用的雕版工具奠定了基础。

在刻版过程中，因字体笔画不同以及使用的目的有差异，工具的形状和大小也有所不同。大致有以下几种工具。

锯子：对木板原料进行加工，切割大小。

刨子：对木板进行打磨，使板面光滑、表面平整。

拳刀：刃口为斜状，用于雕刻版面上的文字和图案。

平头凿：平头凿是用来剔除余木的最佳选择。不同区域使用的平头凿大小有所区别。一般为剔除文字周边狭小区域的余木所使用的平头凿尺寸相对较小，而大片无文字的空白区域，平头凿尺寸必须相对较大。

U 形凿：U 形凿也是常用来挖空的工具。在不少雕版版心中央空白处使用 U 形凿清理余木。

V形刻刀：为刻除一些线条中央细窄处余木，使用V形刻刀是最佳选择。

此外，在刻版过程中可能还会借助不少的辅助工具，如尺子、墨绳、斧头、木槌、刮刀等，以达到更好的刻版效果。随着时代发展和技术的进步，雕刻手法的成熟，不同区域不同派别在刻字手法和雕刻工具上又会展现出新的不同，这有待今后更深一步的研究。

第三节 印刷术的技术基础

雕版印刷术是一种将图文反贴在木板上并将其雕刻成印版，再在印版上刷墨、覆纸、刷试，将印版上的图文转印到纸张之上的技术。[1]从技术积累角度探讨雕版印刷术起源问题，一直是国内外学术界热衷讨论的话题。雕版印刷术的发明并非偶然，是知识、经验的积累综合，是长期实践活动积累得到的成果，有其技术渊源。在印刷术发明之前，书籍主要依靠手抄方式流传。为提高书籍传抄速度，隋唐先人们借鉴前人的复制技术，创造了在木板上刻阳文反字再刷墨敷纸的技术。

复制技术有着十分漫长的历史。从新石器时代陶器

---

[1] 张树栋：《中国印刷史研究的新理念、新物证、新成果》，孙宝林、施继龙主编《第九届中国印刷史学术研讨会论文集》，文化发展出版社，2016，第7页。

上的印纹,到夏商周时期青铜器制作的制模翻范,都具备原始"制版"思想:先制作一个简单的模具,再进行复制。这些工艺是复制技术的先声。首先,从雕版印刷术的技艺特点不难发现,阳文反字刷、印为正的技术思想与印章如出一辙。其次,上墨覆纸的工艺与传统的拓印技艺极为相近。再者,魏晋南北朝时期,捺印千佛像的出现与广布,对雕版印刷术的出现产生了十分深刻的影响。美国人卡德在其著作《中国印刷术源流史》一书中对雕版印刷术发明的背景进行了简要概述,指出纸张的普及、印章的使用、石碑拓本等为雕版印刷术的出现提供了必要的物质和技术条件。此外,镂花的模板、镂孔描画用的粉本花板、印花织物,以及大量的捺印小佛像,都为推动雕版印刷术在隋唐时期的产生提供了技术借鉴。[①]

一、印章和封泥

印章的使用有着十分漫长的历史。早在6000多年前,古埃及和两河流域就有使用印章的记录,其中滚筒印章与塔庙、楔形文字一起并称为两河流域苏美尔文明的三大标志。从古埃及圣甲虫印章、两河流域滚筒印章,到东方的铜陶玺印,不同地域印章的功能有所不同,但都在文明发展的进程中扮演了重要的角色。

---

① 卡德:《中国印刷术源流史》,刘麟生译,山西人民出版社,2015,第11—41页。

第一章　印刷起源

我国印章出现于商周时期。河南安阳出土的三方殷商时期的青铜"商玺"（瞿甲玺、亚禽氏玺、奇文玺），为研究我国古代印章发展提供了重要实物资料。那时官员以佩玺来显示自己的权力和身份。信函往来，则在封口的泥块上用玺钤印，以防人窥视。封泥的原料是柔软、光滑的黏性泥土。春秋战国时期，由于经济、政治的发展，手工业渐趋发达，玺印的用途逐渐扩大，被广泛使用于公文、财物、仓库等封检，也作为吉祥或辟邪之物来佩戴，或作为伴随墓主的殉葬以及公用财物、器物、牲畜的烙钤等。这个时期还无印章一词，上自天子，下至庶民所佩的印章都称玺。此时使用的是诸侯各国的文字，同一文字的写法往往各异，但从笔法上看，刚劲有力、生动活泼。到了秦汉时期，玺只有皇帝独享，其他用印通称"印"或"章"。此后印章成了权力的象征，对于佩戴印章，尤其是官印，有了严格的等级区分，按官职大小、俸禄多少来决定印章的大小、质地、绶带及颜色等。

汉代是印章艺术发展成熟的鼎盛时期。随着道教的流行，汉代还有一种刻有"黄神越章""天帝神师""黄神之印"等道教用语的印章，为道人和信教者随身携带，作为辟邪降魔、消除灾难之用，被称为"厌胜印"。晋代葛洪所著《抱朴子·登涉篇》中载："古之人入山者，皆佩黄神越章之印，其广四寸，其字一百二十，以封泥着所住之四方各百步，则虎狼不敢近其内也。"此块印章上刻有120个反体字，这已与雕版印刷术十分接近。

由于纸张的普遍使用，隋唐时期印章不再局限于简牍，封上封泥使用，印章逐步变大，不再佩戴而变成匣装。完成了由职官印向官署印的转变。唐宋时期，由于书画艺术发展，出现了鉴赏印。明清时期，私印开始文人化，推动了篆刻艺术的发展。

二、石碑拓本

石上拓印的历史由来已久。它是把纸张浸湿，再敷在石碑上面，拍打纸张渗入文字间隙，待纸张干燥用刷子蘸墨，使墨均匀涂在纸上，然后把纸揭下来获得复制文字的一种技术。拓印早于雕版印刷术，用于复制石碑或金属器等器物上的文字和图像，它与雕版印刷术有诸多相似之处，都需要原版、纸、墨等条件。拓印的出现为印刷术的发明提供了在纸上刷印的复制方法，已经具备了印刷术定义中的基本要素，是一套完整的、有刷有印的工艺技术。然而，与雕版印刷术不同的是，雕版上的文字是凸起的阳文，在纸张上复制出来的文字是白底黑字。石碑上的文字是凹下的阴文，复制出来的文字是黑底白字。

石上刻字的历史十分悠久，最为知名的是石鼓文。于唐朝在陕西凤翔县出土的十方石鼓，内容鉴定为战国时期遗物。这些石鼓上残存的文字，可以看到中国早期的石刻艺术和石刻原貌。公元前221年，秦始皇灭六国，统一华夏，东巡立石，以歌颂、传播自己的业绩、功德。自此，刻石之风大兴。在公元前219年至前211年的八年间，秦始皇曾在山东的峄山、琅琊台、芝罘，以及浙江的会稽、河北的碣石等地，立石七处。秦始皇死后，秦二世由李斯陪同巡行全国，又在秦始皇所立七石之上增刻"补记"。刻石内容均为颂扬秦始皇功德之作。刻石文体，现存山东琅琊台石刻之补记为小篆，据说出自秦朝丞相李斯手笔。

汉朝碑刻最负盛名的是汉灵帝熹平年间镌刻的《熹平石经》和东汉末三国时期魏明帝正始年间刻制的《三体石经》，其中尤以《熹平石经》为最。《熹平石经》的刻制，不仅在手工雕刻技术史上具有划时代的意义，开儒家、释道经典镌刻之先河，而且直接导致拓印术的发明，促使雕版印刷日趋成熟和完善。这在中华文化史上是一件大事，引起古今中外学者们的广泛重视。《熹平石经》的刻制始于汉灵帝熹平四年（175年），刻成于汉光和六年（183年），历时八年。共刻了《易经》《书经》《诗经》《仪礼》《春秋》《公羊传》《论语》七经。刻于高一丈、宽四尺的46块石碑之上。碑文相传为东汉学者蔡邕亲笔所书，亦有出自多人之手之论者。其文字为当时通用的隶书，具有鲜明的时代特点。

三、印染技术

中国的凸版印花技术在春秋战国时期就得到发展，

到西汉时期已经具备了相当高的水平。1972年长沙马王堆汉墓出土的印花敷彩纱和金银色印花纱，以及1983年广州南越王墓出土的两件青铜印花凸版和印花丝织品，代表了汉代印染工艺的最高水平，也反映了雕版印花工艺运用之广。

隋唐时期印染工艺十分兴盛。唐代诗人留下了"成都新夹缬，梁汉碎燕脂""醉缬抛红网，单罗挂绿蒙"的诗句。在宋代王谠《唐语林》卷四中曾记载："玄宗柳婕妤有才学，上甚重之。婕妤妹适赵氏，性巧慧，因使工镂板为杂花，象之而为夹结。因婕妤生日，献王皇后一匹，上见而赏之，因敕宫中依样制之。当时甚秘，后渐出，遍于天下，乃为至贱所版。"《辞源》对唐代印花染色的夹缬方法进行了介绍："用二木版雕刻同样花纹，以绢布对折，夹入此二版，然后在雕空处染色成为对称花纹，其印花所成的锦、绢等丝织物叫夹缬。"除夹缬外，唐代的印染方法还有蜡缬、绞缬、碱缬等。

织物是人类生活中不可缺少的重要组成部分。凸版印染制版技术历史悠久，对雕版印刷的制版有着十分重要的启示作用。通过在版上刻花印染织物，也影响了后世的孔版印刷、丝网印刷。

四、捺印技术

捺印是一种将图像刻在版上再上墨按印在纸上的技术。与雕版印刷术不同的是，捺印的木版较小，印在上，纸在下。木版较为轻便，可以多次按印。而雕版印刷是将图像刻在木版上，版面通常较大，刷上墨汁后再覆纸刷印，版在下，纸在上，一版一印。

捺印是中国刻版印画的雏形。魏晋南北朝时期就有类似"印章"的捺印佛像,在中国国家图书馆收藏的东晋写本《杂阿毗昙心论》卷十背面有一组捺印佛像。郑如斯、肖东发在《中国书史》中指出捺印佛像是印章至雕版的过渡形态,是版画的起源。[①]

敦煌出土了不少捺印佛像。捺印佛像一般都是多模并印或印绘结合,其出现与佛教徒消灾避难、积德修行相关。教徒捺印千佛像更是为了传播教义。相较于印章,捺印的图像更具有传播的动机,在性质上更接近雕版印刷术。到隋唐时期,佛教的发展尤其是密教的兴盛推动了版画的盛行。捺印传播到中国后,除了传统的印佛像的用途外,还被用于印陀罗尼经咒,具备了传播的意义。这是从捺印佛像发展为雕版印刷术的内在因素。[②]

[①] 郑如斯、肖东发:《中国书史》,书目文献出版社,1987,第120页。

[②] 戴璐绮:《敦煌捺印佛像研究》,《敦煌研究》2016年第2期。

第四节　印刷术的经济社会基础

雕版印刷术的产生基于技术积累，同时也与社会文化发展、市场需求、经济运行成本密切相关。美国学者卡德从技术论的角度探讨雕版印刷术诞生于隋唐的观点对研究印刷术起源问题产生了深远影响。然而，一些学者指出雕版印刷术中的技术要素并不复杂，南北朝时期，拓印、造纸等工艺已经成熟，足以推动雕版印刷术的诞生。[1][2]但是，文献与考古证据的阙如，给"南北朝论"带来了极大的挑战。一批学者指出雕版印刷术起源的关键不在于技术，而在于社会需求。如曹之指出，隋唐时期著者需求、读者需求、抄书者需求、书商需求、藏书家需求、外交需求、佛教需求等方面的文化诉求，推动了整个社会的书籍需求量增加，雕版印刷术应运而生。[3]陈力认为，宗教、科举及普

---

[1] 章宏伟：《雕版印刷起源问题新论》，《东南文化》1994年第4期。

[2] 方晓阳、张秉伦：《南齐时期的雕版印刷雏形技术研究》，《广西民族学院学报（自然科学版）》2006年第12期。

[3] 曹之：《中国印刷术的起源》，武汉大学出版社，2015年。

通百姓日常生活需求为文献大规模复制提供了社会条件，推动了雕版印刷术在隋末唐初时期出现。[1]书籍需求量的增多是新文书复制技术出现的市场前提。社会需求论的提出决定了印刷术只能出现在文化兴盛、经济社会稳定的时期。

然而，从经济学角度考虑，一项新技术能否在市场上得到广泛应用与诸多因素有关，必须考虑技术的复杂性、成本的优越性，以及市场需求、容量和社会环境等诸多因素。[2]技术并不是决定产品畅销市场的最大因素。南北朝时期佛教盛行、藏书兴盛，对文书需求量增多，同时雕版印刷的技术条件基本具备，但是仍未见有印刷术出现和发展的迹象。隋唐时期，尽管雕版印刷已有应用，但仍是我国佣书业发展的鼎盛时期，[3][4]绝大部分书籍的复制依然采用手抄形式。仅从技术和需求的角度并

---

[1] 陈力：《中国古代雕版印刷术起源新论》，《中国图书馆学报》2016 年第 2 期。

[2] 邱卿：《新兴技术商业化及其影响因素》，《商场现代化》2010 年第 20 期。

[3] 胡发强：《唐代图书市场探究》，《内蒙古社会科学（汉文版）》2009 年第 2 期。

[4] 刘孝文、和艳会：《古代佣书业发展及文化贡献概述》，《图书情报论坛》2011 年第 Z2 期。

不能完美解释雕版印刷术的发明和应用。新兴技术的商业化受多方面因素影响，综合技术、市场需要以及从经济学的生产成本角度分析抄本与印本在成本上的差异，将为研究我国印刷术起源问题提供新的思路。

一、雕版印刷术的孕育和发展

南北朝是我国纸写本时代奠定时期，图书的生产和收藏总数进一步扩大，远超秦汉之和。[①]此时造纸术引发的知识信息传播革命，推动纸张替代竹简成为新型的书写载体。书籍载体的更迭，知识文化的更新，推动整个社会不断编辑和出版新书，社会文化发展实现了一个跨越式的突破。如《隋书·经籍志》中记载"梁武敦悦诗书，下化其上，四境之内，家有文史"。在政治较为稳定的南梁武帝统治时期，图书的生产和流通在一定程度上呈现出了繁荣景象。此时社会上的佣书活动十分兴盛。《北齐书·祖珽传》曾载："州客至，请卖《华林遍略》，文襄多集书人，一日一夜写毕，退其本，曰：'不须也。'"该史料记载了祖珽聘人一天一夜抄写《华林遍略》。《华林遍略》由梁武帝萧衍下令华林园学士编纂，一共六百二十卷。该书成书不久，即被当成奇货北运。祖珽聘人一天一夜即抄完一部620卷的类书，反映了当时社会上佣书业已经十分成熟。《南史》《北史》中有不少名臣年轻时以

[①] 周少川：《中国出版通史：魏晋南北朝卷》，中国书籍出版社，2008，第406页。

佣书为业的记载。如南朝宋周山图"少孤贫,佣书自业",梁朝官吏、学者王僧儒早年贫苦,母亲"鬻纱布以自业",他则"常佣书养母"。通过抄书苦读,成为一代饱学之士。北魏的房景伯,少丧父,"家贫,佣书自给,养母甚谨"。北魏刘芳"虽处穷窘之中,而业尚贞固。聪敏过人,笃志坟典,昼则佣书以自资给,夜则读诵经夕不寝"。相似记录多达几十条。根据藏书内容的相关研究,此时作为资政、治学所用的经史文集当为抄写的主要方面。如《南史·庾肩吾传》称庾肩吾与刘孝威等十八人"抄撰众籍";《梁书·庾於陵传》称庾於陵"与谢朓、宗夬抄撰群书";《陈书·陆瑜传》称皇太子"以子集繁多,命瑜抄撰";《陈书·杜子伟传》称杜子伟"与学时刘陟等抄撰群书"。此时,书肆贸易因纸张的普及获得进一步发展,有关图书买卖的记载屡见于史书。如《南史·萧锋传》记载"(萧锋)乃密遣人于市里街巷买图籍,期月之间,殆将备矣。"《南史·傅昭传》记载傅昭"于朱雀航卖历日"。借由纸张的普及、佣书业的兴盛,南北朝时期书业蓬勃发展,出现了前所未有的盛况。①

---

① 陈德弟:《魏晋南北朝私家藏书兴盛原因初探》,《古籍整理研究学刊》2006年第1期。

然而此时门阀贵族把持国家政治经济文化命脉。陈寅恪先生指出："魏晋南北朝之学术皆与家族、地域两点不可分离。"[①]文学之士，多出于士族。不少世家大族家学深厚，并以某科传世。如北朝李孝伯家族治《郑氏礼》《左氏春秋》，"学业家传，乡党宗之"。南北朝的文学家族中，王袁颜谢四大家族，文士辈出，盛于一时。如陈郡谢氏善于文学。其中谢灵运、谢朓山水诗闻名一时。文学家族几乎全为士族著姓，几乎没有庶族寒门。因此钱穆先生指出："当时一切学术文化可谓莫不寄存于门第中，由于门第之护持而得传习不中断，亦因门第之培育，而得生长有发展。"吕思勉先生指出当时"就学之徒，实以贵游为众。不独国子、太学，即私家之门，亦复如是"。在选官制度——征辟、察举、九品中正制的影响下，品行与门第是政府选任人才的重要标准。

　　门阀士族为让子弟顺利入仕，不得不重视家族内的文化教育，通过加强家学教育以提高品德修养和才学，培养能振兴门第的文化英才，以维护和提高本家族的特权地位。该制度在一定程度上推进了私学教育的昌盛。士族的家学教育，在一定程度上发挥了直接为统治阶层培养人才的作用，然而，以家学为主的教育其主要教育对象为家族内部子弟，各家族之间很少交流，在门户观念和等级观念的影响下，无形中限制了知识的传播。门阀士族教育兴盛，而社会底层的教育却很少

[①] 陈寅恪：《隋唐制度渊源略论稿》，生活·读书·新知三联书店，2001，第20页。

被重视，这决定了南北朝时期图书的流通面仍相对狭窄，文书的流通数量和规模都极其有限。

隋唐是我国封建社会经济文化繁荣时期，此时图书发展达到了一个新的高度。《宋史·艺文志》记载："历代之书籍，莫厄于秦，莫富于隋唐。隋嘉则殿书三十七万卷。而唐之藏书，开元最盛，为卷八万有奇。其间唐人所自为书几三万卷，则旧书之传者，至是盖亦鲜矣。"其中，唐人自书的数量就已达到三万卷。可见当时书籍出版的蓬勃兴盛。作者群和读者群的扩大，是推动图书繁盛的根本原因。[1] 隋唐时期，政府极度重视文教，不断完善学校教育体制，形成了中央官学、地方官学、私学，加上各种技艺的传授及业余学校，在全国城乡构成了空前规模的教育网。[2] 为适应中央集权和科举制度的需要，培养更多英才，统治者在各州、县、乡置学，使学校教育深入到乡里。教育体系的完善，为隋唐平民教育的发展奠定了坚实的基础。此外，科举制度的确立，打破了世家大族垄断官场的局面，为不少"孤贫

---

[1] 李瑞良：《中国古代图书流通史》，上海人民出版社，2000，第185页。

[2] 孙炳元：《论唐朝教育制度的特点》，《盐城师范学院学报（人文社会科学版）》1985年第3期。

志学"的庶民子弟考选入仕提供了重要机遇。科举取士的实施,激发了广大平民阶层的学习热情,这一转变对中国图书市场产生了深远影响,改变了南北朝以来教育主要为士人阶层所重视的局面。尤其是广大平民阶层对文化的重视极大地繁荣了隋唐的图书市场,导致书籍社会需求旺盛与书籍数量供应不足之间的矛盾日益尖锐。

隋唐时期,我国图书发展步入了一个新时期。因科举制的创建、文化的发展,社会平民阶层对书籍需求呈现了爆发式增长的态势。文书受众面的突破,直接推动了图书市场的发展,这是南北朝时期未有之现象。唐代书业贸易空前繁荣,已经形成了长安、洛阳、成都、扬州、绍兴、敦煌等书业贸易中心。书商之间的竞争十分激烈,唐代可考的书商就有数十人之多。[1] 此时佣书业亦十分兴盛。唐末词人牛希济在《荐士论》一文中曾提到:"当承平之时,卿大夫家召佣书者,给之纸笔之资,日就中书录其所命。每昏暮,亲朋子弟,相与候望,以其升沉,以备于庆贺。除书小者五六幅,大者十有二三幅。每日断长补短,以文以武,不啻三十余人。一岁之内,万有余众。"可见在唐朝时期,佣书者数量众多。一年之内,雇佣到的佣书人多达一万多人,从侧面反映了隋唐时期社会对书籍的需求量巨大。

---

[1] 曹之:《中国印刷术的起源》,武汉大学出版社,2015,第187页。

二、从手抄本到印本的市场分析

我国印本主要分为官刻本、私刻本与坊刻本三类。其中，官刻与私刻是由政府或家族资助，大多不计较市场回报，而是更注重社会效益的一种刻书行为。与不惜工本、校勘精到的官刻本和私刻本相比，坊刻发展与市场紧密相连。印刷量最大、散布最广的也是坊刻本。

我国古代坊刻出版的主要目的是为盈利。为实现利益的最大化，出版商将会最大限度降低印本成本。从唐到清，随着雕版印刷技术的成熟，以及印本生产、销售系统的逐步完善，印本的生产成本呈下降趋势，逐渐比手抄本具备更为明显的价格和效率优势，取代抄本成为书籍流通的最主要手段。

虽然南北朝时期雕版印刷术诞生的技术条件已经成熟，社会对文化的需求量较大，但是对书籍需求量的增多并不决定必然采用雕版印刷术印刷书籍。即使在雕版印刷术得以发展的唐朝，大部分文书仍是采用手抄的形式。市场对文书需求量影响了雕版印刷术运用的深度与广度，而是否利用雕版印刷术取决于技术投入的成本，即市场回报高于成本投入，实现雕版印刷术的运用有利可图。如果印本印量太低，销售不多，为挽回技术投入成本，必然造成印本价格高于抄本。刻版的费用高于手抄书的成本投入，且未能从市场有所收益，将不足以支撑雕版印刷术的持续运用。南北朝时，文书出版内容虽多，然而却没有形成可以批量出版的"畅销书"，直接抑制了雕刻木版的使用。此时，单纯使用雕版印刷术，除花费等同于手抄的抄写样书费用外，还得支付大量的刻版费用，还需额外延长出版时间，费时费力，不符合南北朝时期文书市场的发展规律。

从经济学角度分析，雕版印刷术的广泛传播必须满足两个条件：一是技术使用者能够最终收回投入成本；二是购买者能获取价格相对抄本便宜的印本。买卖双方共赢，实现交易的互利性，是雕版印刷术在民间市场得以广泛运用的前提条件。在不考虑政治、个人喜好等不计较成本投入的因素外，印本必须具有一定的价格和成本优势才能在手抄本主导的市场环境中得以生存。在此基础上，技术的进一步成熟和创新将使生产者不断获取利润，从而增强竞争优势，获得更广的生存空间。[1]

从唐代"西川过家""上都东市大刁家""剑南西川成都樊赏家"等印卖畅销的文书、历法和经咒，[2] 到宋代书籍出版商不仅刻印和售卖书籍，甚至还集编辑、出版、发行于一体，控制全产业链来降低成本。

---

[1] 赵璐媛：《技术创新与市场需求的关系研究》（硕士学位论文），浙江大学，2012年。

[2] 方晓阳、施继龙：《唐代雕版印刷的相关文献研究》，《中国印刷与包装研究》2011年第3期。

[3] 章宏伟：《南宋书籍印造成本及其利润》，《中国出版史研究》2016年第3期。

[4] 丁红旗：《再论南宋刻书业的利润与刻工生活》，《文献》2020年第04期。

更为重要的是，宋代形成了成熟的"赁版"市场，③④即将雕版租赁给客户。此举极大地降低了印本的生产成本，对印本的商品化起到了重要的促进作用，推动了我国古代印本市场的发展。到了元代，刻书的利润仍十分丰厚。《书林清话》中记载："元时书坊所刻之书，较之宋尤夥。盖愈近则传本多，利愈厚则业者众，理固然也。"到了明清，许多民间大众读物皆镂于雕版，刊行于世。根据对"全国古籍普查登记基本数据库"古籍存储情况分析，我国现存94%古籍为印本。①这是文化发展的必然趋势和市场选择的必然结果。

但值得注意的是，随着印本时代的到来和发展，抄本仍未消亡并在一定程度上继续延续。对于普通大众以及对书法有特殊爱好的人群而言，手抄更有优势。一方面手抄少量文书虽然费力费时但并不费钱，另一方面还可增强对文书内容的记忆，提高书写水平。在节约成本，不考虑时间和效率的前提条件下，手抄本相较印本总有一定的优势。然而，印刷术在运用过程中，不断节省书籍出版成本，使得佣书业日渐消失。

---

① 徐忆农：《东亚雕版印刷术的源流与世界历史价值》，载中国印刷博物馆主编《版印文明——中国古代印刷史学术研讨会论文集》，文化发展出版社，2019，第93页。

三、隋唐时期抄本与印本的制作成本对比

在隋唐时期印刷术运用之初，印本要与抄本竞争，在民间市场中得到广泛的应用，很大程度上取决于基于广泛市场需求基础上的低成本生产。雕版印刷术最先在民间市场得到应用，其技术运用的资本投入主要来自民间，而非源于政府资助，这决定了市场前景是雕版印刷术应用的主要试金石。

了解抄本和印本的制作成本是探讨隋唐图书市场变化的关键，然而，有关隋唐时期文书制作成本的史料十分匮乏。为数不多的史料很少涉及具体的印数、价格和利润，从已知的相关史料中难以确切求证隋唐的文书制作成本，因此，只能从后期的文献记载中加以推测。

为探讨古代印本的利润、成本等问题，学者们主要运用现代经济学理论进行推理。从市场成本角度分析，当单本的印本成本低于抄本成本时，雕版印刷术的市场价值才可能得以成立。根据章宏伟、田建平等人对宋代雕版印刷书籍生产成本的研究，其费用主要包括物料费和工费两类。①② 印本的制作成本，最主要的支出为印刷纸墨费（单本纸墨费用记为 P1）、木版、刻刀、棕刷等物料费（记为 W），以及雇佣

---

① 田建平：《书价革命：宋代书籍价格新考》，《河北大学学报（哲学社会科学版）》2013 年第 5 期。

② 章宏伟：《南宋书籍印造成本及其利润》，《中国出版史研究》2016 年第 3 期。

工人刻版费用（记为K）；生产量记为S。此外，还有工食钱（当日提供雇佣工人的伙食）和写样、纸张刷印等工序可能产生的其他费用(记为Q)。鉴于印本与写本在完成后，都存在装订、存储、运输、流通环节的成本开支，因此不考虑计算。

单本印本的成本（记为C1）= 成本总支出/生产量，即C1=（S×P1+W+K+Q）/S。显然，C1是可变的，与生产量成反比。

单本抄本的成本（记为C2）支出主要在于纸墨成本（记为P2）和雇佣工人抄写的佣书费用（记为X），即C2=P2+X。显然，C2是固定值，不会随生产量变化而变化。

内容、版式基本一致的印本和抄本，可认为P1=P2。当单本印本成本等于抄本成本时，即：

C1=(S×P1+W+K+Q)/S=C2=P2+X

根据公式推导，可得S=（W+K+Q）/X；这个值定义为生产量临界值（记为R），即刻版工费、物料费等费用之和与佣书费用的比值。当印刷生产量S大于这个生产量临界值R时，单本印本的生产成本C1将低于抄本生产成本C2，印本将获得成本优势，雕版印刷术可能具有相应的市场应用前景。由于隋唐时期历史资料信息的匮乏，无法精确地构建出当时的诸项成本，计算出大致的印本生产量临界值R，但在计量标准基本一致、全国物价及货币币值在一定时期内相对稳定的前提下，印本的生产量临界值大致由物料费、雇工费、佣书费等因素决定。获取 R 值，是探讨雕版印刷术运用的关键。具体理论模型可见图 1-1。

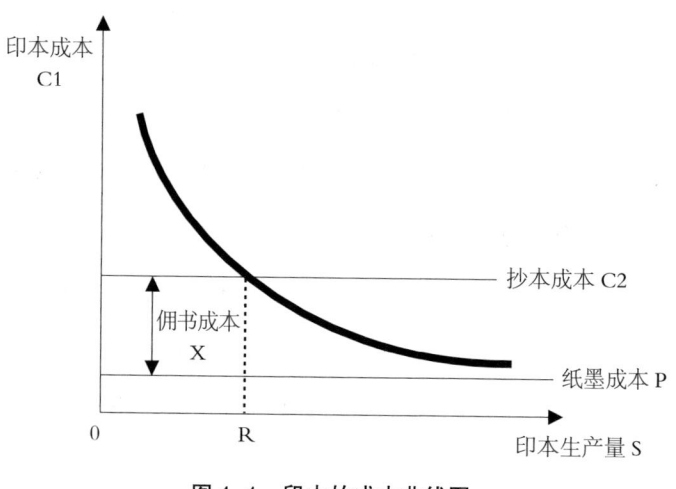

图 1-1　印本的成本曲线图

由上述讨论可得出 3 个推论：第一，单本的印本制作成本与印本的生产量 S 呈负相关关系。刻印的数量越少，则印本的平均成本越高。印本生产量 S 大于 R 值后，印本成本将低于抄本成本。第二，市场上佣书费用 X 越高，印本生产量临界值 R 越低。佣书费用的提高，会刺激书商为节约成本而尝试采用雕版印刷术制作文书。第三，印本刊刻时间越长，所支付的刻版费及其他费用会越多，R 值越高。从节约成本支出的角度分析，在市场销售前景不明朗的情况下，刊刻时间短，成本投入相对降低，其市场销售压力也相对减少。因此，早期印刷品必然多为内容简单且易于销售的文书。

相关文献中记载了唐代手抄书的佣书费用。但因政治、经济和名气的影响，从唐初到唐末，佣书费用波动较大。其中唐代女书手吴彩鸾抄写的《唐韵》颇负盛名。《书林清话·女子抄书》中记载她"运笔如飞，日得一部，售之，获钱五缗"，该书的字数至少在几千字。普通的佣书人佣书费用并不高。在白居易《效陶潜体诗》记有"西舍有贫者，匹妇配匹夫。布裙行赁春，裋褐坐佣书。以此求口食，一饱欣有余"，说明了一般社会底层的普通佣书人佣书的临时报酬能满足一家两口一天口食所需，即一天的佣书成本为 2 人 / 天口粮，此一天的工作量预计为抄写几千字。

有关唐代刻版费用等直接支出的记录略近于无。本章主要根据有关宋朝版刻费用的记录进行大概的估计。据前人的研究，从宋到元明，由于刻版工艺日渐成熟，市场逐步稳定，刊版成本一直在下降，但是刻书仍维持在一个较高的利润水平。丁红旗对宋代已有版刻费用的文献资料进行分析，南宋初的 1146 年，刻字工一天的收入能买米 30.6 升，而这大致相当于 15 到 20 人一天的口粮。此后，刻工的收入有所下降，但基本都能维持一家五口人的温饱。在唐朝刻版尚未形成成熟市场的背景下，刻版费用可能会更多。根据前人研究，古代普通刻工平均每日可以雕刻一般水平的中等大小字

100—200个。①

如果出版同样文字内容的文书，假设日均抄写8000字，日均刻字150字计算；那么8000字文书的抄写成本X是2人/天口粮，刻字成本K是8000/150×15=800人/天口粮，将K和X带入公式R=(W+K+Q)/X，得到R=400+(W+Q)/2；因此推算出唐代印本的生产量至少超过400本，才相对抄本具有成本优势。而一些内容复杂、工期长的雕刻文书，其刻版等费用投入将更多，生产量临界值也将远大于400本。

出版400字左右内容简短的文书，预计3天内完成刻版工作。加上物料费及工食、印刷、装订等其他费用的支出，其成本支出至少为50人/天口粮。在一天的佣书费用（2人/天口粮）支付抄写8000字的情况下，单本抄本的抄写成本X是2/(8000/400)=0.1人/天口粮。带入公式计算R=(W+50+Q)/(0.1)，印本的最低生产量临界值预计在500份左右。

以上讨论是对印本生产量临界值R的预估。但在实际过程中，为推广技术的运用，书商将不断采取措施降低技术运用的成本，如降低刻版费用（即降低W和K），或市场上佣书费用提高（X提高），都将降低印本生产量临界值，促进技术的推广。从市场角度分析，任何性能优良的新技术，从出现到广泛运用必然经历一个不断降低运行成本

---

① 何朝晖、李萍：《明中叶刻书的劳动力配置、刊版效率与刻工工作方式——以顾氏奇字斋〈类笺唐王右丞集〉为例》，《大学图书馆学报》2018年第6期。

的过程，雕版印刷术相较于手抄出版效率更高，但当其投入成本持续高于抄写方式时，无法从市场盈利，技术的运用将不具有可持续性。

根据经济学中商品的价格与需求曲线（见图1-2），文书的价格与市场需求量呈负相关关系。印本的销售价格 N×C1（N>1）应略大于成本值 C1（见图1-2），而此价格对应的市场需求量 D 大于印本的最低生产量临界值 R 时，雕版印刷术才能在图书市场中实现可持续发展。因此，雕版印刷术运用的成本降低之后，如果产品对应的售价缺乏足够高的市场需求量，那么同样无法实现技术落地。

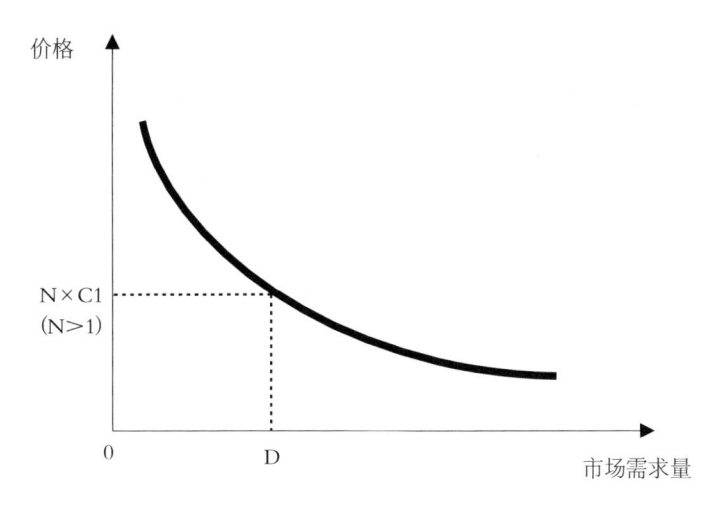

图1-2 文书的价格与需求曲线

四、雕版印刷术在隋唐时期出现的市场原因分析

隋唐时期科举制度的确立,打破了世家大族垄断官场的局面,为不少"孤贫志学"的庶民子弟考选入仕提供了重要机遇。这一转变对中国图书市场的发展产生了深远影响。尤其是广大平民阶层对文化的重视极大地繁荣了隋唐的图书市场,购买需求大幅提升。书肆日渐成为时人借阅和购买文书的重要场所。书肆遍布全国,不仅长安、洛阳、成都、扬州等地形成了几个规模较大的书业中心,在边远地区也开始出现书肆。[①]隋唐民间书肆的活跃打破了官方和世家门阀独霸文书传播权的局面,使社会底层拥有了更多近距离阅读文书、购买文书的机会,字书、历书、诗文集、经文、阴阳杂说等成为书肆贸易的重要内容。[②]书肆的流行反映了社会对文书需求的旺盛,文书交易的群体不再局限于贵族及学者,一般的平民阶层亦成为文书消费的主要目标群体之一。文书消费人群的扩增,为雕版印刷术的出现奠定了坚实的基础。

佛教是推动雕版印刷术兴盛的重要助力。一些学者认为抄录佛经

---

① 刘孝文、和艳会:《古代佣书业发展及文化贡献概述》,《图书情报论坛》2011年第Z2期。

② 方晓阳、施继龙:《唐代雕版印刷的相关文献研究》,《中国印刷与包装研究》2011年第3期。

的修持方法，刺激了雕版印刷术的诞生。①在不少佛教经典中，都注明了抄写经文所带来的益处。如魏晋时期翻译的《妙法莲华经》中记载："若人得闻此法华经，若自书，若使人书，所得功德，以佛智慧筹量多少，不得其边。"因此该经自翻译以来，就广为流传。然而抄经盛行并未形成复制经文的市场需求，大部分经文还是通过手抄方式完成的。抄经作为佛教徒修持之道，抄写时须持恭敬虔诚之心，通过发宏愿写经，慰藉人生苦恼，救赎自身业障。抄经主要用于静心。佛经卷帙浩繁，南北朝时，仅译经就多达600多部，信徒们反复抄录一部文字繁杂的经文情况较为少见。从早期考古证据及抄经目的、佛经经文繁多等方面进行分析，可以推定抄经的行为在一定程度上推动了雕版印刷术的运用，但不是推动印刷术产生的主要原因。

到了隋唐时期，佛教诸多宗派兴盛并起，在激烈的宗派竞争背景下，密宗改变了以往诵念的修持方法，将佛教教义与民间风俗进一步相结合，大兴佛教咒术。密宗宣扬持咒诵念即可避难除灾、修成正果，这种思想极大地迎合了当时社会辟邪祈福的需求，因此对各阶层人士都有着强大的吸引力。密宗在传教过程中将持咒形式

---

① 罗树宝：《书香三千年》，湖南文艺出版社，2005。

化,教徒们借助一张简单的佛教经咒既实现趋利避害的精神诉求,同时又满足了教义传播的需要。相较于抄经经文内容繁杂,主要限于知识精英,密宗陀罗尼经咒内容单一、简约,市场需求量大,反复抄录的概率极高,这对雕版印刷术的出现与运用起到了更为直接的促进作用。目前,我国考古出土的唐代印刷品中85%以上为佛教印刷品,其中最多的是陀罗尼经咒,这种印刷品在贵族墓和平民墓中都有发现,①②足见当时佛教经咒的盛行。

图书市场的发展,也加剧了书商之间的竞争。为更好地占据销售市场,此时图文并茂的文书,如密宗经咒、历书等,开始大量兴起。③这种新式文书版式不仅便于知识阶层更好地了解图书内容,佐助对信息的了解,而且消除了纯粹文字内容的枯燥感,提高了文书的吸引力,同时,也极大地解决了诸多不识文字的普通百姓的阅读障碍问题,因此具有很大的市场空间。这种版面形式的兴起,与市场的选择及中下层民众日益高涨的文化诉求是密切相关的,虽然市场潜力大,但对仅善于抄写文字内容的佣书人带来了较大的挑战。

在唐代社会中极为流行的密宗注重身密、语密、口密相结合修持方法。为便于信徒了解仪式,通常在经咒上绘有图解。唐代高僧惠果

---

① 宿白:《唐宋时期的雕版印刷》,文物出版社,1999。

② 安家瑶、冯孝堂:《西安沣西出土的唐印本梵文陀罗尼经咒》,《考古》1998年第5期。

③ 谷舟、杨益民:《隋唐时期佣书活动与雕版印刷术发展关系的再探讨》,《中国出版史研究》2019年第2期。

曾经有言："真言秘藏经疏隐密，不假图画不能相传。"考古出土的唐代抄本和印本的陀罗尼经咒版式，通常是正中央为佛像或密宗仪式图，佛像周围环绕一圈经咒，在咒文最外环绘有佛像、手印、法器或花卉图案。佛教密宗图文并茂的版式特征逐步为民间历书所借鉴，如唐代印刷品《唐乾符四年丁酉岁具注历日》在布局上以图配文，以一些生动的图案形象解释文字内容。为避免文字过于拥挤，中间还会间以图像，以达到更好的阅读效果。图像的融入，增强了文书的吸引力，但临摹图像费时费力，增加了工作的复杂程度和制作成本，造成抄写成本的提高。如前所述，抄写成本与印本生产量临界值呈负相关关系，前者的提高将降低印本生产量临界值 R；在印本生产量临界值降低之后，在图 1-2 中也将有利于 D 大于 R，从而降低了雕版印刷术应用的门槛，这为雕版印刷的推广提供了重要的"生态位"。

由于同一图案在多处可以使用，这推动了书商们借鉴前人捺印、拓印、印章等技术，实现图文内容的整体复制。目前所发现的绝大多数唐代雕版印刷品都有图文并茂的版式特征，这也说明了雕版印刷术的运用与图文并茂版式的紧密关系。

分析现存的唐代印刷品，不难发现早期绝大多数雕版印刷品的书法功底并不深。如梵文陀罗尼经咒的梵文文字笔画滞涩，较难识别，而且文字之间的行距疏密不一，略显拙陋。唐代印刷的历书，如877年《唐乾符四年丁酉岁具注历日》、882年《剑南西川成都樊赏家具注历日》及晚唐时期的《上都东市大刁家大印》，文字笔画十分自然，正文书写较为随意，一些文字的字迹还相当粗陋。这表明了早期大部分雕版印刷品的创作者，为节省印本出版成本，并未聘请专业书手进行抄写文本；这些成本投入的减少，在一定程度上也更进一步降低了印本的生产量临界值R。这为雕版印刷术的运用提供了日益有利的市场条件。

到了宋代，统治阶层对文化教育更为重视，"新型士人"群体逐步形成，推动了文书市场的进一步昌盛。加之经济发达，文书消费人群的增多，刻版技术的进一步成熟，推动了租赁雕版情况的出现，此举进一步降低了雕版印刷术运用的成本，生产量临界值应随之降低。如周生春、孔祥来等人研究宋代刻本《小畜集》《大易粹言》《汉隽》，《小畜集》只需卖116部，《大易粹言》《汉隽》需要各自卖225部和250部，就可收回所有成本，实现其全部价值。[①]经过唐朝的积累，雕版印刷术最终在宋代走向兴盛。

雕版印刷术是一种文书的快速复制技术，其发明是人类信息传播史上的一次重要革命，推动了书籍出版逐步由手写时代进入印刷时代。它改变以往书籍生产与消费的小众化、贵族化，使书籍成为一种商品，

[①] 周生春、孔祥来：《宋元图书的刻印、销售价与市场》，《浙江大学学报（人文社会科学版）》2010年第1期。

并逐步实现了平民化。[①]借由印刷，我国得以更好地传播、传承，为中华文化的发展壮大提供了有力保障，为人类文明进步做出了重要贡献。

[①] 田建平：《书价革命：宋代书籍价格新考》，《河北大学学报（哲学社会科学版）》2013年第5期。

第二章　雕版印刷

第二章　雕版印刷

印刷术是人类的伟大发明，是中国对于世界文明的巨大贡献。在印刷术中，最先发明的是雕版印刷术，此后才逐渐衍生出活字印刷术、平版印刷术等其他印刷方法。雕版印刷术在中国出现后，向东、南、西几个方向传播。向东传到朝鲜半岛、日本、琉球；向南传入越南、菲律宾等东南亚诸国；向西则通过丝绸之路传到西亚、北非，进而传到欧洲。雕版印刷术传到世界各地之后，与当地的社会文化相结合，产生了不同的应用形态，形成了不同的雕版印刷文化。本章拟对中国、朝鲜半岛、日本、中东和欧洲的雕版印刷分别加以论述，对琉球、越南、菲律宾等国的雕版印刷，因所见资料较少，所知有限，暂不作论述，敬请鉴谅。

第一节　中国的雕版印刷

中国的雕版印刷历史最久，印刷文化最为绚烂。中国历史上的雕版印刷品十分丰富，不仅包括汉文雕版印刷品，也包括以各种少数民族语言文字印行的雕版印刷品。根据文献记载和现存实物，我国产生过西夏文、回鹘文、藏文、女真文、蒙古文、满文、彝文、东巴文等语言文字的雕版印刷品，这些雕版印刷品形式多样，风格各异，反映了我国历史上丰富多彩的雕版印刷文化。少数民族文字雕版印刷在内容和形式上都与汉文雕版印刷有显著不同，要做系统考察必须深入了解各少数民族语言文字及其文化，属专门之学。限于本人学力，这里仅对汉文雕版印刷的历史和特点做一梳理。

一、雕版印刷术的发明

中国是发明印刷术的国度，无论是雕版印刷还是活字印刷，都是如此。然而关于印刷术在中国发明的时间，却至今没有统一的认识。

把印刷术发明时间推得最早的一种说法，是认为西汉时已经发明了印刷术，理由是西汉已经出现了织物印刷。长沙马王堆西汉墓出土了金银色印花纱、印花敷彩纱，广州西汉南越王墓出土了两块凸版印版，这都是西汉已经出现织物印刷的实物证据。这种说法背后是一种"大印刷史"观，认为印刷不仅仅指以纸为载体的印刷，也包括其他载体上的印刷；还有印刷术发明的"江源说"，认为印刷存在多个源头。这种说法实际上会使印刷术起源的问题更加复杂化，更加纠缠不清。因为织物印刷不仅在中国有悠久的历史，在世界其他文明也有很久远的历史。而织物印刷与纸面印刷之间的相互关系，到现在为止也并没有很清楚的认识。因此，在讨论印刷术的起源时，我们还是把注意力集中到以纸为载体的印刷上面为宜。

《后汉书》卷六十七《党锢列传》载："又张俭乡人朱并，承望中常侍侯览意旨，上书告俭与同乡二十四人别相署号，共为部党，图危社稷。……灵帝诏刊章捕俭等。"有学者将这条史料中的"刊"字解释为刊刻，以此作为印刷术起源于东汉的证据。然而《后汉书》李贤的注对"刊"的含义说得很明白："刊，削。不欲宣露并名，故削除之，而直捕俭等。""刊"在这里的意思实际上是删除，即在缉捕张俭的告示中删去朱并的名字以保护检举人。

有人引清陈芳生《先忧集》卷五十"济饥辟谷丹"证明晋代存在印刷术。该书记载："晋惠帝永宁二年（302），黄门侍郎刘景先表奏：臣遇太白山隐士传济饥辟谷仙方。上进，言臣家大小七十余口，更不食别物，若不如斯，臣一家甘受刑戮。惟水一色。今将真方镂板，广传天下。"张秀民《中国印刷史》认为这里的"永宁"

应是五胡十六国中后赵年号，永宁二年指351年，而非晋惠帝永宁二年。而且这条证据是二手材料，且为孤证。元王祯《农书·百谷谱集之十一·饮食类·备荒论》："'辟谷方'者，出于晋惠帝时，黄门侍郎刘景先，遇太白山隐士所传，曾见石本，后人用之多验。今录于此：晋惠帝时，永宁二年，黄门侍郎刘景先表奏，臣遇太白山隐士，传济饥辟谷仙方。上进。言：'臣家大小七十余口，更不食别物，惟水一色。若不如斯，臣一家甘受刑戮。'今将真方镂板，广传天下：大豆五斗……前知随州朱贡教民用之有验，序其首尾，勒石于汉阳军大别山太平兴国寺。"可知将辟谷仙方"镂板广传"的实际上是元代的王祯，而不是晋代或后赵的刘景先。

日本学者岛田翰《古文旧书考·雕版渊源考》中说："予以为墨版，盖昉于六朝。何以知之？《颜氏家训》曰：'江南书本，穴皆误作六。'夫书本之为言，乃对墨版而言之也。颜之推，北齐人，则北齐时既知雕版矣。"岛田翰认为《颜氏家训》既然提到"书本"，即抄写的图书，则必有其对立物雕版书"墨版"，以此认为印刷术出现于六朝。对此叶德辉《书林清话》卷一《书有刻板之始》辨析说："若以诸书称本，定为墨版之证，则刘向《别录》'校雠者一人持本'，后汉章帝赐黄香《淮南子》《孟子》各一本，亦得谓墨板始于两汉乎？"其实叶德辉弄错了重点，岛田翰的证据重在强调"书"，而不是"本"。但岛田翰此说多臆测成分，对"书本"一词存在过度解读。

近年有学者发现了《南齐书·裴昭明传》中的一段记载，认为与雕版印刷存在技术关联。①该书载，南朝齐武帝永明三年（485年），裴昭明（松之孙）"使虏，世祖谓之曰：'以卿有将命之才，使还，当以一郡相赏。'还为始安（今桂林）内史。郡民龚玄宣，云神人与其玉印玉板书，不须笔，吹纸便成字。自称'龚圣人'，以此惑众。前后郡守敬事之，昭明付狱治罪"。此事又见《南史·裴松之传附孙昭明传》。这段史料记载的现象尚不是雕版印刷。若指雕版印刷，虽然在当时属于新鲜事物，但雕版印刷的操作过程本身并无神异之处，与国人早已熟识的印章钤盖过程比较相似。且材料中云"吹纸便成字"，也与雕版印刷的操作工艺不符。笔者以为可能与某种化学药水的使用有关，古代道教与民间宗教中，惯于以掌握的化学知识制造神迹以吸引教众。

隋费长房《历代三宝记》卷十二载，隋文帝开皇十三年（593年）复兴佛教，"废像遗经，悉令雕撰"。有学者以此作为隋代已存在印刷术的证据。明陆深《俨山外集》卷三"河汾燕闲录上"云："隋文帝开皇十三年十二月八日，敕废像遗经，悉令雕撰。此印书之始，又在冯瀛王先矣。"明胡应麟《少室山房笔丛》卷四"经籍

---

① 方晓阳、张秉伦、樊嘉禄：《"玉印玉板书"与雕版印刷术发明的技术关连》，《中国史研究》2002年第1期。

会通四"引陆深《河汾燕闲录》，径改为"废像遗经，悉令雕板"，坐实了"雕撰"即雕版印刷。清阮葵生《茶余客话》、岛田翰《古文旧书考》、孙毓修《中国雕版源流考》皆持此说。然清王士禛《居易录》卷二十五已作辨析："予详其文义，盖雕者乃像，撰者乃经，俨山（陆深字）连读之误耳。"叶德辉《书林清话》卷一"书有刻板之始"："意谓废像则重雕，遗经则重撰耳。"所言甚是，"雕""撰"二字当分开解释，前者的对象是佛教，后者的对象是佛经。隋文帝时期若存在雕版印刷术，则无法解释《资治通鉴》卷一百七十六"陈纪十"所载，隋文帝开皇八年（589年）伐陈，"又散写诏书，书三十万纸，徧喻江外"。

又有所谓隋木刻加彩佛像，自20世纪初以来时常在博物馆、拍卖会等场合出现，多位学者已辨其伪，或指出其非雕版印刷品，此不赘。

明邵经邦《弘简录》卷四十六载，唐太宗长孙皇后撰《女则》十篇，"帝览而嘉叹，以后此书足垂后代，令梓行之"。清郑机《师竹斋读书随笔汇编》卷十二"杂考上"据此云："可见梓行书籍，不始于冯道。"然《旧唐书》卷五十一、《新唐书》卷七十六皆载长孙皇后撰《女则》事，而无一言语及该书梓行。梓行《女则》当属邵经邦臆测之辞。

唐冯贽《云仙散录》卷五引《僧园逸录》：玄奘法师于京师大慈恩寺，"以回锋纸印普贤像，施于四众，每岁五驮无余"。张秀民认为这是唐朝初年存在印刷术的证据，但宋人陈振孙、洪迈、赵与旹、清四库馆臣、今人余嘉锡皆怀疑《云仙散录》是伪书，故难以为据。

日本学者神田喜一郎引法藏《华严五教章》卷一载佛祖说法"如世间印法，读文则句义前后，印之则同时显现"，及法藏《华严经探玄记》卷二文字"答：如印文，读时前后，印纸同时"，证明7世纪末已出现印刷术。学者艾俊川据佛经考证，认为法藏所说之"印"，实为钤印，而非印刷。①

总之各种关于印刷术发明于唐代初年以前的说法，都缺乏史料和实物方面的确凿证据。唐初以后，表明印刷术存在的文字记载和实物证据，则较为充分。

目前发现的雕版印刷实物，皆为佛教印刷品，尤其是佛教密宗的《陀罗尼经咒》，显示了印刷术与佛教教义与信仰活动的密切渊源。1944年，成都东门外望江楼附近唐墓出土了梵文《陀罗尼经咒》，框外镌"成都府成都县龙池坊卞家印卖咒本"一行。唐肃宗至德二年（757年），蜀郡改称成都府，因知该经咒刊刻年代当在是年以后。1967年，中国科学院考古研究所西安工作站

---

① 艾俊川：《文中象外》，浙江大学出版社，2012，第1—10页。

在西安市西郊张家坡西安造纸网厂工地收集到唐墓出土梵文《陀罗尼经咒》。"文化大革命"期间，安徽省考古研究所在阜阳一土坑唐墓中发现残存的半幅梵文《陀罗尼经咒》。1974年，西安市西郊西安柴油机械厂唐墓出土梵文《陀罗尼经咒》，随葬品皆为唐初或隋朝遗物。1975年西安冶金机械厂内唐墓出土汉文《佛说随求即得大自在陀罗尼神咒经》。据宿白先生研究，西安造纸网厂与阜阳出土者有四周所印经文不能相接，边缘模糊、重叠等现象，似为以4块印版捺印者，且其中花朵、法器、手印为墨绘。其他几幅《陀罗尼经咒》所印文字皆连续，花朵、法器、手印皆印制。这一系列出土的《陀罗尼经咒》，似可反映雕版印刷从初创到成熟的过程。唯这些出土的《陀罗尼经咒》大都缺少准确断定年代的线索，宿白先生认为，随葬《陀罗尼经咒》风气的形成，推定在中晚唐较为稳妥。[1]这些刊刻的《陀罗尼经咒》具有较强的宗教性和仪式性，显然早期的印刷品并不单纯是作为读物来使用的。

日本和韩国的最早雕版印刷品也都是《陀罗尼经咒》，显然是受到了中国的影响。根据文献记载，日本的《百万塔陀罗尼经》刊刻年代较为明确，韩国庆州发现的《陀罗尼经咒》的刊刻时间迄今仍有争议。因而敦煌千佛洞出土的唐咸通九年（868年）《金刚经》，因为卷末载有明确的刊刻时间，刊刻精美，技术成熟，在印刷史上的地位仍然难以撼动。

---

[1] 宿白：《唐宋时期的雕版印刷》，文物出版社，1999，第7—9页。

二、摇篮期的雕版印刷业：唐、五代

唐代不仅出现了雕版印刷术，而且印刷业已经形成了一定规模，出现了印刷中心，印刷品的种类趋于丰富多样。唐代的印刷书籍主要有以下类型。

（一）佛道之书

司空图《司空表圣集》卷九《为东都敬爱寺讲律僧惠确化募雕刻律疏》载："自洛城罔遇时交，乃焚印本，渐虞散失，欲更雕锲。惠确无愧专精，颇尝讲授，远钦信士，誓结良缘……再定不刊之典，永资善诱之方，必期字字镌铭，种慧良而不竭；生生亲眷，遇胜会而同闻。"这段材料说明唐武宗灭佛前已经存在刊印的佛经，武宗死后，唐宣宗下令复兴佛教，很多佛经被重新刊刻出来。国家图书馆藏唐人写经"有"字9号《金刚经》残本十页，末有"西川过家真印本"七字，又有"丁卯年三月十二日八十四老人手写流传"字样。丁卯，为唐哀帝天祐四年（907年），三月二十七日禅位于梁，四月二十二日梁太祖改元开平。这册存世的《金刚经》虽为写本，但是据西川过家所刻的印本抄写的。斯坦因、伯希和劫经中有多种《金刚般若波罗蜜经》抄本，题记中有"西川过家真印本"

"西川印出本""西川真印本"是根据西川印本抄写的。唐代范摅《云溪友议》卷十载:"纥干尚书泉,苦求龙虎之丹十五余稔。及镇江右,乃大延方术之士,乃作《刘弘传》,雕印数千本,以寄中朝及四海精心烧炼之者。"①纥干众为江南西道观察使,时在唐大中元年至三年(847—849年),雕印《刘弘传》数千本,这是印刷道教典籍的例子。

(二) 历书、阴阳、字书等

《全唐文》卷六百二十四收入东川节度使冯宿《禁版印时宪书奏》,云:"剑南两川及淮南道,皆以版印历日鬻于市。每岁司天台未奏颁下新历,其印历已满天下,有乖敬授之道。"《旧唐书》卷十七下《文宗本纪》亦载,太和九年(835年)十二月丁丑,"敕诸道府,不得私置历日板"。冯宿于唐文宗太和九年(835年)任剑南东川节度使,这两则材料说明了当时四川和淮南地区民间私印日历的盛况。敦煌出土了几件雕版印刷的历书残片,有唐僖宗乾符四年(877年)历书残片;唐僖宗中和二年(882年)历书残片,刻有"剑南西川成都府樊赏家历□""中和二年具注历日凡三百八十四日太岁壬寅"字样,知刻印于四川成都,书坊为"樊赏家";又有一件历书,上有"上都东市大刁家大印"字样,无日期,当为晚唐时长安大刁家所刊印。

唐柳玭《柳氏家训序》:"中和三年癸卯(883年)夏,銮舆在蜀

---

① 范摅:《云溪友议(卷下)》,姜门远:《四部丛刊续编》,影印明刻本,张元济等辑,商务印书馆,1934,第186页。

之三年也。余为中书舍人，旬休，阅书于重城之东南。其书多阴阳杂记、占梦相宅、九宫五纬之流，又有字书小学，率雕板印纸，浸染不可尽晓。"[1]中和三年唐僖宗因为都城长安被黄巢大军攻占，到四川成都避难，柳玭是随侍诸臣之一。柳玭看到在成都的市集上有很多雕版印刷的书籍出售，品类有阴阳占卜、字典韵书等。日本入唐僧宗叡于唐懿宗咸通六年（865年）回国，随身携带的书编为《新书写请来法门等目录》，其中有："西川印子《唐韵》一部五卷，同印子《玉篇》一部三十卷。"

---

[1]〔宋〕叶寘《爱日斋丛抄》卷一，《景印文渊阁四库全书》第854册，第616页。学界引用此书或作《柳氏训序》，误。晁公武《郡斋读书志》卷九著录此书，云："柳玭序其祖公绰已下内外事迹，以训其子孙。"知当作《柳氏序训》。《宋史·艺文志》《文献通考·经籍考》亦作《柳氏序训》。在《新唐书·艺文志》、叶廷珪《海录碎事》、陆游《渭南文集》等书中，此书书名作"柳氏训序"。《爱日斋丛抄》则引作《〈柳氏家训〉序》。《柳氏序训》今已不存，这条材料乃转引自宋人叶寘的《爱日斋丛抄》卷一。《爱日斋丛抄》原有十卷，黄虞稷《千顷堂书目》曾著录，今天已不见全书。元明之际《说郛》收入《爱日斋丛抄》，然仅有22条。清乾隆间修《四库全书》，馆臣从《永乐大典》中辑出143条，与《说郛》所载合并，去其重复，得153条，厘为5卷，已非全豹。上引这则材料即为馆臣辑自《永乐大典》。馆臣从《永乐大典》中辑《旧五代史》时，于卷四十三《唐书·明宗纪》长兴三年二月刻九经印板条小字注中，亦引此材料，惟"阴阳杂说"写作"阴阳杂记"。

"西川"属今四川地区,"印子"指印本,则宗叡带回国的书里有四川的刻本。敦煌文书《崔氏夫人要女文》抄本,尾题"上都李家印《崔氏夫人》壹本",背题有"辛巳""壬午""癸未"纪年,该抄本也是据印本抄写的,时间或在晚唐。

(三) 医书

法国巴黎国立图书馆藏敦煌写本《新集备急灸经》残卷,抄写于另一种书《阴阳书》背面。《阴阳书》末题:"咸通二年(861年)岁次辛巳十二月廿五,衙前通引并通事舍人范子盈、阴阳范景询二人写记。"《新集备急灸经》书题下有"京中李家于东市印"。当为晚唐时据长安李家刊本所抄。

(四) 诗文

元稹《元氏长庆集》卷五十一《〈白氏长庆集〉序》:"《白氏长庆集》者,太原人白居易之所作……至于缮写模勒,衒卖于市井,或持之以交酒茗者,处处皆是。扬、越间,多作摹勒乐天及予杂诗,卖于市肆之中也。"王国维《两浙古刊本考》:"夫刻石亦可云摹勒,而作书鬻卖,自非雕板不可,则唐之中叶吾浙亦已有刊板矣。"曹之则认为"摹勒"是摹写、编辑文字之意,不表示刊板。[1] 辛德勇认为这时也还没有形成刊刻文人诗文集的土壤,"摹勒"是影摹书写的意思。[2] 此条史料是否指雕版印刷,还有待进一步探讨。

---

[1] 曹之:《"模勒"辨》,《图书情报论坛》1989年第3期。
[2] 辛德勇:《唐人模勒元白诗非雕版印刷说》,《历史研究》2007年第6期。

唐末五代著名文学家徐寅《徐正字诗赋》卷二《自咏十韵》云："拙赋偏闻镌印卖，恶诗亲见画图呈。"徐夤曾作《斩蛇剑赋》《人生几何赋》等，被渤海国人用泥金写成屏风，也被书商"镌印卖"，即刊印出售，时间可能在唐末。

唐代的雕版印刷品主要包括佛道典籍，历书、阴阳占卜、字书、医书等日用类书籍。无经史书籍，集部书亦极为鲜见。总的来看，刊刻的主要是面向社会中下层的读物。从刻书的主体来看，寺院和坊刻较为活跃，官刻与家刻尚未出现。印刷术兴起于民间，此事尚未得到士大夫和官府的重视。

从出版业的地域分布来看，当时已经出现了四大出版中心，奠定了宋代出版业的地理格局。首先是都城长安、东都洛阳。各个朝代的都城都因其文化中心地位而成为出版中心，前述印刷品刊记"京中李家于东市印""上都李家印""上都东市大刁家太郎"中的"京中""上都"都是指都城长安，司空图《为东都敬爱寺讲律僧惠确化募雕刻律疏》中的"东都"指洛阳。其次是四川地区。前述冯宿《禁版印时宪书奏》和出土早期印刷品中的"剑南""两川""西川""成都府"等，都在今天的四川地区。最后是东南地区的淮南道、江南东道和江南西道。冯宿的《禁版印时宪书奏》中说淮南地区私家刊刻历书的现象也非常普遍，纥干众做江南西道观察使时刊印《刘弘传》数千本，说明当地的刻书力量雄厚。如果元稹《〈白氏长庆集〉序》中的"摹勒"指雕版印刷，则地处淮南道和江南东道的"扬、越间"翻刻白居易诗集和元稹诗集甚夥。

五代时期印刷业最重要的发展，是官府和士大夫开始重视和使用印刷技术，出现了官刻和家刻。一般认为官刻始于五代冯道刻印《九经》，实际上早在冯道之前就已经存在官刻了。宋汪应辰《文定集》卷一〇《跋贞观政要》云："此书婺州公库所刻板也。予顷守婺，患此书脱误颇多，而无他本可以参板（校）。绍兴三十二年（1162年）八月，偶访刘子驹于西湖僧舍，出其五世所藏之本，乃后唐天成二年（927年）国子监板也，互有得失，然所是正亦不少。"由此可知，五代国子监刊印《九经》之前，曾雕印《贞观政要》。但在印刷史上，五代监本《九经》的雕印是一个标志性时间，表明国家最重要的教育机构开始用印刷的方式来出版最重要的儒家典籍。《旧五代史》卷四十三"唐书明宗纪九"载：长兴三年二月"辛未，中书奏：'请依石经文字刻九经印板。'从之"。《册府元龟》卷六〇八引冯道、李愚奏疏："尝见吴、蜀之人，鬻印板文字，色类绝多，终不及经典。如经典校订，雕摹流行，深益于文教矣。""吴""蜀"分别指唐代后期坊刻业兴盛的江南和四川地区，当时两地刊刻的书籍种类繁多，但却没有包括儒家经典。五代后唐明宗长兴年间，宰相冯道、李愚奏请刊刻《九经》，由国子监具体实施，至后周广顺三年（953年）完成，前后历时22年，跨越后唐、后晋、后汉、后周4个朝代。五代刻印《九经》的底本是唐《开成石经》，加上注文，成为经注合刻本。五代监本《九经》，实际上有十二经：《易经》《书经》《诗经》《三礼》（《周礼》《仪礼》《礼记》）

《春秋三传》(《左传》《公羊》《穀梁》)《孝经》《论语》《尔雅》。五代时将历书的刊刻权严格控制在中央政府手中。《五代会要》卷十一载，后周广顺三年（953年）八月敕："每年历日须候本司再算造奏定，方得雕印，本司不得私衷示外。如违，准律科罪。"这里的"本司"指司天台和翰林院。

五代十国时期的官刻，还包括南方吴越国的佛经刊刻活动。1917年湖州天宁寺因改建为中学校舍，于石幢中发现《一切如来心秘密全身舍利宝箧印陀罗尼经》数卷。卷首扉画前有刊记："天下都元帅吴越国王钱弘俶印《宝箧印经》八万四千卷，在宝塔内供养。（后周）显德三年丙辰（956年）岁记。"同时所出二卷，大小行款均同，而字体微异，可证其有数版。1924年杭州西湖雷峰塔倒掉，在有孔的塔砖内，发现藏有黄绫包首的《宝箧印经》，上云："天下兵马大元帅吴越国王钱俶造此经八万四千卷，舍入西关砖塔，永充供养。乙亥八月日口记。"乙亥年是吴越八年、北宋开宝八年（975年）。1971年11月绍兴县城关镇物资公司工地出土金涂塔一座，塔内放一小竹筒，筒内藏经一卷。首题："吴越国王钱俶敬造《宝箧印经》八万四千卷，永充供养。时乙丑岁记。"乙丑为北宋乾德三年（965年）。这些多次发现的实物证据表明吴越国王钱弘俶曾发愿雕造大量《宝箧印经》。

敦煌千佛洞中所出的五代印刷品，有后晋开运四年（947年）雕印的《观世音菩萨像》《毗沙门天王像》，和天福十五年（950年）雕版的《金刚经》。它们是割据瓜沙的曹元忠所刻，可以看作是地方政权的印刷活动。《观世音菩萨像》后刊有"匠人雷延美"一行。《毗沙门天王像》有刊记："弟子……曹元忠请匠人雕此印板……"在《金刚经》后面的刊记中有"雕版押衙雷延美"字样，可知匠人出身的雷延美已拥有了官衔。

家刻也在五代时期出现。宋佚名《分门古今类事》卷十九"为善而增门"有"毋公印书"条："毋公者，蒲津人也，仕蜀为相。先是，公在布衣日，常从人借《文选》及《初学记》，人多难色。公浩叹曰：'余恨家贫，不能力致，他日稍达，愿刻板印之，庶及天下习学之者。'后公果于蜀显达，乃曰：'今日可以酬宿愿矣！'因命工匠日夜雕板，印成二部之书。公览之，欣然曰：'适我愿兮。'复雕《九经》诸书。两蜀文字，由是大兴。"后蜀广政十六年（953年），宰相毋昭裔出私财刻印《九经》，又刻《白氏六帖》，造福学子。五代还首次出现了士大夫自刻诗文集的例子。《旧五代史》卷一百二十七《和凝传》载："（凝）平生为文章，长于短歌艳曲，尤好声誉。有集百卷，自篆于板，模印数百帙，分惠于人焉。"和凝"自篆于板"，他的诗文集是最早的作者手书上板的写刻本。和凝还曾刻过《颜氏家训》。

五代时期印刷出版业的特点是出现了官刻和家刻，中国古代图书出版的三大主体均已齐备，印本书籍的种类也大为丰富，儒家经典终于有了刻本，但正史类著作却未见雕印。

三、印刷出版体系的全面建立和发展：宋、辽、西夏、金、元

如果说唐五代是中国古代印刷出版业的奠基时代，宋元就是出版业全面兴起和发展的时代。唐五代的出版业是零星的、局部的，宋元时期则遍地开花，古代出版业形成了完整的体系，图书出版品类也极大地丰富起来。

北宋建国后的最初一百年，印刷出版技术迅速普及和发展，奠定了此后数百年的出版业格局，在中国古代出版史上是极为关键的一个时期。《续资治通鉴长编》卷六十载：真宗"景德二年（1005年）五月戊辰朔，幸国子监阅书库，问祭酒邢昺书板几何，昺曰：'国初不及四千，今十余万，经史正义皆具。臣少时业儒，观学徒能具经疏者百无一二，盖传写不给。今板本大备，士庶家皆有之，斯乃儒者逢时之幸也。'"可知宋代建国之后不到半个世纪，国子监的书版就从不到四千增加到十多万，民间则经历了从"传写不给"到"板本大备"的巨大变化。苏轼《苏文忠公全集》前集卷三十二《李氏山房藏书记》："余犹及见老儒先生，自言其少时欲求《史记》《汉书》而不可得，幸而得之，皆手自书，日夜诵读，唯恐不及。近岁，市人转相摹刻诸子百家之书，日传万纸。学者之于书，多且易致如此。"该文作于宋神宗熙宁九年（1076年），距宋真宗景德二年视察国子监

又过去了 70 余年。苏轼在文中说"老儒先生"少年时连《史记》《汉书》这样重要的史籍都很难看到，这说的应该是 11 世纪初前后的状况。到了 11 世纪中叶，则刻书已遍及诸子百家，"多且易致"了。

南北宋之际，出版业进一步发展，刻本书籍日益普及。《文献通考》卷二百四十八经籍考《文苑英华》条引周必大跋《文苑英华》，谈及北宋太宗时纂辑的《文苑英华》所收唐人文集的流传情况："盖所集止唐文章，如南北朝间存一二。是时印本绝少，虽韩、柳、元、白之文尚未甚传。其他如陈子昂、张说、张九龄、李翱诸名士文籍，世犹罕见。故修书官于宗元、居易、权德兴、李商隐、顾云、罗隐，或全卷收入。当真宗朝，姚铉铨择十一，号《唐文粹》，由简故精，所以盛行。近岁唐文摹印浸多，不假《英华》而传。"知北宋初年唐人文集流传甚少，赖收入《文苑英华》而传。南宋嘉泰元年（1201 年）至四年（1204 年）周必大刻《文苑英华》于吉州，当时唐人文集刊版众多，与北宋初年的状况已不可同日而语。从以上几则材料来看，从北宋建国到南宋中期，出版业实现了"三级跳"式的跨越式发展。

在宋代的出版业格局中，官刻居于举足轻重的地位。官刻不仅要满足政府收藏和利用图书的需要，也要向社会读者供应书籍，弥补因民间出版业不够发达而导致的书籍需求缺口。《宋会要辑稿》职官二八之二载，宋仁宗天圣三年（1025 年）国子监进言："准中书札子，《文选》《六帖》《初学记》《韵对》《四时纂要》《齐民要术》等印板，令本监出卖。今详上件《文选》《初学记》《六帖》《韵对》并抄集小说，本监不合印卖。今旧板讹阙，欲更不雕造。从之。"这说明在北宋初年民间出版业不发达的时候，国家的最高学府国子监还需要刻印《初学记》《白孔六帖》《韵对》这样的举业用书供士子学习之用，到北宋中期随着民间出版的此类书籍日渐增多，国子监才不再刊刻此类书籍，转而专门出版学术价值高的经史著作。但直到南宋，国子监以及地方官学所刻的书，仍向社会发售，以满足读者需求。李心传《建炎以来朝野杂记》甲集卷四"监本书籍"条云："监本书籍者，绍兴末年所刊也。……王瞻叔（之望）为学官，尝请摹印诸经义疏及《经典释文》，许郡县以赡学或系省钱，各市一本置之于学，上许之。今士大夫仕于朝者，率费纸墨钱千余缗，而得书于监云。"叶德辉《书林清话》卷六有"宋监本书许人自印并定价出售"一篇："宋时国子监板，例许士人纳纸墨钱自印。凡官刻书，亦有定价出售。今北宋本《说文解字》后，有'雍熙三年中书门下牒徐铉等新校定说文解字'，牒文有'其书宜付史馆，仍令国子监雕为印板，依九经书例，许人纳纸墨钱收赎'等语。南宋刻林钺《汉隽》，有淳熙十年杨王休记后云：'象山县学《汉隽》，每部二册，见卖钱六百文足，印造用纸一百六十幅，碧纸二幅，赁板钱一百文足，工墨装背钱一百六十文足。'"该篇中还辑录了舒州公使库刻本《大易粹言》、绍兴府今刊《会稽志》、沅州公使库刻《续世说》等书的成本和售价资料。宋代的官刻书上会公布书籍的成本和售价，读者既可以购买刷印出来的现成书籍，也可以按照书上公布的原料数量，自带纸张到官府刷印，只是需要再另交书版折旧费"赁板钱"和装印工本费"工墨装背钱"。尽管在明代仍可以见到官僚士人从国子监刷印图书的例子，①清代也有允许官绅刷印内府书版、将多余的内府刻书对外出售的做法，②但都不像宋代这样将官刻书的对外销售常规化、规范化。

宋代刻书业大体延续了唐、五代的地理格局，四川和江南地区最为发达，都城作为文化中心也是出版业中心。北宋初年北方刻书力量薄弱，国子监出版图书要将书拿到传统的刻书中心杭州、成都去开版。程俱《麟台故事》卷二载，宋太宗淳化五年（994年），"诏选官分校《史记》、前后《汉书》。……既毕，遣内侍裴愈，赍本就杭州镂版"。宋仁宗嘉祐五年（1060年）《新唐书》修成，奉旨下杭州镂版。嘉祐六年诏三馆秘阁精加校勘《宋书》《南齐书》《梁书》《陈书》《魏书》《北齐书》《后周书》，依《唐书》之例送杭州开版。《周礼疏》《孝经正义》等亦由"直讲王焕就杭州镂版"（《玉海》卷三十四"艺文"），《资治通鉴》"奉圣旨下杭州镂板"（卷末牒文）。这些书的书版都是在杭州刊刻的，再运至汴京国子监印行。王国维《五代两宋监本考》说："北宋监本刊于杭者，殆居泰半。"今人根据版本研究提出商榷，认为有所夸大，③但北宋国子监确有大量的经史书籍是送到杭州去刊刻的。北

---

① 辛德勇：《明人自印南北监书》，"澎湃新闻"[2022-03-03]. //baijiahao.baidu.com/s?id=1726243188524281276&wfr=spider&for=pc.

② 项旋：《清代殿本售卖流通考述》，《史学月刊》2018年第10期。

③ 顾宏义：《宋代国子监刻书考论》，《古籍整理研究学刊》2004年第4期。

第二章　雕版印刷

宋太祖开宝年间刊成了第一部印刷的《大藏经》，即《开宝藏》，这一鸿篇巨制是送到成都刊版的。开宝四年（971年）太祖命张从信往益州雕造全藏，至太平兴国八年（983年）雕成书版 13 万块，5048 卷。成都雕造的《开宝藏》印板，刻成后运往汴梁，贮于印经院供刷印。

南宋国子监的书版也有很多不是在都城临安刊刻的，不过存在不同的背景。南都之初，因汴梁的书籍和书版都被金人掳掠北去，临安国子监甫经草创，图书极为缺乏，乃取临安府、湖州、衢州、台州、泉州、四川等地所刻书版，置于监中，充作监版。国子监等中央机构刻书，亦多下诸州郡雕镂。王国维《两浙古刊本考》云："南渡初，监中不自刻书，悉令临安府及他州郡刻之，此即南宋监本也。"李心传《建炎以来朝野杂记》甲集卷四"监本书籍"载："监本书籍者，绍兴末年所刊也。国家艰难以来，固未暇及。九年九月，张彦实（扩）待制为尚书郎，始请下诸道州学，取旧监本书籍，镂板颁行。从之。然所取诸书多残缺，故胄监刊六经无《礼记》，正史无《汉》《书》。二十一年五月，辅臣复以为言。上谓秦益公（桧）曰：'监中其他阙书，亦令次第镂板。虽重有所费，盖不惜也。'系是经籍复全。"

宋代的地方官刻，包括地方路、府、州、军、监、县等各级衙门刻书，称为"郡斋""县斋"本；地方官学刻书，称为"郡庠""县庠"本；公使库刻书。公使库刻书是宋代的一大特色，公使库是接待安寓来往官吏的机构，"诸道监、帅司及州、军、边县与戎帅皆有之"。公使库专设雕造所、印书局，经费充裕，因而刊本质量很高，种类以经、史书籍为主，部头较大。

宋代的民间刻书较前代大为活跃。四川、江南地区仍是传统的刻书中心，南宋时随着福建经济文化的发展，建阳作为新的商业出版中心崛起。三地刻书在版本学上被分别称为"蜀刻本""浙刻本""建刻本"。汴梁、临安作为都城，民间刻书亦较发达。各个出版中心涌现出了一批著名的刻书家、知名的书坊，这和唐五代民间出版者多隐而不显有很大的不同。南宋咸淳间，廖莹中的世彩堂在临安刻《昌黎先生集》《河东先生集》，刊刻极为精良，留存至今仍纸墨焕然，被誉为宋刻本中的"无上神品"。陈斋书籍铺是临安著名的书坊，所刻唐人别集、《江湖集》系列、《南宋六十家名贤小集》皆为人所称道。四川刻书精品亦夥，蜀刻十一行、十二行本唐人别集都是著名的版本。

由于印刷出版业的飞速发展，宋代社会上流通的书籍数量较之前代有极大增加，这可以从私人藏书的规模上得到直观的体现。明胡应麟《少室山房笔丛》卷四《经籍会通四》云："魏晋以还，藏书家至寡，读《南北史》，但数千卷，率载其人传中。至《唐书》所载，稍稍万卷以上，而数万者尚希。宋世骤盛，叶石林辈弁山之藏，遂至十万。盖雕本始唐中叶，至宋盛行，荐绅士民有力之家，但笃好则无不可致。"

出版业的发展还可以从士大夫对书籍急剧增多的焦虑得到印证，这种焦虑随着出版业的不断普及和扩张贯穿于整个宋代。不少士大夫认为书籍多而易得并不一定是好事，会使读书人不再专注于少数经典的精研细读，学问粗疏。苏轼在《李氏山房藏书记》中就感慨："学者之于书，多且易致如此。其文词学术，当倍蓰于昔人，而后生科举之士，皆束书不观，游谈无根，此又何也？"南宋初年，叶梦得在其《石林燕语》卷八中说："唐以前，凡书籍皆写本，未有模印之法，人以藏书为贵。不多有，而藏者精于雠对，故往往皆有善本。学者以传录之艰，故其诵读亦精详。五代时，冯道始奏请官镂《六经》板印行。国朝淳化中，复以《史记》《前后汉》付有司摹印，自是书籍刊镂者益多，士大夫不复以藏书为意。学者易于得书，其诵读亦因灭裂，然版本初不是正，不无讹误。世既一以板本为正，而藏本日亡，其讹谬者遂不可正，甚可惜也。"朱熹《朱子语类》卷十"读书法上"云："今缘文字印本多，人不着心读。""今人所以读书苟简者，缘书皆有印本多了。……如东坡作《李氏山房藏书记》，那时书犹自难得。晁以道尝欲得公、穀传，遍求无之，后得一本，方传写得。今人连写也自厌烦了，所以读书苟简。"罗璧《罗氏识遗》卷一"成书得书难"说："摹印便而书益轻，后生童子习见以为常，与器物等藏之者，只观美而已。余谓书少而世不知读，固可恨；书多而世不知重，尤可恨也。唐末年犹未有摹印，多是传写，故古人书不多而精审。"另一方面，宋人也认识到书多的益处，对书籍的普及予以积极评价，主张学者应博览群籍。著名诗人陆游也是个大藏书家，他在《万卷楼记》中说："学必本于书。一卷之书，初视之若甚约也。后先相参，彼此相稽，本末精粗，相为发明，其所关涉，已不胜其众矣。一编一简，有脱遗失次者，非考之于他书，则所承误而不知。同字而异诂，同辞而异义，书有隶古，音有楚夏，非博极群书，则一卷之书，殆不可遽通。此学者所以贵夫博也。自先秦两汉，迄于唐五代以来，更历大乱，书之存者既寡，学者于其仅存之中，又鲁莽焉以自便，其怠惰因循曰：吾惧博之溺心也。岂不陋哉！故善学者通一经而足，藏书者虽盈万卷，犹有憾焉。"

晚唐时因民间私刻历书，政府出台了管制措施。宋代是刻书业全面兴起的朝代，出版物的品类较晚唐极大地丰富，书籍流通的规模远超以前各代。面对这种局面，宋代制定了各种出版管理规条，其规定之细致、涉及面之广都是前所未有的。宋代初年曾下令书籍需经官府审核，方可出版。宋真宗大中祥符二年（1009年）下诏："其古今文集，可以垂范，欲雕印者，委本路转运使选部内文士看详，可者即印本以闻。"（《宋大诏令集》卷第一百九十一《诫约属辞浮艳令欲雕印文集转运使选文士看详诏》）宋仁宗天圣五年（1027年）下诏："如合有雕文集，仰于逐处投纳一本附递闻奏，候到差官看详，别无妨碍，降下许令开板，方得雕印。如敢违犯，必行朝典，仍毁印板。"（《宋会要辑稿》刑法二之一六）宋哲宗元祐五年（1090年）礼部言："书籍欲雕印者，选官详定，有益于学者方许镂板。候印讫，送秘书省，如详定不当，取勘施行。"诏从之。（《宋会要辑稿》二之三八）但由于地域广大，出版机构众多，出版物数量庞大，加之政府并无管理出版的专门机构，难以实行。中国古代施行的主要是出版事后审查，即出了问题再行查禁。宋代管制的图书主要有以下几类：

（1）浮华冶艳之辞。宋真宗大中祥符二年（1009年）颁布《诫约属辞浮艳令欲雕印文集转运使选文士看详诏》："国家道莅天下，化成域中，敦百行于人伦，阐六经于教本，冀斯文之复古，期末俗之还淳。而近代以来，属辞之弊，侈靡滋甚，浮艳相高，忘祖述之大猷，竞雕刻之小技。爰从物议，俾正源流，咨尔服儒之文，示乃为学之道。夫博闻强识，岂可读非圣之书；修辞立诚，安得乖作者之制。必思教化为主，典训是师，无尚空言，当遵体要。仍闻别集众弊，镂板已多，傥许攻乎异端，则亦误于后学，式资诲诱，宜有甄明。今后属文之士，有辞涉浮华，玷于名教者，必加朝典，庶复素风。"（《宋大诏令集》卷第一百九十一）

（2）偏离正道的举业时文。宋徽宗大观二年（1108年），新差权发遣提举淮南西路学事苏械上疏："诸子百家之学非无所长，但以不纯先王之道，故禁止之。今之学者程文，短晷之下，未容无忤。而鬻书之人急于锥刀之利，高立标目，镂板夸新，传之四方。往往晚进小生，以为时之所尚，争售编诵，以备文场剽窃之用，不复深究义理之归，忌本尚华，去道逾远。欲乞今后一取圣裁，倘有可传为学者，式愿降旨付国子监并诸路学事司镂板颁行，余悉断绝禁弃，不得擅自卖买收藏。"诏从之。（《宋会要辑稿》刑法二之四八）宋宁宗庆元四年（1198年）臣僚上言："乞将建宁府及诸州应有书肆去处，辄将曲学小儒撰到时文，改换名色，真伪相杂，不经国子监看详，及破碎编类有误传习者，并日下毁板。仍具数申尚书省并礼部。其已印未卖者，悉不得私买。如有违纪，科罪惟均。"从之。（《宋会要辑稿》刑法二之一二九）

（3）国家政令与国史。宋仁宗庆历二年（1042年）有仁和（今杭州）知县翟昭应将《刑统律疏》正本，改为《金科正义》，镂版印卖，诏"转运司鞫罪，毁其板"。宋哲宗元祐三年（1088年）诏："《编敕》及春秋颁降条具，勿印卖。"宋哲宗绍圣二年（1095年）刑部言："诸习学刑法人合用敕令等，许召官委保，纳纸墨工真（直），赴部陈状印给。许冒者论如盗印法。"从之。（俱见《宋会要辑稿》刑法二）宋哲宗元祐五年礼部言："本朝会要、实录，不得雕印，违者徒二年，告者赏缗钱十万。内国史、实录仍不得传写。"从之。（《宋会要辑稿》刑法二）

（4）边机文字。因宋朝长期与北方少数民族政权对峙，而宋与辽、西夏等政权之间的书籍贸易十分活跃，宋刻书流入北方的很多，容易泄露宋朝的边防政策、对敌方略等事关国家安全的机密，因此宋代多次出台对涉及国防机密书籍的管制措施。宋哲宗元祐五年（1090年），因翰林学士苏辙出使辽国，见到宋朝民间印行的许多书籍在北地流传，担心泄露国家机密，奏请立法严禁，礼部上言："凡议时政得失，边事军机文字，不得写录传布。"诏从之。（《宋会要辑稿》刑法二）南宋光宗绍熙四年（1193年）臣僚进言："朝廷大臣之奏议，台谏之章疏，内外之封事，士子之程文，机谋密画，不可漏泄。今乃传播街市，书坊刊行，流布四远，事属未便，乞严切禁止。"诏："四川制司行下所属州军，并仰临安府、婺州、建宁府，照见年条法、指挥严行禁止。其书坊见刻板及已印者，并日下追取，当官焚毁。具已焚毁名件，申枢密院。今后雕印文书，须经本州委官看定，然后刊行。仍委各州通判，专切觉察，如或违戾，取旨责罚。"（《宋会要辑稿》刑法二之一二五）

宋代出版业的特点可以归纳为以下几方面：建立起系统完整的刻书体系，官府、私家、书坊、寺院、书院等中国古代的出版主体皆已出现；官刻地位重要，除了满足政府需要，还向社会上供应书籍；刊刻书籍品类齐全，经史子集各部类皆备；刻书态度较为严谨认真，宋刻本几无苟且粗率者，刻书技术含量高，刻工留名者多；商业出版物的读者对象主要是士大夫阶层，面向平民百姓的通俗读物数量还相对较少。

在北方的辽、西夏和金，受到中原王朝的影响，印刷出版业也发展起来。辽与北宋之间有活跃的书籍贸易，北宋的很多刊本流入辽。辽的出版中心是南京析津府（今北京），设印经院，刊刻了《大藏经》，即著名的《辽藏》，又称《契丹藏》。除官刻外，也有坊刻。应县木塔出土了蒙学读物《蒙求》，当是辽代的坊刻本。苏轼诗文流传到契丹后，深受辽人喜爱，范阳书肆翻刻，名《大苏小集》，事见王辟之《渑水燕谈录》卷七《歌咏》。西夏从宋廷得书甚多，译成西夏文加以刊行。西夏人也写有不少西夏文著作，也加以印刷出版。西夏在中央设立刻字司，专门负责书籍出版，在中国历史上十分独特。20世纪初以来，从黑水城等地出土西夏文献甚多，其中有不少是印刷出版物，既有西夏文印本，也有汉文印本，还有藏文刻本。这些出版物中既有雕版印刷本，也有很多活字本，显示西夏的活字印刷业非常发达，此不赘述。金代的刻书业十分发达。金灭北宋时将汴梁的官私书版和图书掳掠到中都（今北京），奠定了刻书业的基础。金国子监刻书甚多，有不少用了从北宋抢掠来的书版。金受蒙古压迫，朝廷迁往南京开封府，有不少书在南京刊刻出来。金太宗八年（1130年）设经籍所于平阳，刊刻经籍，带动了当地的民间出版业，使平阳成为北方著名的刻书中心。金代河北西路宁晋县、河东北路太原府等地也有民间刻书活动。金代的宗教出版活动亦盛，著名的有《赵城金藏》和《大金玄都宝藏》。

元代出版业在宋代的基础上继续发展。元代官方刻书有几个特点：一是在中央官刻中，国子监几无刻书活动，最重要的刻书机构是兴文署。二是延续了宋代中央政府将刻书任务下放给地方的传统，官修书多指令出版业发达的江浙、江西、福建等南方地区刊板印行。三是充分利用地方儒学和书院的力量刻书。延祐五年（1318年），集贤院呈请中书省劄付礼部议准，将名儒郝经的《陵川集》下发江西等处行中书省所辖各路儒学刻印。至治元年（1321年）御史台报中书省劄付礼部议准，发江浙、江西行中书省刻印王恽《秋涧先生大全集》。后至元二年（1336年），翰林国史院待制谢端建议开版印行苏天爵编《国朝文类》，翰林院转呈礼部，礼部转呈中书省，由江浙行省指令江南浙西道肃政廉访司书吏马谅，移文西湖书院刊刻。后至元五年（1339年）江北淮东道肃政廉访司令扬州路儒学刻印马祖常《石田先生文集》。后至元六年

(1340年），国子监牒呈中书省批准，下浙东道宣慰使司都元帅府，分派庆元路儒学召工镌刻《玉海》《辞学指南》《诗考》《地理考》《汉书艺文志考证》《通鉴地理通释》《汉制考》《践阼篇集解》《周易郑康成注》《姓氏急就篇》《急就篇补注》《周书王会补注》《小学绀珠》《六经天文篇》《通鉴答问》等。至正五年（1345年）所刻《辽史》《金史》卷前有牒文："令江浙、江西二省开板，就彼有的学校钱内就用，疾早教各印造一百部来呵……钦此。"至正六年（1346年）又刻《宋史》。此三史皆奉旨由杭州西湖书院承刻，雕工极精，世称"院本"。如此等等，不一而足。

元代官刻中最著名的是大德九路《十七史》，其中魏晋南北朝七史或用宋刻"眉山七史"旧版，另外十史新雕。成宗大德九年（1305年），江东建康道肃政廉访司副使伯都上言："经史为学校之本，不可一日无之。版籍散在四方，学者病焉。浙西十一经已有全版，独十七史未也。职居风宪，所当勉励。"（建康路刊《新唐书·跋》）。太平路刊《汉书》孔文声跋："江东建康道肃政廉访司以十七史艰得善本，从太平路学官之请，徧牒九路：令本路以《西汉书》率先，俾诸路咸取而式之。""九路"指江东建康八路一州，即宁国、徽州、饶州、集庆、太平、池州、信州、广德八路及铅山州，以太平路儒学刊刻《汉书》为先声，分工刊刻《史记》《后汉书》

《三国志》《晋书》《南史》《北史》《隋书》《新唐书》《新五代史》。大德九路《十七史》上承南宋监本诸史，下启明南监本《二十一史》，在正史版本学上有重要地位。

民间出版方面，金、元时期最重要的变化是在北方出现了坊刻中心平阳。此前刻书中心大多位于南方，北方除了都城之外基本上没有刻书中心。平阳又称平水，其崛起也与政府的推动有关。金代在平阳设立经籍所，由于官方刻书机构的带动，平阳聚集了很多刻书坊肆和出版家，成为北方出版中心。这里的自然环境和历史机缘也促成了这一新的出版中心的诞生。平阳位于今山西临汾，地处河东南路，其地盛产麻纸，北边太原府有造墨场，纸、墨取材均较便利。又平阳偏处一隅，受宋辽、宋金战争的影响较小，因此平阳相对社会安定，文化繁荣。《金文最》卷十四孔天监《藏书记》说当时平阳"家置书楼，人蓄文库"。这些因素成就了平阳发达的刻书业。平阳最有名的书坊为张存惠晦明轩、曹氏进德斋，前者刻有《增节标目音注精议资治通鉴》《重修政和经史证类备用本草》，后者刻有《尔雅音释》《中州集》等精品。20世纪初，在黑水城出土了一批珍贵古代文献，其中有金代平水刻《刘知远诸宫调》，属于较早刊刻的说唱文学。又有平水刻的版画《义勇武安王像》《四美图》，刻工极精，被认为是最早的年画。

元代在出版物类型上最重要的发展是通俗文学作品的刊刻，前述金刻本《刘知远诸宫调》已导夫先路，元代则蔚为大观。存世刻本中有丛书《元刊杂剧三十种》，由明李开先、清黄丕烈、近人罗振玉递藏，流传过程中由藏书家编集定名。其中冠以"古杭新刊"者，有《关大王单刀赴会》《尉迟恭三夺槊》《风月紫云庭》《李太白贬夜郎》《霍光鬼谏》《辅成王周公摄政》和《小张屠梵儿救母》7种。题"大都新编"者3种,"大都新刊"者1种。虽所标刊刻地有异,而纸墨版式则大略相同。又有数种元刊诗话、平话,今藏日本。日本高山寺旧藏《大唐三藏取经诗话》,卷末有刊记"中瓦子张家印",中瓦子为宋临安府街名,倡优剧场所在之地。日本内阁文库藏至治间(1321—1323年)安虞氏刊《全相平话五种》(《新刊全相武王伐纣平书》《新刊全相平话乐毅图齐七国春秋后集》《新刊全相秦并六国平话》《新刊全相平话前汉书续集》《至治新刊全相平话三国志》)。日本天理图书馆藏建安书堂"甲午新刊"《至元新刊全相三分事略》,或认为"甲午"为至正十四年(1354年)。又有《新编五代梁史平话》《新编五代唐史平话》《新编五代晋史平话》《新编五代汉史平话》《新编五代周史平话》,光绪二十七年(1901年)曹元忠于杭州得之。曹氏《跋》名之为《五代史平话》,定为"宋巾箱本",称"疑此平话或出南渡小说家所为,而书贾刻之"。今藏台湾图书馆,书内称"赵太祖""宋太祖",应为元代建阳坊本。清黄丕烈旧藏《宣和遗事》,曾被认为是宋刻。然书中直书赵洪恩(弘殷,宣祖)、赵匡胤、皇子构(赵构)之名,不避宋讳;陈抟预言宋祚,云"卜都之地:一汴,一杭,一闽,一广";又有元人用语"省元""南儒",实为元建刻本,今藏台湾图书馆。《古本小说集成》影印黄丕烈重刻本。收入《永乐大典》的《薛仁贵征辽事略》，体制、语言风格与至治《全相平话》同，底本亦应为元代坊本。

有元一代出版业的特点可归纳如下：由于北方刻书力量仍有不足，中央把刻书任务下达给刻书业发达的南方的风气仍浓厚；地方儒学、书院刻书发达；版刻书籍的形式日臻完善，出现封面，上有书名、作者、版刻者的信息，有时会加上告白或广告语，并以版画装饰，牌记的装饰性大大加强，出现钟形、碑形、琴形等多种多样的形式，话本小说中出现了上图下文式的连续插图；书籍的读者群进一步下移，出现了以平民百姓为读者对象的书籍，包括像《事林广记》《居家必用事类全集》这样与百姓生活联系紧密的日用类书，以及戏曲刊本和话本小说。

四、传统印刷出版业的高峰：明、清

明清时期，官刻领域最重要的现象是内府刻书的兴起，皇权对印刷出版事务的介入程度超过前代。以往中央刻书均由国子监及其他国家机构承担，明清则在宫廷内部设立了刻书机构，在皇帝直接控制下开展刻书活动。

明朝建立之初，即在内府出版书籍。洪武三年（1370年）在南京刊刻了新修成的《元史》，之后又刊行了《回回历法》《华夷译语》《大明集礼》《大明律》《大诰》《大诰续编》《大诰三编》《大诰武臣》《孟子节文》。洪武十七年（1384年），设太监机构司礼监，起初职掌为礼仪，并不包括刻书。永乐七年（1409年），命司礼监刊印《圣学心法》。大约在永乐迁都北京之后，司礼监内设立经厂，专门负责刻书。①万历《大明会典》卷一八九"工匠二"记载,洪武二十六年(1393年)规定,天下工匠轮班到朝廷供役,两年一班的有刊字匠150名,一年一班的有表背匠312名、刷印匠58名。嘉靖十年(1531年),司礼监有工匠1583名,其中有笺纸匠62名,表背匠293名,折配匠189名,裁历匠81名,刷印匠134名,黑墨匠77名,笔匠48名,画匠76名,刊字匠315名。可见内府刻书工匠之多。内府所刻之书,主要包括皇帝和中宫御制书;《大明律》《四书大全》《五经大全》《性理大全》《大明会典》《大明一统志》等敕修之书;朝臣请刊之书;皇子、太监教育用书;佛教、道教典籍;廷试对策试题。

国子监在明代仍承担重要的出版职能。明代实行两京制,南京和北京均设国子监。洪武八年(1375年)取西湖书院宋元书版二十余万片至南京,藏于国子监。西湖书院继承了南宋国子监和元集庆路儒学所藏书版,因而南京国子监具备了很好的刻书基础。洪武至天启间南京国子监对宋元旧版进行了7次大规模修补,用南宋刻南北朝七史书版印出的书被称为"宋元明三朝递修本",又因旧版漫漶、前后字体风格不一被称作"邋遢本"。嘉

---

① 马学良:《明代内府刻书机构探析》,《河北大学学报(哲学社会科学版)》2014年第3期。

靖初年、万历前期南京国子监两次刊印《二十一史》，有修补旧版者，也有新刻者。北京国子监刻书有不少翻刻自南监本，如万历间依南监本样式刻《二十一史》。万历年间还据福建巡按李元阳本刻了《十三经注疏》。过去对北监本质量评价不高，认为校勘不精，沈德符讥为"灾木"，顾炎武云"秦火所未亡而亡于监刻"。近年学者通过校勘研究，认为前人的评价有偏差，北监本的刻书质量并不差。[1]

在地方官刻层面，明代的特色是书帕本与方志的出版。顾炎武《日知录》说："昔时入觐之官，其馈遗一书一帕而已，谓之书帕。"又说："历官任满则必刻一书，以充馈遗，此亦甚雅，而鲁莽就工，殊不堪读。"陆深《金台纪闻》云："有司刻书，只以供馈贶之用，其不工反出坊本下，今藏书家以书帕本为最下，盖由于此。"胡应麟《少室山房笔丛·经籍会通》："精绫锦标，连窗委栋，朝夕以享群鼠，而异书秘本，百无二三。"书帕本是地方官进京的礼品用书，外表精美，但校勘粗糙，底本也不讲究，因此版本价值很低。万历以后，"书帕"失其本意，并不一定指图书，而成为金银贿赂的代名词。方志体例定型于宋代，大量编纂出版则是在明代。现存宋元方志约40种，明代方志则有一千多种。明永乐十年（1412年）、永乐十六年（1418年），两次颁降《纂修志书凡例》，是现存最早有关编修地方志书的政府条令。政府的重视与纂修的规范化大大促进了方志的出版，地方官也把修志当作自己的

---

[1] 杜泽逊：《"秦火未亡，亡于监刻"辨——对顾炎武批评北监本〈十三经注疏〉的两点意见》，《文献》2013年第1期。

职责。

明代还有一种独特的刻书类型——藩府刻书。藩府，是指明代分封到各地的宗室亲王府邸。"靖难之役"后，通过藩王造反篡夺大位的明成祖朱棣，为了防止藩王拥兵自重，威胁中央，禁止藩王拥有政治和军事权力，造成明代藩王"分封而不锡土，列爵而不临民，食禄而不治事"的局面。藩王宗室养尊处优，无所事事，因而有不少宗室从事文化活动，刻书是其中一个重要方面。藩王刻书被称为"藩邸板"。据陈清慧《明代藩府刻书研究》，明代藩府刻书有581种之多。嘉靖至万历间藩府刻书最盛，达270种，几近其半。刻书量多者，有宁藩（南昌）112种、周藩（开封）55种、蜀藩（成都）44种、楚藩（武昌）38种、赵藩（彰德）32种。刻书20种以上的，还有辽藩（广宁、荆州）27种，代藩（大同）26种，益藩（建昌）23种，秦藩（西安）21种，沈藩（潞安）20种。从刻书类别来看，为了避嫌，藩府较少刊刻与政治有关的经史书籍，以子部和集部为主，其中又以诗文集为大宗，其次是医书、艺术类书籍和佛道典籍。

明代民间刻书的发展经历了一个先抑后扬的过程。明代前半期，由于元明之际战乱的影响，以及明朝初年严厉的文化政策，刻书业陷于低谷，民间刻书业一片凋敝，建阳成为硕果仅存的出版中心，向全国各地供应坊刻书籍。①顾炎武《亭林文集》卷二《抄书自序》云："当正德之末，其时天下惟王府官司及建宁书坊乃有刻板。"嘉靖年间，随着社会经济的恢复与发展，出版业逐渐复苏，并走向繁荣。江阴人李诩《戒庵老人漫笔》卷八"时艺坊刻"云："余少时（正德间）学举子业，并无刊本窗稿。……今（隆庆、万历间）满目皆坊刻矣，亦世风华实之一验也。""窗稿"是指举子的时文习作，是图书市场上一种重要的畅销书类型。举业书出版的兴盛，是出版业复苏的一大表征。嘉靖初李濂《纸说》载："比岁以来，书坊非举业不刊，市肆非举业不售，士子非举业不览。"成书于嘉靖后期的徐官《古今印史》也说："比年以来，非程文类书，则士不读而市不鬻，日积月累，动盈箱箧。"明代后期出版业的繁荣有数据上的支持。杜信孚《明代版刻综录》共著录图书7740种，其中洪武至弘治（1368—1505年）著录766种；正德、嘉靖、隆庆（1506—1572年）著录2237种；万历至崇祯（1573—1644年）著录4720种。贾晋珠（Lucille Chia）根据《明代版刻综录》所作的统计表明，在明代坊刻业最发达的江南和建阳地区，洪武至弘治年间所出版的坊刻书只占该地区整个明代出版总量的10%左右，其余绝大部分的书是在正德以后出版的。②由于民间出版业的迅猛发展，出版业构成与书籍流通方

---

① 何朝晖、管梓含：《论明代建阳出版业在全国的地位》，《中国出版史研究》2021年第1期。

② Lucille Chia, "Counting and Recounting Chinese Imprints," *The East Asian Library Journal*, 10, no. 2（2001）：67.

式出现了重要的结构性变化。胜山稔以《明代版刻综录》著录的书目数据为基础，分官刻、寺院刻书、私刻、坊刻几类进行了统计，发现在明代前期，这几类出版物的比例大体平衡，而到了明代后期，官刻书和寺院刻书在出版物总量中只占很小一部分，家刻和坊刻占据了九成以上。从嘉靖到崇祯，坊刻逐渐超越家刻，成为民间出版的主要力量，崇祯时坊刻出版量已经达到家刻的两倍多。① 明代后期，南京、苏州、杭州、湖州、徽州等多个出版中心在江南地区崛起，打破了建阳书坊垄断全国市场的局面。江南地区出版的经史读物、诗文集、丛书、戏曲作品等，校勘认真，刊刻精良，占据了中高端书籍市场。建阳转而从事通俗小说、日用类书等面向中下层读者的书籍出版。

丛书的大量出版是明代后期出版业繁荣的突出表现。一方面，书籍的数量大大增加，有加以整理汇编的需

---

① 勝山稔,「明代坊刻の出版状況と発達時期についての試論——『明代版刻綜録』におけるデータ解析を手掛かりとして—」,大塚秀高,『東アジア出版文化の研究：調整班 C 出版環境・D 出版文化』(研究成果報告書, 2003 年), pp. 116-138. 勝山稔,「明代における坊刻本の出版状況について——明代全般の出版数から見る建陽坊刻本について」,磯部彰編集,『東アジア出版文化研究論集：にわたずみ』(東京：二玄社, 2004), pp. 83-100.

要；另一方面，民间藏书家众多，珍罕之书的底本相对较易获得。此外丛书刊刻是大工程，非刊刻实力雄厚者不能办，明代后期刻书业的发达为丛书出版提供了条件。丛书诞生于宋代，第一部刊刻的综合性丛书是宋度宗咸淳九年（1273年）左圭辑刻的《百川学海》，但宋元两代刊刻的丛书寥寥无几。丛书的刊刻在明代取得了巨大的发展，已知的明代丛书有近400种之多。

明代图书市场的一个特点是谱系齐全，有适合各个不同消费群体的书籍产品，高低端市场兼顾。上面说的丛书是一种高端书籍消费品。丛书体量大，所收多珍罕之本，价格非普通人所能承受。嘉靖年间兴起推崇宋本之风，一些刻书家覆刻宋本，纤毫不爽，令人叹为观止，也属于高端产品。覆刻宋本以经济发达的苏州地区为最，袁褧嘉趣堂覆刻宋本《六臣注文选》《世说新语》《大戴礼记》，徐时泰东雅堂覆刻宋廖莹中本《昌黎先生集》，郭云鹏济美堂覆刻宋廖莹中本《河东先生集》，王延喆恩褒四世之堂翻刻宋黄善夫本《史记》，陆元大覆刻宋本《花间集》，皆形神毕肖，刻印精良。此外，带有精美版画的戏曲作品等书，也因不惜工本，穷工极巧，只有高端群体能够消费得起。

日用类书、蒙学读物、小说唱本等廉价书籍，主要面向城市工商业者、乡塾先生等群体。宋元之际已经出现了像陈元靓《事林广记》、佚名《居家必用事类全集》这样贴近百姓日常生活的书籍，元代则刊刻了大量戏曲、话本等通俗文学作品。明代面向市民百姓读者的图书，数量大幅度增加，种类极大丰富。明代日用类书的品种较前代大为增多，有生活类的《万用正宗不求人全编》《天下四民便览万用正宗》《天下便用文林妙锦万宝全书》，经商类的《士商要览》《士商类要》《天下路程》《一统路程图记》《一握乾坤》《盘珠算法士民利用》，应酬类的《天下通行书柬活套》《一札三奇》《缙绅便览》，以及消遣类的《新刻京台公余胜览国色天香》《万锦情林》，等等。

小说、戏曲的创作出版在明代后期达到高潮。明代长篇小说的种类和题材趋于多样化，有《春秋列国志传》《两汉演义》《岳武穆尽忠报国传》等历史演义，《西游记》《关帝志传》《封神演义》《北方真武祖师玄天上帝出身志传》等神魔小说，《包龙图判百家公案》《龙图公案》《海刚峰先生居官公案传》《郭青螺六省听讼录新民公案》《皇明诸司廉明公案》《国朝名公神断详刑公案》等公案小说，《于少保萃忠全传》《三宝太监西洋记通俗演义》《皇明大儒王阳明先生出身靖难录》《魏忠贤小说斥奸书》《剿闯通俗小说》等时事小说，《金瓶梅》《浓情快史》《肉蒲团》《杜骗新书》等世情小说。还产生了以"三言""二拍"为代表的白话短篇小说。明人还汇编出版了不少前代和当代小说，如洪楩的《清平山堂话本》，又名《六十家小说》，保存了许多宋、元、明三代的话本。顾元庆《阳山顾氏文房小说》《顾氏明朝四十家小说》《广四十家小说》辑录保存了前代和明代小说多种。在戏曲出版方面，明人也创造了新的成就。臧懋循的《元曲选》，收元曲百种，对保存元代戏曲功不可没。赵琦美的《古今杂剧》，收元明剧本 242

种。毛晋《六十种曲》，收元人杂剧 1 种、明传奇 59 种。

明代在雕版印刷技术上有新的探索。一般认为现藏台湾图书馆的元刻《无闻和尚金刚经注》是最早的朱墨套印本，但由于当时套印技术还不够成熟，印成品存在一些瑕疵，以致有学者认为是同版分色刷印而非多版套印。到明代多色套印已相当成熟，并且创造了新的更复杂精湛的技术。万历至崇祯年间，湖州闵氏、凌氏家族用多色套印的方法出版注释、评点本多种，以闵齐伋成绩最为突出。闵齐伋，所刻书可考者 46 种，其中 35 种是套印本，计朱墨两色套印 31 种，朱墨蓝三色套印本有《楚辞》《批点杜工部七言律》《春秋公羊传》《东坡志林》4 种。闵绳初刻《文心雕龙》更是使用了五色套印。除套印文字外，明末更发展出套印版画的精细工艺。天启、崇祯年间，江宁人吴发祥于天启六年（1626 年）刻印《萝轩变古笺谱》，崇祯年间休宁人胡正言在南京刻刊《十竹斋画谱》《十竹斋笺谱》，创造了"饾版""拱花"的新工艺，使用数十块印版，墨色深浅之间无痕过渡，印出来的水墨花鸟如同手绘，达成了美轮美奂的艺术效果，造就了版刻史上的精品。

清代内府刻书较明代更加繁荣，皇权对书籍编纂出版的介入空前深入，积极利用书籍的编纂出版为统治服务。清廷在武英殿设立修书处，隶属于内务府。该机构始设于康熙十九年（1681 年），初曰武英殿造办处，专司内府书籍的刊印，由皇帝特别简派总理王大臣督办一切事务。内府出版的书有皇帝御制诗文集和敕修书，有用雕版印刷方式出版的，如《御定康熙字典》；有用铜活字出版的，如《古今图书集成》；有用木活字出版的，如《武英殿聚珍版丛书》；有手写的，如《四库全书》。这里主要谈雕版印刷的书籍。乾隆初年，为表彰学术，选任大臣校正刊刻

《十三经》《二十四史》和《九通》等大型经史丛书。《十三经注疏》《二十四史》皆以明北监本为底本，校改其讹误。又刻经筵讲义和御纂儒家经典解说，折中汉宋，树立清代官方的解经标准。经筵讲义康熙时出版了《日讲四书解义》《日讲书经解义》《日讲易经解义》，乾隆时出版了《日讲春秋解义》《日讲礼经解义》。康、雍、乾三朝相继修纂出版了"御纂七经"，又名"七经汇纂"，包括《御纂周易折中》《钦定春秋传说汇纂》《钦定诗经传说汇纂》《钦定书经传说汇纂》《钦定周官义疏》《钦定仪礼义疏》《钦定礼记义疏》。乾隆年间还出版了"乾隆三经"，包括《御纂周易述义》《御纂诗义折中》《御纂春秋直解》。修成后颁行天下学宫，作为科举考试标准。受明清之际传教士东来所导致的西学东渐影响，内府刊刻了天文历算书籍《御定历象考成》《御定数理精蕴》。清廷还组织大批学者纂修了一批大型类书和总集，均在内府出版。类书包括《钦定佩文斋书画谱》《钦定渊鉴类函》《御定骈字类编》《御定子史精华》《御定佩文韵府》《分类字锦》等，总集包括《御制古文渊鉴》《御定历代赋汇》《御定全唐诗》《御选唐宋文醇》《御选唐宋诗醇》《御定历代诗余》《全唐文》等。清代还建立了开馆修书的制度，修一书即开一馆，修成后交内府出版。《明史》馆、《三通》馆、《续三通》馆、《三礼》馆、《经史》馆、《八旗满洲氏族通谱》

馆、《明纪纲目》馆、《西域同文志》馆、《通鉴纲目》馆、《通鉴辑览》馆、《上谕八旗》馆、《孝经》馆、《春秋》馆、《藏经》馆、《清字经》（满文佛经）馆、《朱批谕旨》馆、《医宗金鉴》馆、《全唐诗》馆、《全唐文》馆、文颖馆（《皇清文颖》）等，以及方略馆所修成之多种方略，皆由内府刊刻出版。

内府刻书除了北京内廷武英殿所刻之"殿本"外，也包括在扬州所刻之书。康熙四十四年（1705年）起，康熙帝谕江南织造曹寅在扬州天宁寺先后设立扬州诗局、扬州书局，负责刊刻《全唐诗》《御定历代赋汇》《御定全唐诗录》《钦定历代题画诗类》《钦定佩文斋咏物诗选》《御选历代诗余》《佩文斋书画谱》《渊鉴类函》《佩文韵府》《御制诗初集》《御制诗二集》《御制诗三集》等。所刻之书字体隽秀，装潢讲究，印制精良，版式风貌与"殿本"不同，被称为"诗局版""康版"。嘉庆十二年（1807年），又于扬州开设全唐文馆与扬州书局，办理《全唐文》编、校、刻、印事宜。《全唐文》历时6年编成，扬州书局挑选书手、名匠刻印，写刻、印刷、装帧之精良，一如《全唐诗》。《全唐诗》《全唐文》二书刷印进呈内府，书版仍存诗局，官绅之士有愿自备纸墨刷印者，准其自便。

清代由于内府刻书活跃，国子监与其他中央机构的出版活动相对萎缩。北京国子监贮存明代北监和武英殿书版，协助武英殿刻书，国子监自己刻有《韩子粹言》《朱子礼纂》《五经四书读本》《五子近思录辑要》《钦定国子监则例》《钦定国子监志》等。中央各部、院亦刻书，主要是各部则例。

地方官府延续明朝，所刻书仍以方志为大宗，也刊印其他书籍。清中期以后，武英殿书允许各省翻刻，各省官刻书逐渐增多。乾隆四十二年（1777年），从《永乐大典》中辑出的历代珍籍被汇编为《武英殿聚珍版丛书》，出版后分发江南、浙江、江西、福建、广东等东南五省翻刻。《武英殿聚珍版丛书》在内府是用木活字刊印的，被称为"内聚珍"；外省翻刻则用雕版，版式行款几与原版无异，容易被误认为是活字本，被称为"外聚珍"。不少地方官学养深厚，注重文献搜集整理，任上出版了许多高质量的学术书籍。乾隆间卢见曾在两淮盐运使任上所刻的《雅雨堂丛书》，乾隆间翁方纲任江西学政期间所刻《两汉金石记》等，光绪间江标任湖南学政时刻的《灵鹣阁丛书》《唐人五十家小集》《宋元名家词》等都很有名。清代地方官刻的一大特色是幕府刻书。地方封疆大吏所设幕府，往往汇集了大批学者，从事文献整理、著述等活动，因而清代幕府既是学术之渊薮，也是出版之机构。道光年间，阮元在两广总督任上创立学海堂书院，出版《皇清经解》，又名《学海堂经解》。光绪十年（1884年），江苏学政黄体芳在江苏江阴建南菁书院，刻《皇清经解续编》，又名《南菁书院经解》，以及《南菁书院丛书》。光绪十三年（1887年）两广总督张之洞创立广雅书院，刻《广雅丛书》。

晚清又有各省官书局刻书。太平天国运动中，太平军所到之处，尽焚儒书，典籍文献受到极大摧残。同治二年（1863年），曾国藩为恢复文献在安庆设局刻书，攻克南京后移往金陵，此即金陵官书局，各省纷纷效仿。浙江官书局、苏州官书局、湖北官书局（崇文官书局）、江西官书局、广雅书局、湖南官书局（湘南官书局）、四川官书局、安徽敷文书局、山西官书局、山东官书局、直隶官书局、江楚编译官书局、福州官书局、云南官书局、淮南官书局、贵州官书局等相继成立，形成了前所未有、遍布全国的政府出版网络。官书局所刻书以正经正史为主，旨在为读书人提供基本的读物。官书局出版物中最著名的是金陵、江苏、淮南、浙江、湖北五局合刻《二十四史》。同治八年（1869年），这套丛书在曾国藩的主持下开始刊刻，金陵书局承担《史记》至《隋书》15种，后淮南书局分其《隋书》1种；浙江书局刻《旧唐书》《新唐书》《宋史》；江苏书局刻《辽史》《金史》《元史》；湖北崇文书局承刻《新五代史》《旧五代史》和《明史》。该丛书以殿本或汲古阁本为底本，参以他本，校勘严谨。子书方面，著名的有光绪元年（1875年）崇文书局刻的《子书百家》，光绪中浙江书局刊刻的《二十二子》。

　　清代的民间出版业在延续明代的势头继续向前发展的基础上出现了新的动向。正如包筠雅所指出的，清代民间出版业在两个层面上扩展、普及。[1]一是在地理层面，从少数出版中心向全国铺开。明代的出版中心主要集中于江南地区、福建建阳以及都城北京，在清代全国很多地区

---

[1] Cynthia Brokaw, "Woodblock Printing and the diffusion of print in Qing China," in 東アジア出版文化研究：にわたずみ, ed. 磯部彰（東京：二玄社，2004），pp. 183-197.

都出现了坊刻业，尤其是北方，坊刻业在多省兴起，如山西有太原、祁县、介休等，河北有泊头，山东有东昌府、济南、周村、潍县等。除了大中城市外，一些相对偏远的城镇也兴起了印刷业，如江西浒湾、四川岳池、福建四堡、广东顺德马冈等。二是在社会层面，出版物的读者群进一步向下延伸。明代的下层读者主要是城市工商业者、乡塾先生，清代的书籍读者对象则把城市平民和偏远乡村的农民包括进来。闽西山区的四堡成为一个主要面向南方农村地区出版廉价读物的刻书中心，行销范围包括闽、赣、粤、桂诸省，销售网络主要分布在客家人聚居的区域，出版的书籍有蒙学读物、经史、文选、医书、术数、说部书等种类。江西浒湾、四川岳池也是低端读物的生产中心。在江西浒湾、四川岳池、广东顺德、山东东昌等地，农闲季节的农民、居家妇孺都承揽刊刻书版的工作，极大地降低了书籍刊刻的成本，使平民百姓能够消费得起过去只有士商阶层才能亲近的图书。

第二节　雕版印刷的世界传播

一、朝鲜半岛的雕版印刷

1966年10月14日，在韩国庆州佛国寺释迦塔修复过程中，偶然发现一卷《无垢净光大陀罗尼经》。该经6000多字，纸卷高约6.5厘米，修复后全长6米有余，由12张纸粘接而成，卷末题名"无垢净光大陀罗尼经"，现藏首尔国立中央博物馆。

韩国学者李弘植以庆州佛国寺释迦塔始建于751年，以及庆州皇福寺石塔中刻有706年将《无垢净光大陀罗尼经》纳入塔内供养的铭文为据，推断此经卷刻印于706—751年间。[①] 后另一位韩国学者金圣洙又提出706—722年说。此经于704年由弥陀山等人译出，是为刊刻时间

[①] 李弘植：《庆州佛国寺释迦塔发现的〈无垢净光大陀罗尼经〉》，《白山学报》1968年第4期。

之上限，如该经刊刻于 8 世纪上半叶，则属于目前存世的最早的印刷品之一。对于该经刊刻地点，学界存在争议，最先对该经加以研究的韩国学者认为刊刻于朝鲜半岛。改革开放之后，潘吉星、肖东发等中国学者对该经进行了细致的研究，认为该经在经文、异体字方面与唐写本接近，与其他存世唐代雕版出版物的字体写法、刻书刀法以及异体字也相近。同时，此件之后，朝鲜半岛直到 1007 年才出现清州总持寺刊《宝箧印陀罗尼经》，其间约三百年未出现任何印刷活动，实不可解。而在同时期的中国，无论是文献记载还是出土实物，都有大量证据表明印刷活动的兴盛，构成了一批有力的旁证。因此可以认为，该经是在中国刊刻之后流传到朝鲜半岛的。还有的学者提出此经也有可能是在高丽显宗十五年（1024 年）释迦塔重修时纳入塔中的，则该经的印刷时间将被大大推迟。韩国学者柳富铉经过校勘又发现该经文字与刻成于北宋徽宗崇宁二年（1103 年）的《崇宁藏》或刊刻于南宋的《资福藏》为同一版本系统，佐证该经的刊刻时间可能并不早。[①]

高丽穆宗十年（1007 年），清州牧总持寺主弘哲发

---

① 李际宁：《佛经版本》，江苏古籍出版社，2002，第 24—25 页。

起印制了《宝箧印陀罗尼经》，该经据中国后周显德三年（956年）吴越国王钱弘俶印本翻刻，卷轴装，置于佛塔中供养。此后朝鲜半岛的印刷活动才逐渐增多，有几次大规模的佛经刊刻。显宗二年（1011年），为抵御契丹大举入侵，显宗发愿刊刻佛经退兵，至宣宗四年（1087年）完成，是为高丽初雕大藏经。该大藏经以宋《开宝藏》、辽《契丹藏》及宋新翻经论为底本，共6000卷。显宗之孙、文宗之子王煦，法名"义天"，到中国游方，于1086年返回高丽，在兴王寺设教藏都监，于宣宗八年（1091年）至肃宗六年（1101年），雕成4740余卷续大藏经，大部分为从宋、辽寻访而得的佛经章疏，也有不少朝鲜半岛学问僧的著作。此藏名为《义天续藏》，卷轴装，多已散佚，仅存数卷。高宗十九年（1232年）蒙古人攻入朝鲜半岛，符仁寺所藏《大藏经》版被毁。高宗二十三年（1236年），高宗发愿刊经退兵，于避难地江华岛设大藏都监，至高宗三十八年（1251年）雕成。该经以初雕大藏经为底本，6778卷，经折装，参考了《开宝藏》《契丹藏》《开元释教录》《贞元续开元释教录》《贞元新定释教目录》及宋新译经论，因而文献价值较高。李朝太祖七年（1398年）书版被移藏于"三灾不到"的庆尚南道海印寺，共81000多块，保存至今。该经因此被称为"八万大藏经"，又被誉为"海东敦煌"。1967—1976年间曾用这套经版刷印大藏经，分送韩国和世界各地的图书馆和大学收藏。

除了佛经之外，朝鲜半岛也出现了对世俗典籍的刊刻。高丽采取兴学政策，自光宗年间（950—975年）起实行科举制度，成宗时期（982—997年）设立国子监、修书院，在地方设立乡校，奖励学问，这些措施推动了教育的普及和对经史书籍的需求。中央和地方政府都有刊刻图书的活动，其中地方政府尤为活跃。靖宗八年（1042年），东京（今庆州）副留守崔颢奉敕刊《汉书》《后汉书》《唐书》进献朝廷。靖宗十一年（1045年）秘书省进新刊《礼记正义》《毛诗正义》，各藏一部于御书阁，其余颁赐文臣。此后各地方官署纷纷雕刻书板进奉中央秘阁，以供印书。如文宗十二年（1058年）忠州牧进新雕《黄帝八十一难经》《川玉集》《伤寒论》《本草括要》《小儿巢氏病源》《小儿药证》《张仲卿五脏论》等99版。次年安西（海州）都护府使异善贞刻成《肘后方》73版、《疑狱集》11版、《川玉集》10版，京山（星州）知事李成美刻成《隋书》680版，南原知府李靖恭雕《三礼图》54版、《孙卿子书》92版，进献秘阁收藏。① 到文宗十七年（1063年）时，秘阁中经史子集各书几已齐备。高丽时期的官刻本几乎都是由地方官署刊刻的，根据现存实物与文献记载，地方雕刻的书版有数十种，包括儒家典籍、史书、诗文集和医学书籍，除了翻刻中国输入的书籍之外，也有一些高丽士大夫的著作。肃宗六年（1101年），国子监内新设书籍铺，作为专门管理图书出版的机构，把原藏于秘阁的书籍和雕

---

① 郑麟趾等撰《高丽史》卷八世家卷第八文宗戊戌十二年九月己巳，十三年二月丁卯，十三年四月庚辰。

版移置于此，雕版向儒士开放刷印，促进了书籍的流通。

高丽时的刻书以覆刻宋元本为主，高丽多次遣使入宋，得书甚多。宋太宗淳化四年（993年），高丽成宗王治上书请求"赐板本《九经》书，用敦儒教"，宋廷许之。宋真宗天禧五年（1021年），高丽显宗王询遣使上表，"乞阴阳地理书、《圣惠方》"，宋廷"并赐之"。元丰八年(1085年)，高丽宣宗王运遣使入宋，"请市刑法之书、《太平御览》《开宝通礼》《文苑英华》。诏惟赐《文苑英华》一书"。①此事或即苏轼《论高丽买书利害劄子三首》中所云"昔年高丽使乞赐《太平御览》，先帝诏令馆伴以东平王故事为词，却之"。②宋哲宗元祐七年(1092年)，高丽遣使来献《黄帝针经》，"请市书甚众"。次年初，礼部尚书苏轼上《论高丽买书利害劄子三首》，其中说淳化四年（993年）、大中祥符九年（1016年）、天禧五年（1021年），宋朝曾赐给高丽《九经书》《史

---

① 《宋史》卷四百八十七，《外国传·高丽》。

② 苏轼：《苏轼文集编年笺注》，李之亮笺注，巴蜀书社，2011，第383页。《汉书·宣元六王传》：(东平王刘宇)"后年来朝，上疏求诸子及《太史公书》，上以问大将军王凤，对曰：'臣闻诸侯朝聘，考文章，正法度，非礼不言。今东平王幸得来朝，不思制节谨度，以防危失，而求诸书，非朝聘之义也。诸子书或反经术，非圣人；或明鬼神，信物怪；《太史公书》有战国从横权谲之谋，汉兴之初谋臣奇策，天官灾异，地形厄塞：皆不宜在诸侯王。不可予。不许之辞宜曰："《五经》圣人所制，万事靡不毕载。王审乐道，傅相皆儒者，旦夕讲诵，足以正身虞意。夫小辩破义，小道不通，致远恐泥，皆不足以留意。诸益于经术者，不爱于王。"'对奏，天子如凤言，遂不与。"

记》《两汉书》《三国志》《晋书》、诸子、历日、《圣惠方》、阴阳、地理书等。此次高丽使者要求购买北宋国子监刻书，苏轼以高丽与辽国交结，于国家安全不利，认为不当售予高丽《册府元龟》《敕式》、历代史、曲谱等书。最终苏轼的建议并没有得到宋哲宗的采纳，仍许高丽使者"依例收买"[1]，"卒市《册府元龟》以归"。高丽从宋朝得到了不少书籍，一开始没有得到的《太平御览》，经过30多年的购求，也终于在肃宗朝（1095—1105年）得到了。此外高丽还通过民间渠道从中国获得很多书籍。苏轼在元祐四年（1089年）任杭州知州时，曾上《论高丽进奉状》，其中说高丽使者在中国各地"购买书籍"。泉州人徐戬接受高丽委托，收受钱物，在杭州雕造夹注《华严经》，刊成后通过海道运往高丽交付。像徐戬这样"交通高丽，引惹牟利"的"福建狡商"甚多，可知高丽通过这一渠道得书不少。[2]《宋史·外国传·高丽》载，高丽宣宗王运好文，"每贾客市书至，则洁服焚香对之"，这里的"贾客"当即指由宋贩书入高丽的商

---

[1] 苏轼：《苏轼文集编年笺注》，李之亮笺注，巴蜀书社，2011，第380—394页。

[2] 苏轼：《苏轼文集编年笺注》，李之亮笺注，巴蜀书社，2011，第148页。

人。秘书省或书籍铺一得宋元本,即命朝中诸儒校勘,再分送地方,由各州县覆刻以进,书版保存在中央政府,以备刷印。得到国王赏识的高丽文人的著作,如金克己的《金居士集》、崔惟清的《李翰林集注》《柳文事实》,也以同样方式出版。宋徽宗宣和年间,徐兢奉命出使高丽,回国后于宣和六年(1124年)撰成《宣和奉使高丽图经》,记述在高丽的见闻。其中记载王京开城有临川阁,"藏书数万卷"。①此外清燕阁中也有比较完备的四部典籍收藏。张端义《贵耳集》载:"宣和间有奉使高丽者,其国异书甚富,自先秦以后,晋唐隋梁之书皆有之,不知几千家几千集。"②盖其中既有从宋朝输入的书籍,也有高丽自刻的图书。高丽末年开始出现私家印书,大部分是文集、族谱,现存不多。

高丽从中国获得了大量的书籍,其数量之多、质量之高,乃至宋朝中央藏书有缺,竟须从高丽寻觅。元祐六年(1091年)高丽使臣户部尚书李资义受到宋哲宗召见,李资义返国后向高丽宣宗奏道:"帝闻我国书籍多好本,命馆伴书所求书目录授之。乃曰,虽有卷第不足者,亦须传写附来。百篇《尚书》、荀爽《周易》十卷……"③该目中宋廷所求图籍有127种,近5000卷。元祐七年(1092年)秘书省上言:"高丽

---

① 徐兢:《宣和奉使高丽图经》卷六,临川阁。
② 张端义:《贵耳集》卷上,中华书局,1985,第6页。
③ 郑麟趾:《高丽史》世家卷十,宣宗八年六月丙午,光海君五年(1613)刻本,第23页。

国近日进献书册，访闻多是异本，馆阁所无，乞暂赐颁降付本省，立限誊本。"①高丽还向辽国输出书籍。睿宗八年（1113年），辽遣使入高丽，归国时使臣耶律固等请赐《春秋释例》《金华瀛洲集》，睿宗各赐一本。②

高丽刻书亦曾流入中国。宋赵彦卫《云麓漫钞》卷三载："《金刚经》凡有六译……经中有'即''则'二字，高丽大安六年以义天(即文宗之子王煦) 之祖名稷，故易'即'为'则'。寿昌元年（1095年）刊于大兴王寺。后从沙门德诜、则瑜之请，仍还本文，而以'则'音呼之，此本或传入国中故也。"此经之刊刻地大兴王寺位于高丽开京，徐兢《宣和奉使高丽图经》有载。③"寿昌"为辽年号，当时高丽称臣于辽，奉其正朔。

到李朝时，政府实行崇儒抑佛政策，大量刊刻世俗书籍。中央设书籍院，掌管书籍的刊印。又设刊经都监，负责佛经的印刷。成宗在位时"诸子百家无不锓梓，广

---

① 刘琳、刁忠民、舒大刚、尹波等点校《宋会要辑稿》职官一八，上海古籍出版社，2014，第347页。

② 郑麟趾：《高丽史》卷十三，睿宗八年二月庚寅，光海君五年（1613）刻本，第27页 b。

③ 徐兢撰、朴庆辉标注《宣和奉使高丽图经》卷十七《王城内外诸寺》，吉林文史出版社，1986，第34—35页。

布于世"。①中央令诸道观察使刊印书籍，分送各地。这一时期除了翻刻中国书籍之外，也刊印了一些朝鲜本地的著作，如《高丽史》《三国史》《东医宝鉴》等。由于李朝时期需要印行的书籍品种多，而每种书籍的需求量并不大，通常只有几十部，刺激了对活字印刷的开发利用。相对于雕版印刷而言，活字印刷的生产效率较高，可以在短时间内印出很多种书。对于历书等需求量很大的书，仍采用雕版印刷。

活字印刷主要由中央政府推动实施，然而在地方政府和民间，人们更乐于采用雕版印刷来印行书籍。这一方面是由于活字印刷投资较大，技术复杂，一般人难以承受。尤其是金属活字印刷，只有中央政府有财力实施。另一方面，活字印刷不能保留印版，无法满足社会上对经史、文集等著作的长期需求，而这正是雕版印刷的优势所在，更利于书籍的长期流传。李朝世宗十三年（1431年），世宗对臣下说："《左传》，学者所当观览。用铸字印之，则未能广布，宜令刊板，使之广行。"②因此活字印刷虽然兴盛，但并没有取代雕版印刷，中央政府仍然用雕版刻书。在地方政府层面，也一直以雕版印刷为主。在观念上，朝鲜的两班士大夫也认为，只有把著作刻在板子上，方能传之久远。雕版对文本的保存和固定作用，是活字印刷难以比肩的。如果一

---

① 《成宗实录》卷一七六，成宗十六年三月丁未，日本学习院东洋文化研究所1958年影印本，第285页。

② 《世宗实录》卷五十一，世宗十三年二月癸亥，日本学习院东洋文化研究所1956年影印本，第87页。

部书很重要，即使已经有活字本，也会再用雕版刻印。朝鲜学者的文集起初主要由子孙或学生在身后刊行，作为对作者的纪念，具有很强的仪式性，自非以雕版印行不可。十七十八世纪，越来越多的文人自编文集，然仍喜欢以雕版刊刻。例如畿湖学派的代表人物之一奇正镇（1798—1879年）死后，其著作先用活字印刷，但不久他的学生认为活字本难以久传，因而又重新用雕版刊刻。因此虽然政府和民间都使用活字印刷技术，特别是木活字因成本较低而应用广泛，但雕版印刷仍是士大夫阶层印刷书籍的主要方式。[1]此外，对于那些版式复杂，如图文须混排的书，活字印刷难以胜任，只能采用雕版印刷。朝鲜时代大量的医书，以及《三纲行实图》等带有较多插图的书，就采用雕版来印刷。

李朝建立了与中国大致相同的刻书体系，刻书活动按其主体，可分为官刻、私刻、坊刻、寺院刻书、书院刻书等。官刻分为中央政府刻书和地方政府刻书。高丽时期，国王出于退兵、信仰等目的，曾3次刊刻大藏经。朝鲜王朝时期，国王和王室颇有信佛者，刊刻了不少精美的佛经。朝廷层面，中央政府设立书籍院，作为书籍

---

[1] Young Kyun Oh, *Engraving Virtue：The Printing History of a Premodern Korean Moral Primer*（Leiden：Brill, 2013), pp. 107-109.

出版的管理机构。李朝创立之初，曾采用雕版印书，如太祖六年（1397年）刊行过《经济六典》，是一部政府部门规章条例汇编。[①]同时也使用木活字来印书，太宗三年（1403年）设铸字所，此后中央政府多次铸造金属活字印书，木活字也在金属活字因战争而损失或财政状况吃紧的情况下使用。但中央政府的雕版印刷活动仍然延续，负责雕版印书的机构是校书馆、典校书和奎章阁。司译院、观象监、春坊、奉谟堂、宗簿寺、内医院、惠民署、掌乐院、训炼局、军器寺、成均馆等政府部门也都用雕版印刷来出版书籍。地方官署在刻书业中占有重要地位，它们一方面承接中央发下来的刻书任务，雕版刊成后进献中央，另一方面也满足地方上对图书的需求。据学者统计，不计算佛经，高丽时代已知中央秘书省刻书仅2种，地方各级官府刻书则达49种。朝鲜王朝时期，府、牧、郡、县等各级地方政府刊刻的书籍更多，总数达上千种之多。总体而言，地方官刻的质量和水平不如中央。中央与地方政府在刻书中形成了分工合作，中央政府提供底本，负责校勘，刊刻之事则交给地方官府，刻成后再进呈中央政府保存刷印。高丽后期朝鲜半岛出现了活字印刷，进入朝鲜王朝时代，中央政府大力推动活字印刷事业，用活字印刷了大量书籍，这些书籍颁发到地方，各级政府仍采用雕版翻刻。由于不惜工本，精工细刻，官刻的质量高于其他刻书类型。

朝鲜时代后期中央和地方政府的刻书资源被不少官员利用，以刊刻

[①] 《太祖实录》卷十二，太祖六年十二月甲辰，日本学习院东洋文化研究所1953年影印本，第451页。

私人著作。①如果刊记上署官署名，则被归为官刻；如果官员在任上自费刻书，不署官署名，则属于私刻。私刻主要是文人阶层刻书，高丽朝主要刊刻佛经、诗文集，朝鲜王朝则以刊刻诗文集、传记、族谱为主，大部分使用雕版印刷。朝鲜王朝时期佛书主要由王室出版，民间私刻则几乎见不到。诗文集的刊刻很多情况下是由子孙或门人进行的。传记、族谱的刊刻出现于16世纪后期，18世纪以后盛行，它们与诗文集一样，都有利于居于社会上层的两班巩固其特权地位。私家刻书在高丽末期出现，而兴盛于朝鲜时代后期。据统计，朝鲜王朝时期的文集有约500部，占古代朝鲜半岛文集总量的99%，其中86%又集中在朝鲜后期。②有一部分高级官员能够接触到政府机构的金属活字，因此也有一部分金属活字本，尤其是在肃宗、景宗、英祖三朝（1675—1776年）出现得比较多。③

---

① Si Nae Park, *The Korean Vernacular Story: Telling Tales of Contemporary Choson in Sinographic Writing* (New York: Columbia University Press, 2020), pp. 172-173.

② Si Nae Park, *The Korean Vernacular Story: Telling Tales of Contemporary Choson in Sinographic Writing* (New York: Columbia University Press, 2020), p173, p261.

③ Kim Doo-jong, "History of Korean printing (Until Yi Dynasty)," *Korean Journal* 3, no.7 (1963): 25.

朝鲜半岛的读书人群相对较小，书籍市场发育缓慢，坊刻业到 16 世纪后期才在首尔出现。第一部坊刻书被认为是宣祖九年（1576年）翻刻世祖元年（1455年）所铸乙亥字印行的《攷事撮要》，该书收录了官绅百姓的各种须知事项，具有日用类书性质，需求量很大，刊记上有书坊地址："水标桥下北边二第里门入 河汉水家刻板买者寻来"。[1] 在此之前，中宗十四年（1519年）为了促进书籍的流通，政府曾打算开设书屋售卖官刻书，因官方难以将所有书籍品种刊印出售而作罢。朝鲜王朝的中央政府用活字出版了很多书，也曾采取"和卖之法"促进官刻书的流通，但由于活字印刷印数非常有限，难以满足市场需求。壬辰倭乱使朝鲜的官私刻书业都受到很大打击，战后湖南地区的坊刻业首先获得发展，著名的版本有完板、泰仁板和锦城板。首尔的书坊众多，已知的有水标桥、广通桥、武桥、铜岘、报恩、缎洞、活洞、由洞、美洞、龙洞、布洞、纽洞、宋洞、红树洞、东谷等，坊本被称为"京板"。此外还有安城地方的安城板、大邱地区达城和达西的达板等。书坊不仅用雕版刻书，也使用木活字和金属铸字印书。由于朝鲜王朝独特的社会结构（分为两班、中人、良人、贱人4个阶层），等级制度

---

[1] 千惠凤《韩国典籍印刷史》，第 198—200 页。有的学者对朝鲜半岛坊刻业兴起的时间估计更晚，贾晋珠认为在 17 世纪，见 Lucille Chia, "Printing and Publishing in East Asia through circa 1600: An Extremely Brief Survey," *Mediaevalia*, 41 (2020): 153. 有的认为晚至 19 世纪初，见 Si Nae Park, *The Korean Vernacular Story: Telling Tales of Contemporary Choson in Sinographic Writing*（New York: Columbia University Press, 2020), p.172, p.260.

森严，奴婢占人口比例较大，限制了商品经济的发展，因此坊刻业并不发达，规模不大。蒙童、儒生是一大消费群体，常见的图书品种有蒙学读物、字书、举业读物、唐宋诗集、通俗小说、医方、日用书籍等，但不包括个人文集。固定店面的书店出现也较晚，直到17世纪才出现，此前书籍的销售主要靠被称为"书侩"的流动书贩。①

寺院刻书的兴起较早，朝鲜半岛的第一批雕版出版物即为佛经。在高丽王室3次刊刻大藏经之前，佛经就是由寺院刊刻的。高丽朝尊崇佛教，优待僧侣，寺院经济发达，因而寺院刻书十分活跃。王室、贵族亦热衷于刊刻佛经以祈福消灾，推动了高丽朝佛经刊刻的兴盛。贮藏"八万块大藏经"的海印寺也刊刻了不少精美的佛经，寺中不仅收藏中央政府大藏都监和本寺刊刻的书版，也保存其他寺院、地方官署和私刻的书版。李朝时期，由于国家的崇儒抑佛政策，寺院刻书严重萎缩，但国王、

---

① Kim Doo-jong, "History of Korean printing (Until Yi Dynasty)," *Korean Journal* 3, no.7 (1963): 25. Si Nae Park, *The Korean Vernacular Story: Telling Tales of Contemporary Choson in Sinographic Writing* (New York: Columbia University Press, 2020), pp. 172-175, 260-262.

王室成员、官员及其家属仍出于私人信仰刊刻了不少佛经，但总体质量已较高丽本逊色。

高丽时已存在私学，如文宗时著名学者崔冲创办的九嘉学堂，但其刻书情况无考。朝鲜王朝时期的书院始于中宗三十六年（1541年）丰基郡守周世鹏建造的白云洞书院，明宗五年（1550年）国王赐额"绍修书院"，中央颁赐藏书。此外永川的临皋书院、海州的首阳书院、咸阳的临溪书院都接受国王赐额，成为赐额书院。到朝鲜末期的哲宗朝（1849—1864年），650个书院中有265个是赐额书院。赐额书院都会得到朝廷钦赐的图书，建御书阁专门收藏，地方政府也会给予赠书，这无疑有益于书院刻书事业的发展。但书院在经济上并不宽裕，因此刻书数量少于官府和寺院刻书。据《镂板考》一书载，到正祖20年（1796年），84所书院刻书184种，其中经部18种、史部30种、子部19种、集部117种。在各地书院中，庆尚道的书院刻书最多，达127种，其次是忠清道、全罗道的书院，分别为22种、21种。

可以看出，在朝鲜半岛的传统印刷业中，政府起到了相当重要的主导作用。很多时候中央政府将金属活字本赐给两班官员，分发给地方政府和书院，再由地方政府和民间以雕版印刷的方式翻刻，以此实现书籍的广泛流通。这些书籍内容广泛，包括儒家经典、史书、诗文集。①

---

① Si Nae Park, *The Korean Vernacular Story: Telling Tales of Contemporary Choson in Sinographic Writing*（New York：Columbia University Press, 2020）, pp. 171-172.

朝鲜世宗二十八年（1446年），朝鲜创制了本地文字谚文，随之印本书籍出现了朝鲜半岛独有的形式，即汉文与谚文对照的刻本（被称为"谚解""谚译""国译"），以及谚文刊本。这是朝鲜半岛独特的书籍印刷文化。世宗设立谚文厅，刊行《训民正音》《龙飞御天歌》等书，刊经都监也出版了很多用谚文翻译的佛经，刻印俱精，纸墨焕然。

二、日本的雕版印刷

关于中国发明的雕版印刷术何时传到日本，限于资料的缺乏已经很难搞清楚。日本学者岛田翰说："夫雕书之事即昉于六朝，其传于我，实在宝龟之先。"[1] 岛田翰认为中国的雕版印刷起源于六朝，这是不对的，但他说日本奈良时代光仁天皇宝龟年间（770—781年）之前已经传入了印刷术，则是有道理的。因为日本现存最早的雕版印刷品就出现于宝龟元年之前。日本称德天皇在位期间（764—770年），为了平定国内叛乱，发愿雕造《无垢净光大陀罗尼经》。《续日本纪》卷三十载：

---

[1] 岛田翰：《古文旧书考》，杜泽逊、王晓娟点校，上海古籍出版社，2014，第226页。

神护景云四年四月戊午，初天皇八年乱平，乃发弘愿，令造三重小塔一百万基，高各四寸五分，基径三寸五分。露盘之下，各置"根本""慈心""相轮""六度"等《陀罗尼》。至是功毕，分置诸寺。赐供事官人以下、仕丁以上一百五十七人，爵各有差。①

称德天皇造一百万座木质小佛塔，每塔内各供奉一卷陀罗尼经咒，内容为《无垢净光大陀罗尼经》中的《根本陀罗尼》《相轮陀罗尼》《自心印陀罗尼》《六波罗蜜陀罗尼》四咒。该经云："置塔之处，无诸邪魅、夜叉、罗刹……于彼国土若有诸恶先相现时，其塔即便现于神，变出大光焰，令彼诸恶、不祥之事，无不殄灭。若复于彼有恶心众生，或是怨仇及怨伴侣，并诸劫盗、寇贼等类欲坏此国，其塔亦便出大火光，即于其处现诸兵仗，恶贼见已，自然退散。"故有降魔镇邪之效。百万塔陀罗尼经完成于神护景云四年（770年），这一年又是光仁天皇宝龟元年，因此该经又被称为宝龟本陀罗尼经，是世界上现存的最早印刷品之一。该经的重要意义在于，它是藏于目前所知的最早有确切年代的唐咸通九年（868年）《金刚经》之前，根据文献记载可以知道确切刊印年代的印刷品。该经雕成后，天皇敕令将这些经塔分置京畿地区十大寺内，包括大和（今奈良）的大安寺、元兴寺、兴

---

① 木宫泰彦：《日中文化交流史》，商务印书馆，1980，第198页。

福寺、药师寺、东大寺、西大寺、法隆寺、弘福寺，摄津（今大阪）四天皇寺，及近江（今静冈）的崇福寺，作镇国护国之宝。

该经是高约 6 厘米（字面高约 5 厘米）、长几十厘米的卷子，由 4 块雕版刷印相接而成。根据现代学者的研究，当时为了加快进度，刻成了几套经版同时刷印。对于该经的印刷方式，学术界曾有不同意见。由于该经存在行格不齐，字体大小、墨迹深浅不一的情况，因而曾引起到底是木雕版，还是铜版、活字版或钤印版的争议。1965 年经日本印刷学会大阪关西支部专家集体研究，认为是木雕版印本。该经虽在日本雕造，但对于雕版印刷技术的起源，日本学者有清醒的认识。日本印刷史家木宫泰彦说："至于这些印刷术是由日本独创的呢，还是由唐朝传入的呢……从当时的日唐交通、文化交流等来推测，我认为是从唐朝输入的。"① 另一位日本学者秃氏祐祥也表达了相同的看法："从奈良时代（710—794 年）到平安时代（794—1192 年）与中国大陆交通的盛行及中国文化给予我国显著影响的事实来看，此陀罗尼的印刷绝非我国独创的事业，不过是模仿中国

---

① 木宫泰彦，『日本古印刷文化史』（東京：富山房，1932 年），p. 199.

早已实行的作法而已。"① 在此经刊成之后二百多年，日本再没有关于雕版印刷活动的记载，在一定程度上印证了日本学者的这一论断。

直到 11 世纪初，日本才又出现了刊刻佛经的记载。1009 年刊印了《法华经》1000 部，此后又有多次刊刻《法华经》和其他佛经的记载。② 在这之前有承历四年（1080 年）的《法华经》，但刊印年代是推断得来的。日本这一波印刷业的兴起，同样受到了中国的影响。早在唐代后期，印刷业在中国兴起之际，到中国旅行的日本人就曾带回唐代的印本。日僧宗叡于唐咸通六年（865 年）返国，将带回的 134 部书编为《新书写请来法门等目录》，其中有"西川印子"《唐韵》五卷、"印子"《玉篇》三十卷。③ "西川"指四川，是中国最早出现出版业的地区之一，"印子"即印本书。宋代初年，印刷业在中国全面兴起，宋版书也输入了日本。宋太宗太平兴国八年(983 年)，日僧奝然搭乘中国吴越商人的船入宋求法，宋太宗赐予刚刚雕成的《开宝藏》一部 5000 余卷，以及新译佛经 286 卷，带回日本。这件事必然促进了日本的佛经刊刻事

---

① 秃氏祐祥，『東洋印刷史研究』（東京：青裳堂書店，1981），p. 165.（注意：因为原来是转引潘吉星先生的译文，现在改为直接引用日文，正文中的译文须做如下修改：另一位日本学者秃氏祐祥也表达了相同的看法："考虑到从奈良到平安时代与中国大陆的频繁往来，以及中国文化对我国的显著影响，此陀罗尼经的印刷绝非我国独创的事业，不过是模仿中国已经有过的做法而已。"）

② 木宫泰彦，『日本古印刷文化史』（東京：富山房，1932 年），pp. 282–283.

③ 木宫泰彦，『日本古印刷文化史』（東京：富山房，1932 年），p. 196.

业。①

　　日本的第一批雕版书诞生于佛寺，图书的类型也集中于佛典。在出版史上，这些佛典根据刊经佛寺所载的地点被称为"春日版""叡山版""奈良版""高野版""五山版"等。"春日版"为平安时代(794—1192年)末期到镰仓时代（1192—1333年）奈良兴福寺所刊，因刊成后进献春日神社而得名。平安时代的宽治二年（1088年）刊刻的《成唯识论》，是最早载有刊刻年份的"春日版"。"叡山版"指的是京都比叡山延历寺刊印的法华宗典籍，后宇多天皇弘安二年（1279年）至伏见天皇永仁四年(1296年）出版了"法华三大部"，包括《法华玄义》《法华文句》《摩诃止观》《法华疏记》《法华玄义释签》《止观辅行传弘决》等书。"奈良版"又称"南都版"，这是由于奈良位于平安京(京都）之南，也被称为南都。奈良的东大寺、西大寺、法隆寺在镰仓初期刊刻了许多佛经，到室町时代（1336—1573年）末期逐渐衰落。"高野版"为镰仓初期以后和歌山县高野山金刚峰寺开版之真言宗典籍。较著名的有建长六年(1254年）刊《秘密漫荼罗十住心经》，正安四年(1302年) 刊

---

　　① 木宫泰彦，『日本古印刷文化史』（東京：富山房，1932年），pp. 280-284.

《御请来经等目录》。高野山的刻书活动一直持续到江户时代（1603—1868年）。镰仓时代的佛经还包括京都的"泉涌寺版"、纪州根来山寺院的"根来版"等。"五山版"是13世纪中后期镰仓时代末至16世纪室町时代后期京都和镰仓的寺院刻本。"五山"指的是5座寺庙，包括镰仓"五山"和京都"五山"。镰仓"五山"指建长寺、圆觉寺、寿福寺、净智寺、净妙寺，京都"五山"指南禅寺、天龙寺、建仁寺、东福寺、万寿寺。广义的"五山版"则包括以京都、镰仓的寺院为中心刊刻的汉籍。据日本学者川濑一马统计，"五山版"刊刻的书籍达到400多种。[①]"五山版"刊刻群体中贡献最大的是京都天龙寺的春屋妙葩，他组织翻刻了十多种日僧从元朝带回的中国佛教典籍。

"五山版"虽为寺院刻本，但其中包括了大量外典，即佛经之外的世俗图书。"五山版"中有很多是从中国输入的宋元版的翻刻本，也有少量翻刻自明版。根据川濑一马的统计，"五山版"中的外典汉籍有80多种。"五山版"翻刻的不少宋元版在中国已失传，因而具有十分重要的版本价值。2013年西南大学出版社出版了《日本五山版汉籍善本集刊》，共收入五山版珍稀汉籍80种。寺院刊刻外典，主要是为了满足寺僧学习之用。

中国元明之际，有一批为避战乱的中国刻工应日本僧人之邀从福建来到日本，从事"五山版"的刊刻，使得"五山版"的风格与中国宋元

---

① 川瀬一馬．『日本書誌学用語辞典』（東京：雄松堂書店，1982年），p.117，p.137.

版风格极为接近。著名的中国刻工有俞良甫、陈孟荣等，署有他们名字的书有30多种。俞良甫，福建莆田人，元末避乱日本，自称"中华大唐俞良甫学士""大明国俞良甫"，在日本刊刻了《春秋经传集解》《李善注文选》《新刊五百家注音辩唐柳先生文集》《五百家注音辨昌黎韩先生文集》《碧山堂集》《传法正宗记》《月江和尚语录》《宗镜录》《般若心经疏》《无量寿禅师日用清规》等书。在《新刊五百家注音辩唐柳先生文集》中有俞良甫的刊记："祖在唐土福州境界福建行省兴化路莆田县仁德里台谏坊住人俞良甫 久住日本京城阜近 几年劳鹿（碌）至今喜成矣 岁次丁卯仲秋印题"。这些书被称为"俞良甫版"，由于当时位于九州东端的博多是唯一的中日往来港口，因此又被称为"博多版"。与俞良甫齐名的陈孟荣自署"江南"人，刻了《禅林类聚》《重新点校附音增注蒙求》等书，还与俞良甫合作刊刻了《宗镜录》。刊刻《宗镜录》的主持者是京都天龙寺的春屋妙葩，该书中除了俞、陈二人，还著录了多位其他中国刻工的名字。

在"五山版"之外，世俗汉籍的刊刻也在进行。日本已知最早刊刻的世俗书籍，是后深草天皇宝治元年（1247年），署名"陋巷子"的刊刻者覆刻的宋婺州本朱熹《论语集注》十卷，被称为"宝治本论语""陋巷子论语"。原书今已不传，仅存跋语。之后又有后醍醐天皇元亨二年（1322年）僧人素庆主持刊刻的《古文尚书》，被称为"元亨本《古文尚书》"。紧接着正中年间（1324—1326年），僧人玄惠、圆澄、宗泽分别刊行了《诗人玉屑》《春秋经传集解》《寒山诗集》。

室町时代，一些对华贸易港口因得到来自中国的版刻图书较容易，兴起了印刷出版业。九州东北端的博多、大阪附近的堺港与中国贸易往来频繁，其刊本分别被称为"博多版"和"堺版"。"博多版"中的白眉是阿佐井野天文二年（1533年）所刻的《东京鲁论》（这里的"东京"指京都，位于博多以东），以南宗寺所藏《论语集解》为底本。阿佐井野还于大永八年（1528年）刻了《新编名方类证医书大全》，是日本最早出版的医书。"堺版"最早的是南朝后村上天皇正平十九年（1364年）道祐居士刊刻的《论语集解》，此即著名的"正平版《论语》"。本州西端周防国山口地方的大内家族刊刻了若干典籍，被称为"山口版"或"大内版"，以天文八年（1539年）刻的《聚分韵略》为代表。九州西南角的萨摩国（今鹿儿岛县）亦因对华贸易的地利之便，刊行了"萨摩版"，其中文明十三年（1481年）萨摩藩重臣伊地知重贞刻的《大学章句》，是日本最早刊行的朱子注本。

16世纪末，日本发动了侵略朝鲜的战争，朝鲜称为"壬辰倭乱"，日本则称之为"文禄庆长之役"。日本最终战败，但从朝鲜掠回了大量朝鲜的活字和工匠，以此为基础，日本的官方刻书兴起，包括由天皇敕刊的"敕版"和由掌握实权的幕府将军所出版的"官版"。"敕版"和"官版"役使朝鲜工匠、使用朝鲜活字来印书，这是日本活字印刷的开端。17世纪初日本的商业出版发展起来，最初受官府影响，有些书商采用活字来印刷图书。然而到了17世纪中叶，几乎所有的出版商都放弃了活字而使用雕版，活字印刷在商业出版领域近乎绝迹。一小部分私人印刷继续使用活字，但数量很少。这主要有两方面原因，一是在技术上，活字不便于排印复杂的版面，尤其是日本流行的训点本，即以日本假名为汉字注音的版本。另一方面江户时代带有插图的书越来越多，活字印刷也很难进行图文混排。二是基于当时的图书市场，雕版印刷是一种更实用、更合理的技术选择。活字印刷投资相对较大，无法保留印版，需对图书市场做精准预估，市场风险较高。雕版印刷可以保留印版，适合于当时大量的常销书印刷；可以不断以小批量书籍试探市场，具有较强的市场灵活性。因而在江户时代的图书市场上，雕版书占据了绝对的主导地位，直到19世纪中叶随着西学书籍和新式小说的流行，书籍市场生态发生变化，活字印刷才重新崛起，到19世纪80年代取代雕版印刷成为主流的印刷方式。

江户时代（1603—1868年）由于市民文化的兴起，日本的民间出版业发展起来，出现了坊刻本，即所谓"坊本""町版""书肆版"，并迅速走向繁荣。17世纪初坊刻业兴起，到该世纪中叶，坊刻读物已经随处可见了。这一时期除了翻印从中国输入的图书之外，也开始大量使用假名出版日本人的著作，许多此前长期通过抄写流传的古书，如《古事记》《万叶集》《源氏物语》等，有了印刷本。在此之前只有僧人源信的《往生要集》

等极少数日本的本土著作存在印本。行销的书籍种类繁多，其中汉籍、佛经、小说是大宗，此外还有医书、诗集、日用手册等。一些商业出版物带有日本文化的鲜明特色，如花道指南，贵族名录《云上明览》、幕府职官名录《武鉴》，青楼指南《吉原细见》等。17世纪初，由长崎输入日本的带有插图的明代刻本刺激了日本本土版画的发展。以图为主的绘本、漫画，作为日本的一个独具特色的书籍品种，在17世纪中叶出现，反映世俗生活场景、具有鲜明日本文化特色的版画浮世绘，也在这一时期诞生。起初浮世绘是单色印刷的"墨摺绘"，后来发展出手工上色的"丹绘""漆绘"，再发展出简单套色印刷的"红印绘"。明和二年（1765年）铃木春信发明了精彩绝伦的多色套印的浮世绘版画，被称为"锦绘"。

　　江户时期的通俗读物极为丰富多样，也形成了富有日本文化特色的版本术语。其中以"町人"（市民）为读者对象的通俗小说最为发达。在日本传统的经典图书被称为"物本"，出版这类图书的书坊被称为"物本屋"；通俗读物则被称为"草纸"或"草子"，意思是册子，其版刻书坊被称为"草纸屋"。江户时代初期，兴起以日文假名写作的通俗文学，称为"假名草子"，以区别于之前以汉字书写的汉籍。随后又兴起了"浮世草子"，它与用古语文体写成的"假名草子"不同，是用日常口语写成的世情小说，反映现实社会，又称"当世本"，其中有不少情色作品，代表作是井原西鹤的《好色一代男》。之后出现了长篇传奇小说"读本"，分为"传奇物""劝惩物""实录物"等类别，其中不少是对中国通俗白话小说的翻案模拟之作。"传奇物"写的是历史传奇故事；"劝惩物"的主题是劝人行忠义；"实录物"是历史演义，题材为政事、战争。著名的作品有上田秋成的《雨月物语》《春雨物语》和曲亭马琴模仿《水浒传》之作《南总里见八犬传》等。又有"洒落本""滑稽本""人情本",较之"读本"更为通俗。"洒落"在日语中意为幽默、戏谑,"洒落本"是江户中后期流行的通俗小说,多描写烟花柳巷的风流韵事,山东京传是这一领域最著名的作家,代表作有《通言总篱》《倾城买四十八手》。其篇幅、开本均较小,便于流通,又被称为"小本"。因其书皮为简素的茶色,又被称为"蒟蒻本"。由于宽政(1789—1800年)初年"洒落本"因有碍风俗教化遭到幕府查禁,"滑稽本""人情本"代之而起。"滑稽本"是撷取市井生活中的滑稽素材加工而成的小说,带有一定的劝惩说教意味,因其开本又被称为"中本",代表作有十返舍一九的《东海道徒步旅行记》和式亭三马的《浮世澡堂》《浮世理发师》。"人情本",是讲述市井男女情感纠葛的恋爱小说,有大量的女性读者,因惯于讲述催人泪下的悲欢离合故事,又被称为"泣本",代表作有为永春水的《春色梅儿誉美》。"草双纸"是一种更为低端的通俗小说,其中有不少是以妇女儿童为读者对象的,图文并茂,而以图为主。根据书衣的颜色和时代先后,又分为赤本、黑本、青本、黄表纸、合卷等。又有以图为主的"绘本",这是具有鲜明日本文化特色的书籍品种,与今天在东亚地区流行的漫画书有渊源。"讲释本",是说书艺人(讲释师)把演说的故事加以印刷出版的本子。到18世纪末，人们又把描写战争、公案等重大事件的说书故事与情爱、侠盗题材的市井故事区分开来，将前者称为"讲谈本"。"咄本"，又叫"小咄""小噺"，收录供人消遣的"落语"等滑稽笑话，相当于中国的笑话集。此外，还有以木偶说唱剧、狂言等戏剧脚本为蓝本出版的"净琉璃本""狂言本"等。

江户时期还诞生了日本的市井新闻读物，即所谓"瓦版读卖"。所谓"瓦版"，实际上是雕版印刷的单张印刷品或由数张纸组成的小册子，以报道各种奇闻逸事和娱乐性社会新闻为主，由于讲求时效性，刊刻迅速，质量粗糙，效果类似以瓦片印制，故被称为"瓦版"。销售的方式为小贩在街头边读边卖，故称"读卖"。"瓦版读卖"出现于贞享、元禄年间（1684—1703年），虽曾遭幕府管制和取缔，但一直无法禁绝，到文化、文政年间（1804—1829年）达于极盛，销售也从街头叫卖发展到固定店铺销售。明治前后被新兴的近代报纸所取代。

京都、大阪、江户是三大出版中心，三地的出版物被称为"三都版"。享保年间（1716—1735年）名古屋的出版业兴起，所刊书籍与上述三地合称"四都版"。其他地区出版的书籍则被称为"田舍版"。江户时代前期京都、大阪出版业繁盛，后期江户后来居上。江户人把京都和大阪称为上方，故两地出版的书称为"上方本"，江户出版的书则称为"江户本"或"下本""地本"。据统计，仅江户一地"从庆长（1596—1615年）到元禄（1688—1704年）中期有112家书坊"。[①] 书坊主有不少

[①] 上里春生.『江戸書籍商史』（東京：出版タイムス社，1930年），pp. 31-32，p. 138.

来自此前为寺院刻书的工匠。江户幕府的御用书肆店主松会市郎兵卫,从承应(1652—1655年)到元禄年间就出版了200种书籍,到江户末期仍在经营,刻书称"松会本"。书籍的读者不再局限于僧侣、文人、公家、武士,也包括商人、手工业者和富裕农民,图书市场空前扩大。出版业的繁荣可以从大量贷本屋(租书铺)的出现一窥端倪。贷本屋至迟于17世纪晚期在京都和江户出现,18世纪末已遍及整个日本。这些代表贷本屋既有店铺固定的,也有背着书箱走街串巷的。19世纪初,大阪和江户各有数百家贷本屋,精明的书商还把贷本屋开设到了农村。对市民百姓而言,图书价格仍然较贵,但图书租赁业务的出现使得大量底层读者有机会获得图书。贷本屋中的主要图书品种是言情小说、绘本、蒙书等通俗读物。

随着出版商的增多,出现了书籍批发商"书物问屋"。书商联盟和行业组织也开始出现,并在出版业中发挥重要的组织、协调作用,这是日本出版业的一大特色。从17世纪60年代开始,京都的出版商开始出版联合目录,每5至10年更新一次。17世纪末,京都出现了书业组织"书林仲间",于享保元年(1716年)得到政府承认。之后大阪在享保八年(1723年)、江户在享保十年(1725年)、名古屋在宽政十年(1798年)先后建立了得到政府认可的行会。日本书业行会的一个重要职能是协调解决当地书商之间以及跨地区的版权纠纷,在西方的版权观念传入之前，日本已形成一套版权协调和保护机制，只是当时书籍的版权（称为"板株"）属于出版商，并不属于作者。书商之间通过"世利市会"开展书版贸易。东山天皇元禄十一年（1698年）京都町奉行所发布公告，禁止原始出版者之外的人翻刻书籍，从政府层面确保了书商的版权不受侵犯。政府也利用书业行会来控制出版业，进行书籍审查，尤其是对基督教书籍进行查禁。中御门天皇享保七年（1722年），江户幕府颁布命令，要求必须在书籍中标明作者和出版商的真实名字。这一时期的和刻本上会以规范的形式详细著录书籍的出版者、刊刻者、插图者等各种出版过程参与者的信息，称为"奥付"，以便于对书的责任者进行追溯。

日本的官方出版在16世纪末、17世纪初因侵朝战争获得的朝鲜活字和工匠而兴起。17世纪中叶以后，"官版"主要指以昌平坂学问所为代表的官学和各地藩学所刻书籍，主要使用雕版印刷技术。配合德川幕府独尊朱熹儒学的政策，昌平坂学问所出版了大量的儒学书籍，为幕府作育人才。这些书被称为"昌平版"，数量达197种。[①]在幕府的推动下，各藩也积极从事出版事业，主要在各藩的学校进行，所刻书被称为"藩版"。江户末期东条耕作《诸藩藏板书目笔记》，是各藩刊刻书籍的目录，所列书籍数量庞大，种类涵盖经史子集，反映了地方诸侯刻书的盛况。著名的有宽文五年（1665年）会津藩日新馆出版的《玉山讲

---

① 堀川貴司．『書誌学入門 古典籍を見る・知る・読む』（東京：勉誠出版，2010年），p.167.

义》，嘉永元年（1848年）长州藩明伦馆出版的《民政要编》，嘉永五年（1852年）水户藩彰考馆出版的《大日本史》，弘化、嘉永间纪州新宫藩出版的《丹鹤丛书》等。

日本有一套独特的版本术语，印刷本被称为"摺本"，雕版印本被称为"整版""一枚版"，活字本则被称为"一字版""植字版"。日本的雕版印刷业首先在寺院发展起来，初期刊刻了大量的佛典，后来也出版世俗书籍。以大族和富户为主体的私家刻书，逐渐在沿海与中国贸易的港口发展起来。侵朝战争之后，借助于从朝鲜掠夺而来的活字和工匠，官方出版发展起来，出现了天皇刊行的"敕版"和幕府刊行的"官版"。江户时期商业出版兴起，并在短时间内走向繁荣，发展出了独具日本特色的印刷文化。

三、中东地区的雕版印刷

在印刷术西传的过程中，中东是重要的一站。令人遗憾的是，关于雕版印刷术在中东地区的应用情况，既缺乏系统的文献资料记载，也缺乏丰富的实物资料。我们只能根据近一个多世纪以来在中东地区发现的一些零星的实物资料，结合中东伊斯兰地区的一些相关文献记载加以推测。

卡特的《中国印刷术的发明和它的西传》，首次对印刷术西传的路线进行了梳理。20世纪初，一支普鲁士探查队在新疆吐鲁番盆地发现了大量的雕版印刷品，①现藏于德国柏林民俗博物馆。这些雕版印刷品全部是佛经，其中有汉文、藏文、蒙文、西夏文、回纥文、梵文的佛经，也有佛像，都没有注明年代，大约属于13世纪至14世纪初的产物。汉文书印刷精美，既有卷子，也有册页。有些书上同时使用回纥文、汉文、梵文等多种文字，显示了吐鲁番地区多种文化交汇的特点。②

13世纪蒙古帝国崛起，蒙古人征服的中原王朝、西夏国和回纥人建立的畏吾儿国都盛行印刷文化，印刷术可能通过蒙古人的西征传播到西亚。

13世纪末，西亚第一次出现了关于雕版印刷的明确记载。1294年，伊利汗国的第五任君主海合都（Gaykhatu）穷奢极侈，将国库挥霍一空。为了摆脱财政困境，在大臣萨德雷丁（Sadr al-Din）的怂恿下，海合都模仿元朝的做法发行纸币以敛财，该纸币形式上照抄元世祖忽必烈发行的纸币，币面上除了阿拉伯文还有汉字"钞"，并且与元朝一样以雕版印刷的方式生产。这次币制改革造成了极大的混乱，不得不

---

① 中译文中说吐鲁番也发现了"大量的没有文字的木板和木板残片""木板"是对原文woodcut一词的误译，应译作"木刻画"。卡特：《中国印刷术的发明和它的西传》，吴泽炎译，商务印书馆，1957，第125页。

② 卡特：《中国印刷术的发明和它的西传》，吴泽炎译，商务印书馆，1957，第118—127、133—134页。

草草收场，但却诞生了阿拉伯世界第一件有明确记载和纪年的印刷品。

1310 年，伊利汗国的宰相拉施特（Rashīd al-Dīn）完成了世界史巨著《史集》，在关于中国的部分里，有一段对雕版印刷术的详细描述：

> 因此根据他们已有的习惯，他们抄写书本时，务使书本正文不致发生改变和窜乱；过去是这样，现在仍是如此。所以，如果他们希望使任何在他们看来内容重要的书籍书写精美，正确无讹而没有改动，他们就雇用书法的高手，照原书每一页手抄在木板之上。然后再请有学问的人加以精细的校正，校者的姓名就写在木板的背面。抄校以后，再命技艺高强的刻工把字全部刻出。等到全书各面刻完以后，照木板前后次序，编定号码，用密封的袋子装起来，好像铸币厂的印模一样。然后将它们交给专职的可以信赖的官员保管，妥藏在专为此设的官署之中，并加盖一个特制的戳记。如果任何人希望重印此书，他可以向官署申请，缴付政府所规定的费用。以后由官署把木板取出，用纸拓印，好像把印模铸金币一样，然后把印出的

  拓本交给申请印书的人。用这种方法，他们所十分信赖的书籍不可能发生任何增删的情形；中国的历史就是用这种方式流传下来的。①

  这段海外对于雕版印刷方法的最早记述，说明伊斯兰世界对于中国发明的印刷术十分了解。稍后，这段文字被流传更广的另一部世界史——巴纳卡地（Banakati）的《智慧的园林》所引用，为更多人所知。但令人不解的是，中东穆斯林并没有用这种技术来印刷自己的书籍。有人认为是因为伊斯兰世界不能接受印刷时使用猪鬃制作的刷印工具，也有的学者认为伊斯兰世界强固的书写传统使他们对印刷术不感兴趣。尽管迄今为止没有发现伊斯兰世界用雕版印刷的方法印刷书籍的证据，但这并不意味着雕版印刷在中东地区没有得到应用。除了前述13世纪末伊利汗国在其首都大不里士发行过印刷的纸币之外，19世纪末以来的考古发现表明，中东地区在一定程度上使用过雕版印刷。

  1880年在埃及的法尤姆（Fayyum）出土了一批数量庞大的阿拉伯纸文书，其中有一小部分雕版印刷品，大都为单张的残损印刷品。最初这批文书是当地农民为了给农田堆肥，在村外的垃圾堆里扒出了沉睡数百年的古文书。在非洲的欧洲人闻讯即开始从村民手里收购这批文书，并把它们带回欧洲，第一批阿拉伯古文书于1881年入藏位于

---

① 卡特：《中国印刷术的发明和它的西传》，吴泽炎译，商务印书馆，1957，第148—149页。

维也纳的奥地利皇家艺术与工业博物馆。① 从那时至今，在欧美等地的博物馆中又陆续发现了更多的中东雕版印刷品，绝大多数没有明确来源。目前已知的存世中东雕版印刷品达到将近 100 件，多为残片，这些雕版印刷品上都没有刊印时间，根据研究推断，大致刻印于 10 世纪到 15 世纪早期之间。上面的内容主要是文字和图案，没有图像，这是由于伊斯兰教是严格反对偶像崇拜的。其中的文字通常是阿拉伯文，也有科普特文。

中东出土最多的雕版印刷品是护身符。其中的文字大都摘自《古兰经》，可以说是最早的《古兰经》印刷品。这些护身符有的是单张印刷品，有的是两张以上的印刷品粘连而成的一个长卷。尺寸普遍较小，仅几厘米宽，便于放在小匣子中，挂在脖子上。绝大多数护身符印在纸上，但存在印于莎草纸或羊皮纸上的个别情况。② 存世护身符的样式十分丰富多彩，有的使用了两种以上的阿拉伯花体文字，辅以各种装饰纹样，版面别致美观

---

① Karl R. Schaefer, *Enigmatic Charms, Medieval Arabic Block Printed Amulets in American and European Libraries and Museums* (Leiden；Boston：Brill，2006)，pp. 27-28.

② Karl R. Schaefer, *Enigmatic Charms, Medieval Arabic Block Printed Amulets in American and European Libraries and Museums* (Leiden；Boston：Brill，2006)，p. 45.

而富于变化。

这些雕版印刷的护身符可能跟一个被称为"萨珊的子孙"（Banū Sāsān）的群体有关，这是一个主要包括乞丐、无赖、小偷、骗子等无业游民的群体。或许他们比较少受宗教戒律束缚，因而在使用雕版印刷技术方面态度更为开放。这一群体长于制作护身符，由于护身符需求量巨大，应用雕版印刷是一种合理的选择。总体而言这些护身符属于低端印刷品，刻印普遍不够精致，阿拉伯文书法水平也不高，所引《古兰经》文字也时见讹误，显然没有经过认真校对。可知这些护身符在当时是一种成本不高、印量极大的流通物，被以较为低廉的价格出售给不识字的下层民众以营利。

除了护身符之外，也存在其他雕版印刷品类型。一件来自西班牙阿尔梅里亚（Almería）的雕版印刷品上面有几行文字，其中有 qaysarīya 一词，指的是一种储存商品的仓库。该印刷品可能用作物品为仓库所有之证明，或是商品缴税凭证。还有一种是前往伊斯兰圣地朝觐的证明，1893 年发现于大马士革的倭马亚（Umayyad）清真寺，其中有纯文字的，也有带插图的。① 此外根据一条文献记载，阿拉伯人可能还印刷过政府

---

① Karl R. Schaefer, "The Material Nature of Block Printed Amulets: What Makes Them Amulets?" in *Amulets and Talismans of the Middle East and North Africa in Context*, eds. Marcela A. Garcia Probert, Petra M. Sijpesteijn (Leiden: Brill, 2022), pp. 183-184. Karl R. Schaefer, *Enigmatic Charms, Medieval Arabic Block Printed Amulets in American and European Libraries and Museums* (Leiden; Boston: Brill, 2006), p. 38.

第二章　雕版印刷

公文。① 在存世中东雕版印刷品中，护身符的数量最多。护身符被人们置于专门的保护匣内，因而保存条件相对较好，其他用途的雕版印刷品则不那么容易保存下来。目前我们所见到的中东雕版印刷品数量并不算多，这些物品多为不为人所重的日常印刷品，很难被有意识地加以保管和收藏，因而留存至今的仅仅是冰山一角，这些雕版印刷品在当年的使用量和流通量可能是相当巨大的。从这些零散而多样的现存实物我们可以推知，尽管在伊斯兰世界人们没有使用雕版印刷技术来出版书籍，但在社会生活层面雕版印刷得到了一定程度的广泛应用。

中东地区所使用的雕版在当地被称为"塔什"（tarsh）。刷印使用黑色或深棕色墨水，有的在印出后再手工上色，多涂红色，也有个别涂绿色的情况。由于现存的雕版印刷品上缺乏年代信息，其刊印时间只能通过其他线索来推断，比如字体、纸张，以及参照同一批出土文物的年代。库法（Kūfī）体是一种较早的字体，线条粗直，较为严整庄重，也出现在早期《古兰经》写本和早期的伊斯兰建筑上。在雕版印刷的护身符中，库法体有各种修饰和变化，大多用作标题，可以呈现实心、

---

① Karl R. Schaefer, *Enigmatic Charms, Medieval Arabic Block Printed Amulets in American and European Libraries and Museums* (Leiden; Boston: Brill, 2006), pp. 24-25.

空心、反白等各种不同的效果，有时还以藤条、枝叶等纹样加以装饰。标题下面的文字则多采用纳斯赫（Naskh）体，这是一种线条弯曲的手写字体。这些较为复杂、美观的版式显示了当时中东地区对雕版印刷技术的熟练掌握。对纸张的鉴定主要是通过碳 14 测年和水印来确定纸张生产的年代，但纸张检测法也存在一定问题，根据水印只能确定印刷的时间，而无法确定雕版刊刻的时间。还有一种方法是根据所印内容的特点来断代，比如根据所使用的注音符号、标点符号来推断其刻印时间。

四、近代欧洲的雕版印刷

对于欧洲历史上的雕版印刷术，西方学者一直不甚重视。卡特说雕版印刷是"一种真相不明和受人鄙视的技术"[1]，信然。一方面，西方学者编撰的通史性质的印刷史或出版史，对于雕版印刷术要么视而不见，不着一字；要么一笔带过，语焉不详。[2] 其背后的原因，一是印

---

[1] 卡特：《中国印刷术的发明和它的西传》，吴泽炎译，商务印书馆，1957，第 111 页。

[2] 昂温：《外国出版史》，陈生铮译. 原是《不列颠百科全书》的"世界出版史"条目，其中关于欧洲历史上的雕版印刷只有一句话："木版印刷约在 1400 年终于传入欧洲，并开始用于插图，乃至整本图书。"中国书籍出版社 2010 年，第 7 页。牛津大学出版社出版的《全球书籍史》是第一部"全球书籍史"，关于欧洲的雕版印刷，只有轻描淡写的两句话："到十五世纪初，快速复制小幅图画或文中插图的需求浮出水面：雕版的方法被用来复制单独的或配有文字的圣徒画像，以及纸牌。用同样的技术生产出来的雕版书籍出现于 15 世纪中叶，书中的文字都用雕版刊刻出来。" Michael F. Suarez, S.J., H. R. Woudhuysen, eds., *The Book: A Global History* (Oxford: Oxford University Press, 2013), p. 81.

刷研究中的欧洲中心主义作祟，认为只有谷登堡发明的技术才是真正的印刷术，雕版印刷充其量只能算是前印刷术、准印刷术；① 二是极力否认和淡化来自东方的雕

---

① 西方学者普遍把印刷局限于谷登堡发明的金属活字印刷，而将雕版印刷与木刻版画等同起来，视为一种艺术形式。雕版印刷在欧洲印刷史上仅仅是一个插曲，一个注脚。T. H. Barrett, "Comparison and the Art of the Book: Some Stereotypes Explored," *Journal of Humanities & Social Sciences* no.3 (2011): 251–253. 西方版画史权威阿瑟·汉德（Arthur M. Hind）在其著作中将木刻（woodcut）置于"印刷的发明"（the discovery of printing）之前，又说"活字印刷才是印刷的真正出现"（the real development of printing from movable type），言下之意雕版印刷并不属于真正的印刷。Arthur Mayger Hind, *An Introduction to a History of Woodcut: with a Detailed Survey of Work Done in the Fifteenth Century* (New York: Dover Publications, Inc., 1963), v.1, pp. 34–35, 207. 英文版的《印刷书的诞生》，把雕版印刷品称为 block print，把谷登堡金属活字印刷品称为 printed book，把木刻（wood-cut）与印刷（printing）并列（中译本已看不出这个意味），也反映了相同的偏见。Lucien Febvre, Henri-Jean Martin, *The Coming of the Book* (London: NLB, 1976), p. 46. 费夫贺、马尔坦著，李鸿志译《印刷书的诞生》，广西师范大学出版社，2006年，第20页。周启荣指出西方的印刷史论著充斥着对雕版印刷的偏见，参 Kai-wing Chow, "Reinventing Gutenberg: Woodblock and movable-type printing in Europe and China," *in Agent of Change: Print Culture Studies after Elizabeth L. Eisenstein*, eds. Sabrina Alcorn Baron, Eric N. Lindquist, and Eleanor F. Shevlin (Amherst, MA: University of Massachusetts Press, 2007), pp. 169–172.

版印刷术与谷登堡发明之间的关系，力图表明谷登堡印刷术是完全独立的、全新的发明。[1]另一方面，讨论雕版印刷（woodblock printing）的著作，往往是把它作为木刻（woodcut）史的一部分来谈的，而木刻史研究的内容基本上是版画艺术史。在印刷出版史上，雕版印刷则几无地位可言。研究中国印刷出版史的论著在谈到中国印刷术的影响和传播时，谈到了在欧洲的传播，但均着重于欧洲雕版印刷的起源，对欧洲雕版印刷技术及印刷业的论述则甚为简略。[2]也有不少西方学者认识到，迄今为止，雕版印刷是欧洲印刷出版史上的一个不可忽略的重要发展环节，涌现出了一些重要的研究成果。

按照保罗·克里斯泰勒（Paul Kristeller）的说法，欧洲雕版印刷的发展可分为三个阶段：1400年至1440年为第一个阶段，出现了第一批宗教版画。1440年至1470年为第二个阶段，这一时期单张雕版印刷品的数量大幅增长，但印刷品的平均幅面减小，与此同时出现了雕版书籍。

---

[1] 比如《印刷书的诞生》中说："单就事实论，木刻的翻印技术，对于后来的印刷术并无任何启发；印刷术系脱胎自截然不同的技术。"费夫贺、马尔坦：《印刷书的诞生》，李鸿志译，广西师范大学出版社，2006年，第20页。《全球书籍史》中说："在大约1450年德国发展出一整套书籍印刷技术之前，我们并不清楚西方是否知晓中国及其周边国家用以生产大量书籍的方法。"Michael F. Suarez, S.J., H. R. Woudhuysen, eds., *The Book: A Global History* (Oxford: Oxford University Press, 2013), p. 131.

[2] 卡特：《中国印刷术的发明和它的西传》，吴泽炎译，商务印书馆，1957，第173—181页；张秀民：《中国印刷术的发明及其影响》，上海人民出版社，2009，第133—137页；张秀民、韩琦增订《中国印刷史》，浙江古籍出版社，2006，第703—708页；肖东发、于文主编《中外出版史》，中国人民大学出版社，2010，第194—195页。

1470 年至 15 世纪末为第三阶段，这一时期金属活字印刷大发展，雕版书籍减少，金属活字印本搭配雕版插图成为常态。这 3 个阶段大致相当于雕版印刷在欧洲的初起、兴盛和衰落，但也存在一些问题。首先，由于大多数欧洲现存雕版印刷品难以精确断代，学界对于欧洲第一批雕版印刷品出现的时间存在较大分歧，有的认为出现于 14 世纪后期，有的则认为迟至 15 世纪中叶才出现，因而以上分期难以成为共识。其次，上述分期的时间范围截止到 15 世纪末，实际上 16 世纪初及其之后欧洲仍然存在雕版印刷。以下笔者就雕版印刷在欧洲的产生、发展及其特点试作论述。

（一）雕版印刷的传入

不少西方学者否认欧洲的雕版印刷是从东方传入的，认为起源自织物印刷。[1]织物印刷使用木板来雕刻纹样，

---

[1] Arthur Mayger Hind, *An Introduction to a History of Woodcut: with a Detailed Survey of Work Done in the Fifteenth Century* (New York: Dover Publications, Inc., 1963), v.1, pp. 64-78. Richard S. Field, National Gallery of Art, *Fifteenth Century Woodcuts and Metalcuts, from the National Gallery of Art* (Washington, D.C.: Library of Congress), 1965, Introduction to the woodcut, pp. 1-2. Paul Needham, "*Prints in the early printing shops,*" In *The Woodcut in Fifteenth-Century Europe*, ed. Peter Parshall (New Haven and London: Yale University Press, 2009), p. 48.

把承印物从织物转成纸张,就是雕版印刷。虽然目前我们对印刷术如何从中国传入欧洲缺乏清晰的认识,但是有大量的证据表明在欧洲的雕版印刷出现之前就有不少欧洲传教士、商人和旅行者到过中国,对中国的雕版印刷术十分了解。[①]关于雕版印刷术的西传路线,卡特的《中国印刷术的发明和它的西传》、张秀民的《中国印刷术的发明及其影响》都曾做过比较系统的考察。

雕版印刷传入欧洲的前奏是源自中国的造纸技术的传入。尽管最早的雕版书籍和金属活字印本都有用羊皮纸[②]印刷的,但纸对印刷业发展的作用绝不可低估。卡特说:"无论什么地方,纸张是印刷的前驱。如果没有这一种坚致、经济的材料,印刷决不能有所发展。并且纸张的西传,不仅为印刷术铺平了道路,而且它的历史也常可用来参证印刷术传布的可能的路线。"又说:"由于纸张的传入,使印刷的发明成为可能。"[③]费夫贺和马尔坦在《印刷书的诞生》中也认为,缺少了纸,印刷业便无由诞生。[④]如果没有纸张这一廉价和能够大量生产的

[①] 卡特:《中国印刷术的发明和它的西传》,吴泽炎译,商务印书馆,1957,第138—141页。

[②] 这里的"羊皮纸"指欧洲传统的以兽皮为原料制造的纸,包括羊皮纸、羔皮纸、牛皮纸、犊皮纸等。

[③] 卡特:《中国印刷术的发明和它的西传》,吴泽炎译,商务印书馆,1957,第110,111,117页。

[④] 费夫贺、马尔坦:《印刷书的诞生》,李鸿志译,广西师范大学出版社,2006,第2页。

载体，则旨在批量复制文献的印刷术就无用武之地。著名的谷登堡四十二行《圣经》有一部分印在羊皮纸上，据测算印一册即需 170 张羊皮，成本很高。① 在初期，纸张相对于羊皮纸的价格优势并不十分明显，② 但纸张更重要的优势是产量大，这是传统的羊皮纸所无法比拟的。因此，尽管欧洲金属活字印刷术发明后，也有一些书印在传统的羊皮纸上，但纸张对于印刷业的发展是必不可少的。③ 中国的造纸技术，以 751 年的怛罗斯之战为契机，在 8 世纪传入中亚和西亚，之后一路西传，10 世纪前后传入北非，12 世纪传入西班牙，13 世纪传入意大利，14 世纪传入德国，为欧洲印刷业的发展创造了条件。

中国发明的雕版印刷术向西通过陆路传到了欧洲。

---

① Curt F. Buhler, *The Fifteenth Century Book* (Philadelphia: University of Pennsylvania Press, 1960), p. 42；卡特认为需要 300 张，卡特：《中国印刷术的发明和它的西传》，吴泽炎译，商务印书馆，1957，第 177 页。

② 卡特：《中国印刷术的发明和它的西传》，吴泽炎译，商务印书馆，1957，第 110—111、117 页。

③ Michael F. Suarez, S.J., H. R. Woudhuysen, eds., *The Book: A Global History* (Oxford: Oxford University Press, 2013), p. 131.

西域是传播中的第一站。中国西北的西夏王朝，雕版和活字印刷事业成就巨大，这已经为今天宁夏境内和黑水城的出土材料所证实。敦煌发现了属于元朝初年的回鹘文木活字。在新疆吐鲁番地区出土了回鹘文、汉文、梵文、西夏文、藏文、蒙文雕版和印刷品，大约为13世纪前后之物。蒙古西征把雕版印刷术进一步带到了中东地区。13世纪末在伊尔汗国的首都大不里士曾发行印有汉文和阿拉伯文的纸币。伊尔汗国宰相拉施都丁在14世纪初写就史学名著《史集》，其中有关于中国雕版印刷术的比较详细的记载，是海外记述书籍印刷技术（纸币印刷之外）的最早文字。19世纪末在埃及出土了一批阿拉伯文的宗教印刷品，其年代约在10至14世纪之间。这些零星发现的证据大体勾勒了印刷术传到欧洲的路线。

　　欧洲早期雕版印刷品大都缺乏刊刻者、印刷者的信息，难以确定年代。到目前为止，没有一件15世纪中叶以前的雕版印刷品可以准确断定刻印时间。直到15世纪60年代之后，随着金属活字印刷书籍的流行，书中的雕版插图方才得以借助于印刷书籍的出版年代来确定年代。对于此前的雕版印刷品，只能通过图像背景中的建筑样式、作品风格样式等线索来推断其生产时间和地点，但准确性很差，也很难达成共识。近年来又兴起通过纸张，尤其是纸上水印的标记来确定年代的方法。[①] 对于雕版印刷何时在欧洲出现，学者们有不同的看法。欧

[①] 纸张鉴定法也有缺陷，只能确定刷印的时间，无法确定雕版的时间。

洲的第一批雕版印刷品，大致是在 14 世纪末、15 世纪初出现的。[1] 欧洲现存 15 世纪的雕版印刷品有 5000 多件，其中大约有五六十件可以确定是在 15 世纪的最初 40 年里印刷的。[2] 可见雕版印刷在欧洲起步缓慢，到了 15 时期中叶，大约与谷登堡发明金属活字印刷术同时，雕版印刷才繁荣起来。就地域而言，雕版印刷最早是在现今德国东南部、奥地利和捷克地区发展起来的。

（二）早期雕版印刷品

纸币是欧洲人最早接触到的中国印刷品。[3]《马可波罗行记》中已有关于中国纸币的记述。而在欧洲本土最早生产的雕版印刷品可能是纸牌。源自中国的纸牌在 14 世纪后期已传入欧洲，并流行开来，以至于在 14 世纪末、15 世纪初欧洲各地多次出现关于斗牌的禁令。15

---

[1] Richard S. Field, National Gallery of Art, *Fifteenth Century Woodcuts and Metalcuts, from the National Gallery of Art*（Washington, D.C.: Library of Congress）, 1965. Introduction to the woodcut, p. 1.

[2] Paul Needham, "Prints in the early printing shops," In *The Woodcut in Fifteenth-Century Europe*, ed. Peter Parshall（New Haven and London: Yale University Press, 2009）, pp. 41–48.

[3] 卡特：《中国印刷术的发明和它的西传》，吴泽炎译，商务印书馆，1957，第 92 页。

世纪上半叶，威尼斯、纽伦堡等地都有发达的纸牌印刷业。

大约与纸牌同时，出现了宗教印刷品。最早的印有日期的宗教印刷品，是1423年的圣克里斯托弗（St. Christopher）像。早期的木刻版画上没有文字，以后渐带说明文字。文字一开始是像手抄本一样手写添加上去的，后来则与画同刻。单张宗教印刷品的内容，除了圣像之外，还有祈祷文、免罪符及其他宗教文书。关于这些宗教印刷品的使用方式，因留存的资料过少，学界有不同看法。一般认为有两种用途，一是供神职人员准备或举办宗教活动之用；二是给宗教信徒在日常宗教活动中使用，大量采用插图就是基于使文化程度不高的信众易于接受的考虑。除了《死亡的艺术》的某些版本等少数作品外，存世的雕版印刷品普遍刻印不够精致，较为粗糙，也没有署名，说明当时这些东西价格低廉，使用者主要是地位较低的下层教众。尽管这些单张雕版印刷品存世稀少，但可以想见当年的印数和流通量一定十分庞大。从单张雕版印刷品的留存状态，可以推断它们当初的用途和使用方式。它们之中有很多是贴在手抄本或活字印刷书籍上留存下来的，据称现存最早的欧洲雕版印刷品圣克里斯托弗像，就是贴在一个手抄本上保留下来的。这些贴在书里的雕版印刷品似乎是读物的一部分，但实际上装饰的作用可能更大。例如牛津大学博德利安图书馆（Bodleian Library）藏有44件雕版印刷品，其中有11件被贴在手抄本或金属活字本封面的内侧，6件被包进手抄本封面夹层里，2件被用作印刷书的封面，4件被贴为书籍衬叶，4件被缝进祈祷书的书页中，2件被裁下来作为书中插图，1 件被夹在手抄本祈祷书中。① 从 15 世纪 70 年代末开始，很多祈祷书习惯在卷前用一张耶稣上十字架的小型雕版画来作装饰。② 但也有不少单张雕版印刷品有日常使用的痕迹。有的单张雕版印刷品在四角留有钉眼和粘贴的痕迹，显示它们曾被固定在教堂或居室的墙壁上，供人观览膜拜，或用作装饰品。还有不少雕版印刷品是作为其他物品的附属物而得以留存至今的，比如有的被贴在保险箱、旅行箱等装钱财物品的箱子盖内侧，大概箱子的主人相信这些宗教印刷品具有神力，能够保护他们的钱财。③ 信徒们用这些雕版印刷品来寄托对基督、圣母或其他圣哲的信仰，也用它们来驱邪避灾。人们把这些印刷品贴在墙上、门上、壁炉上，缝在

---

① Nigel F. Palmer, "Woodcuts for reading: the codicology of fifteenth-century blockbooks and woodcut cycles," In *The Woodcut in Fifteenth-Century Europe*, ed. Peter Parshall (New Haven and London: Yale University Press, 2009), p. 93.

② Richard S. Field, National Gallery of Art, *Fifteenth Century Woodcuts and Metalcuts, from the National Gallery of Art* (Washington, D.C.: Library of Congress), 1965, no.52.

③ Richard S. Field, National Gallery of Art, *Fifteenth Century Woodcuts and Metalcuts, from the National Gallery of Art* (Washington, D.C.: Library of Congress), 1965. Preface, p. 1.

衣服上，以及其他个人物品上。15世纪的欧洲瘟疫流行，这些雕版印刷品可能被认为具有防病的作用。相较于贴在书上的单张印刷品，这些日常用品上的印刷品更难被保存下来，可以想见它们在当年数量巨大。

在宗教版画之外，又出现了世俗版画印刷品，如历史传说版画、反赌博宣传画、地图、歌谱、藏书票，以及主要由文字组成的图绘字母表、招贴、商品宣传单、日历等。

(三) 雕版书

在单页的雕版印刷品之后，出现了雕版书籍。如同单张雕版印刷品一样，由于缺乏相关信息，早期的雕版书也极难确定印刷年代和地点。现存早期的欧洲雕版印刷书籍只有极少数可以考证出制作年代，而这些书的年代均在1450年以后。[1] 有学者认为雕版书出现在谷登堡发明金属活字印刷术之前，但不同意见也不少，莫衷一是。一种流行的看法认为欧洲的雕版书大约出现于15世纪中期，与谷登堡发明金属活字印刷术同时。雕版书籍的兴盛在15世纪后半期，到16世纪初逐渐淡出欧洲的历史舞台。最晚的雕版书出现于1530年前后。[2]

---

[1] Arthur Mayger Hind, An Introduction to a History of Woodcut: with a Detailed Survey of Work Done in the Fifteenth Century (New York: Dover Publications, Inc., 1963), v.1, pp. 211–213.

[2] Eva Hanebutt-Benz, "The short history of European block-books," in 東アジア出版文化研究：にわたずみ, ed. 磯部彰 (東京：二玄社, 2004), p. 201.

15世纪出版的雕版书,目前已知的有几十种,①其中每种书又有若干个版本。这些雕版书的数量有500多件,大多来自荷兰和德国南部。出版得最多的是《启示录》(Apocalypse)、《死亡的艺术》(Ars Moriendi)、《穷人的圣经》(Biblia Pauperum),这3种书的版本占了现存数量的一半以上。如果加上《记忆的艺术》(Ars memorandi)和《所罗门之歌》(Canticum Canticorum),则要占到2/3。此外还有《救赎之镜》(Speculum Humanae Salvationis)、《受难记》(Passion),以及圣母行实、圣徒传记等。其中《启示录》被很多学者认为是最早出现的雕版书,大约于1430年前后印于荷兰。除了宗教出版物,也有世俗书籍,比如用作学校教科书的《多纳图斯拉丁语法初阶》(Ars minor of Donatus)、《字母表》(Abecedarium)和《拉丁格言集》(Disticha Catonis),以及摔跤手册等。宗教读物的内容以图画为主,辅以文字。学校教科书则内容全为文字,不带插图。相较于前者,后者更难留存下来。存世最多的是《穷人的圣经》,有5

---

① 据1991年的调查,现存雕版书43种。Sabine Mertens et al., Blockbücher des Mittelalters: Bilderfolgen als Lektüre: Gutenberg-Museum, Mainz, 22. Juni 1991 bis 1. September 1991 (Mainz: Philipp Von Zabern, 1991), pp. 396-412.

个版本，有120多个藏本。与之相比较，《多纳图斯拉丁语法初阶》现存9个版本，但其中只有两个是全本，其余都是在其他书籍的装帧材料中保存下来的残片。①雕版书的篇幅一般都不大，多是50页以下的小册子。开本有对开本、四开本、八开本。它们图文结合的版式安排承袭自手抄本，一些书的内容也来自手抄本。雕版书大都刻印粗糙，少见精美之作，当为面向大众的价格低廉的出版物。

一般而言，雕版书是从雕版上刷印而成的书。但后期由于金属活字印刷术的介入，使得雕版书的认定变得复杂起来。在一些被当作雕版书加以研究的书中，图像是雕版刊刻的，文字却是用金属活字印的。到后期有些书不再采用雕版传统的刷印方法，而是使用金属活字印刷机，采用压印的方法来印刷。这使得雕版的双面印刷成为可能，有些双面印刷的欧洲雕版书就是采用这种方法印制的。这些书按照什么标准仍被认为是雕版书呢？主要是因为其装帧形式与雕版书相同。与东亚的雕版书一样，欧洲的雕版书同样是单面印刷的，而且多数也是在一块板上刻两个书页。装订时将印出的两个书页对折，在版心的位置把书页装订起来，再加上封面，就成了一册雕版书。书页组合的方式有两种，一种类似于中国的蝴蝶装，即将相邻的两个印页依次对折背靠

---

① Paul Needham, "Prints in the early printing shops," In *The Woodcut in Fifteenth-Century Europe*, ed. Peter Parshall（New Haven and London：Yale University Press, 2009）, p. 46. Colin Clair, *A History of European Printing*（New York：Academic Press, 1976）, pp.5-6.

第二章 雕版印刷

背订在一起，装订好后翻开，每看两页，就会出现两个空白页。为了避免空页，欧洲人常会将两个空白页粘在一起，使得每个书页格外厚重。还有一种较为少见的组合方式，是将书的第一页和最后一页刻在同一块板上，第二页和倒数第二页刻在一块版上，以此类推，最中间的两页刻在一块版上。装订时，将印好的书页摊开从下到上依次叠放，对准版心一起折叠装订。这样形成的雕版书，每翻一页就会出现一个空白页，只有中间两页是相连的。单面印刷以及由此带来的书中出现空页，装订时以一块雕版印出的两页一张为单位，而不是像手抄本和金属活字本那样以由若干页组成的一帖（quire）为单位，是雕版书在装帧形式上与金属活字本的显著不同。有的金属活字印本，书中的图像是雕版刻印的，只是因为采用了雕版书的装订方式，也被认为是雕版书，有的学者称之为"半雕版书"（semi-blockbooks）。[1]

---

[1] Paul Needham, "Prints in the early printing shops," In *The Woodcut in Fifteenth-Century Europe*, ed. Peter Parshall（New Haven and London: Yale University Press, 2009）, p. 49, p. 51, p. 74. Nigel F. Palmer, "Woodcuts for reading: the codicology of fifteenth-century blockbooks and woodcut cycles," In *The Woodcut in Fifteenth-Century Europe*, ed. Peter Parshall（New Haven and London: Yale University Press, 2009）, p. 94.

雕版书的兴起与金属活字本大约同时。由于印刷成本相对较低，雕版书在与金属活字本的竞争上具有价格优势，占领了宗教读物的一部分低端市场。这些书基本上可以看作是普及性的宗教读物。有学者说："读者应当记住雕版的目的与文学传播毫不相干。它仅仅是单页雕版印刷品的延伸，旨在以视觉形式向无知无识者灌输基督教观念。"[1] 对于其读者对象，学界存在不同的看法。有的认为其读者是下层神职人员，把这些书作为宗教活动的辅助；有的认为其主要受众是修道院的修士，书中富有宗教意涵的插图可以帮助读者在修道时进行默思冥想；有的认为这些书面向的是基层教众，雕版书图像多、文字少的特点正适合了这些文化水平不高的教众的需求，书中的图像可以帮助教众理解基督教教义。《死亡的艺术》采用图文相间的形式，一页图，跟着一页文。该书有个本子在序言中说，书中的文字是给那些有一定学识的人读的，图像则有文化和没文化的人都可以看。这或许可以说明雕版书的读者并不仅限于某个特定的群体，读者可以各取所需。另一方面，从现存雕版书的外观形态来看，有些书的使用方式当初可能并非仅仅限于或主要用于阅读。有的书的书页在四角有钉眼或胶水的痕迹，有的书页有磨损的痕迹，显示最初可能被固定在墙上供人观看或用作装饰。雕版书中的文字大多较为简短，很少长篇大论，带有格言警句的性质，与教堂墙壁上的铭文有类似之处。雕版书大多是单面印刷的，

---

[1] Colin Clair, *A History of European Printing* (New York: Academic Press, 1976), p.3.

这也便于把书页贴到墙壁上。①

下面我们以几部较为流行的雕版书为例,来说明雕版书的内容特点。

《穷人的圣经》是最为流行的雕版书之一,该书的一个版本共 40 页,每页分为上中下 3 个部分,最重要的是中间部分用建筑柱廊形式分隔的三幅《圣经》故事画。中间一幅的故事来自《新约》,左右两幅则来自《旧约》,暗示了新旧约《圣经》之间的神秘关联,反映了当时流行的预表论(typology)思想。这种三幅一联(triptych)、一主二辅的构图形式,在手抄本时代已经存在,很可能受到了教堂里祭坛装饰画(altarpiece)样式的影响。② 上下两层又各有两个以廊柱分隔的较小的圣经人物画像,左右上角有两段阐发《圣经》经义的文字,

---

① Nigel F. Palmer, "Woodcuts for reading: the codicology of fifteenth-century blockbooks and woodcut cycles," In *The Woodcut in Fifteenth-Century Europe*, ed. Peter Parshall (New Haven and London: Yale University Press, 2009), p. 94, p. 100.

② Nigel F. Palmer, "Woodcuts for reading: the codicology of fifteenth-century blockbooks and woodcut cycles," In *The Woodcut in Fifteenth-Century Europe*, ed. Peter Parshall (New Haven and London: Yale University Press, 2009), pp. 105−106.

图中绶带上和空白处还散布着一些关于画中人物及其言语的说明文字。有学者认为，尽管该书通篇图像，文字只占据较小的篇幅，但它并不是给穷人看的。因为穷人是看不懂里面的拉丁文的，也很难理解书中图像的深意，只有具备相关的《圣经》知识才有可能读懂这些图像，而不是依靠这些图像来读懂《圣经》。有人认为其使用者是教士，在主持宗教活动时用图像来辅助记忆，方便布道；有学者认为该书的作者是神学家，读者需要具有一定学识；还有学者认为该书是供有文化的教徒用于"四旬冥想"（lenten meditation）的，该书40页，正好合四旬之数，每天冥想一页。总之，没有人认为该书是为穷人所写。形式与此类似的书在12—13世纪的手抄本中已经存在，更说明它不是文化水平较低的教徒能够读懂的东西。①

《救赎之镜》各版本篇幅不尽一致，大约为50页。其中一个版本有51页，包括2页序言，2页前言，正文42页，末尾3页。正文中前2页的内容是创世纪，来自《旧约》。其余40页，每页4幅图，1幅来自《新约》，3幅来自《旧约》，处处以《旧约》的典故来解释《新约》，反映了浓厚的预表论思想。末尾3页，每页8图，内容为耶稣受难，圣母的七悲、七喜。它与《穷人的圣经》一样，同样被学者们认为是牧师在向信徒布道时参考的读物，也可以供有一定文化的教徒用于默

---

① Avril Henry, *Biblia Pauperum: A Facsimile and Edition* (Ithaca, N.Y.: Cornell University Press, 1987), p. 4, pp. 17–18.

思冥想。①该书的成书时间为 1324 年，②同样可以表明它并非专为下层信徒印刷的通俗读物。该书的另一个版本前言占了 5 页，其中说，穷教士如果买不起整本书，就可以只买前言。这说明该书前言曾作为只有几页的小册子单独发行，也说明这类雕版书在当时确实价格低廉，面向的是下层神职人员和信徒。

《死亡的艺术》当时也相当流行。13 世纪末、14 世纪初的诗歌中出现了哀叹挥之不去的死神的题材，原因在于中世纪末期流行的黑死病和英法百年战争造成大量人口死亡，人们普遍产生生命易逝、朝不保夕之感。这部书教人们如何用宗教信仰战胜对死亡的恐惧，学会更好地面对死亡。该书由 11 幅图组成，前 10 图分不信、

---

① Marilyn Aronberg Lavin, *An Allegory of Divine Love: The Netherlandish Blockbook Canticum Canticorum* (Philadelphia: Saint Joseph's University Press, 2014), p.3. *The Mirror of Salvation = Speculum Humanae Salvationis: An Edition of British Library Blockbook G.11784*, translation and commentary by Albert C. Labriola and John W. Smeltz (Pittsburgh, Pa.: Duquesne University Press, 2002), Preface, pp. 5–6.

② Adrian Wilson, Joyce Lancaster Wilson, *A Medieval Mirror: Speculum Humanae Salvationis, 1324—1500* (Berkeley and Los Angeles: University of California Press, 1984), p. 26.

绝望、烦躁、虚荣、贪婪 5 个阶段，分别表现人临终前魔鬼的诱惑和天使的拯救，最后 1 图表现逝者最终战胜魔鬼的诱惑。更有可能是神职人员用来为信徒作临终法事的指南。①

《所罗门之歌》包含 32 幅图，是一本内容较为特别的书，其中有不少男女之间的亲昵、暧昧画面，学者们认为这是对修士的隐喻。从 12 世纪晚期开始，进入修道院被认为是和耶稣结婚。修士们在两到三年的实习期结束时会收到戒指，类似于婚戒。这本书可以供修士们沉思冥想之用，也可以用作世俗的结婚礼物。此书的某些版本版面漫漶，说明当时曾反复刷印，需求量很大。②

雕版书的黄金时期大约是 1450 到 1470 年前后，这一时期雕版书与金属活字本同时兴起，各有市场，平分秋色。15 世纪的最后二三十年，金属活字印刷业突飞猛进，雕版业则沦为明日黄花。宗教题材的雕版书，到了 1510 年以后，基本上就不再出版了。由于文艺复兴和宗教改革的兴起，这些雕版书中所弥漫的预表论等宗教思想，在社会上不再有市场，因而这类读物只能退出历史舞台。除了题材、内容方面的原因之外，在技术上生不逢时，也是雕版书倏尔衰落的原因。作为一种书籍生

---

① Adrian Wilson, Joyce Lancaster Wilson, *A Medieval Mirror: Speculum Humanae Salvationis, 1324—1500* (Berkeley and Los Angeles: University of California Press, 1984), p.98.

② Marilyn Aronberg Lavin, *An Allegory of Divine Love: The Netherlandish Blockbook Canticum Canticorum* (Philadelphia: Saint Joseph's University Press, 2014), pp.215-217, p.219.

第二章 雕版印刷

产技术，雕版印刷遭遇了欧洲传统的手抄本文化和新兴的金属活字印刷技术的前后夹击。欧洲中世纪的手抄本用昂贵的羊皮纸制作，装饰华美，被人宝重。雕版书用纸价格低廉，初期的木刻版画刊刻不精，面向的是低端市场，因而雕版书并不能撼动贵重手抄本的传统地位。而在满足新兴阅读群体的需求方面，几乎与雕版书同时问世的金属活字印本又逐渐侵蚀和夺占了雕版书的市场。在材质的耐用性和生产效率方面，雕版印刷无法与金属活字印刷相比。同时对于欧洲字母文字的印刷，雕版的精细度和表现力都明显逊于金属活字。雕版无法刊刻过于细小的字号，在同样的页面上所能印刷的文字数量少于金属活字本；雕版也无法保证所有的字母整齐划一，毫无二致，在版式外观上难以和金属活字本媲美。卡特认为，"雕版印刷因为不适合于拉丁字母，不久就中道夭折"。[1] 这种看法虽然并不全面，但确有一定道理。绝大多数雕版书都是单面印刷的，既不符合欧洲书籍双面书写的传统，也暴露出在用纸成本方面的劣势。在印刷廉价小册子方面，雕版印刷或许还能够与金属活字印刷相颉颃，若印刷部头大一点的书，雕版印刷的劣势就十

---

[1] 卡特：《中国印刷术的发明和它的西传》，吴泽炎译，商务印书馆，1957，第179页。

分显著了，因而雕版印刷无法成为书籍印刷的主流。一旦金属活字印刷全面兴起，雕版书就成为明日黄花了。

(四) 欧洲雕版印刷的特点与雕版新品种

近代欧洲雕版印刷的工艺流程与东亚地区的雕版印刷大致相同，都包括写样、上版、刊刻等流程。对刻工的文化水平要求不高，从某些雕版书上出现的刊刻错误来看，其刻工很可能不懂拉丁文。[①] 中国的刻工由于多不识字，经常会出现将汉字笔画刻错而导致讹误的情况，在这一点上中西是形似的。这些刻工有的受雇于宗教机构或王公贵族，有的受雇于城市工商业者，后者需要加入行会，接受行会的管理。[②]

另一方面，欧洲的雕版印刷在某些方面也与中国有所不同。欧洲用来制作雕版的板材来自梨木、苹果木、樱桃木、西卡莫木(sycamore)、山毛榉、黄杨木等。[③] 他们的刻刀不同于中国的拳刀，刻工握刀的方法和刻版的姿势也不一样。相较于东亚的方块字，字母尺寸更小，可能

[①] Avril Henry, *Biblia Pauperum: A Facsimile and Edition* (Ithaca, N.Y.: Cornell University Press, 1987), p. 21.

[②] Adrian Wilson, Joyce Lancaster Wilson, *A Medieval Mirror: Speculum Humanae Salvationis, 1324—1500* (Berkeley and Los Angeles: University of California Press, 1984), pp.22-23.

[③] Arthur Mayger Hind, *An Introduction to a History of Woodcut: with a Detailed Survey of Work Done in the Fifteenth Century* (New York: Dover Publications, Inc., 1963), v.1, p. 8.

第二章　雕版印刷

更难刊刻，尤其是字母的上行笔划（ascenders）和下行笔划（descenders）容易断掉。出现错误后可对版面加以修补，方法亦与东亚类似，即将错误的部分挖出，再补上一小块木头重新刊刻。①欧洲的大部分雕版与东亚一样，线条凸出于版面，印出来的线条是黑色的。但由于受到同时期铜版画技法的影响，有少量雕版采用阴刻线条，印出来是白色的。②

欧洲的雕版印刷除了在纸上印刷之外，也用羊皮纸印过。③中国的纸原料主要来自植物，欧洲的纸原料则是破布，所造出的纸厚而结实，刷印时需要将纸张适当湿润，并施加较大的力量。雕版印刷用的水性墨，呈棕色或灰黑色，颜色淡于金属活字印刷所使用的油墨。欧洲雕版刷印时不像中国使用棕刷，而是用较硬的物品（称为 rubber），如木制或皮制的摩棒（frotton，

---

① Avril Henry, *Biblia Pauperum: A Facsimile and Edition* (Ithaca, N.Y.: Cornell University Press, 1987), pp. 21-22.

② Richard S. Field, National Gallery of Art, *Fifteenth Century Woodcuts and Metalcuts, from the National Gallery of Art* (Washington, D.C.: Library of Congress), 1965, no. 290, no.291.

③ Arthur Mayger Hind, *An Introduction to a History of Woodcut: with a Detailed Survey of Work Done in the Fifteenth Century* (New York: Dover Publications, Inc., 1963), v.1, p. 25.

burnisher)、勺子（spoon）、骨质的折纸器（bone folder）等。由于施加的力较大，同时水墨的渗透性较强，纸背会有渗透的墨迹和明显的凸痕。①同时若在纸的反面再次刷印，会使印好的一面被擦坏，因此起初欧洲的雕版书像东方一样，只能单面印刷。②现存的雕版书有的印出的笔画很清晰，墨色均匀，有的是两面印刷的，应该是使用印刷机印出来的，而不是通过刷印技术。这些书多见于15世纪的最后二三十年。③还有的书上的插图，使用钤印的方法来印刷，这主要出现在插图尺寸较小、需要与页面上印刷的其他部分细致拼合的场合。④使用印刷机虽然能够改善字体的清晰度，但也会带来木质雕版在巨大的压力之下容易开

---

① Arthur Mayger Hind, *An Introduction to a History of Woodcut: with a Detailed Survey of Work Done in the Fifteenth Century*（New York: Dover Publications, Inc., 1963），v.1, p. 5, p. 214.

② Eva Hanebutt-Benz, "The short history of European block-books," in 東アジア出版文化研究：にわたずみ, ed. 磯部彰（東京：二玄社，2004），p. 199; Norma Levarie, Art & History of Books（New York: Da Capo Press, 1968），p.72; Colin Clair, A History of European Printing（New York: Academic Press, 1976），p. 3.

③ EVA HANEBUTT-BENZ. The short history of European block-books, 199; NORMA LEVARIE. Art & History of Books, New York: Da Capo Press, 1968：72; COLIN CLAIR. A History of European Printing, Academic Press, 1976：3.

④ Paul Needham, "Prints in the early printing shops," In *The Woodcut in Fifteenth-Century Europe*, ed. Peter Parshall（New Haven and London: Yale University Press, 2009），pp. 61-62.

裂的问题。① 前面已经说过，到 15 世纪晚期，一部分雕版书的文字是金属活字印的，使用印刷机和油墨来印刷，而图像仍是用雕版和水墨刷印的，在印刷方式上存在复合形态。

早期欧洲的木刻版画有彩色的，是用雕版印好线条轮廓后，用手工上色。15 世纪下半叶，受到东方版画的启发，欧洲人也发展出套版印刷，分为同种颜色或相近颜色的多版套印（chiaroscuro）和多种不同颜色的分版套印（colour-woodcut）。中国多版套印的准确性多半依靠工人的经验，日本是在雕版上刻上缺口作为对准的标志，欧洲人则在雕版的四角刻出对齐记号或采用钉子固定，以保证套印位置的准确。除了套印之外，他们也从日本版画那里学会了拱花（embossing, gaufrage）的工艺。②

关于装订的方法，据卡特说，有的欧洲雕版书也像中国古书一样，将书页沿版心向外折叠装订，③ 类似于

---

① Avril Henry, *Biblia Pauperum: A Facsimile and Edition* (Ithaca, N.Y.: Cornell University Press, 1987), p. 21.

② Arthur Mayger Hind, *An Introduction to a History of Woodcut: with a Detailed Survey of Work Done in the Fifteenth Century* (New York: Dover Publications, Inc., 1963), v.1, pp. 23-24.

③ 卡特：《中国印刷术的发明和它的西传》，吴泽炎译，商务印书馆，1957，第 180 页。

包背装或线装的样式。但更多的研究表明，欧洲的雕版书的书页是版心向内折叠装订的，类似于中国古代的蝴蝶装。这样装订起来之后，印有文字的页面之间会间隔有空白页，这些空白页读者可以用来做笔记。不喜欢空页的读者会把它们粘起来，这样就会使书页硬而厚。如前所述，还有一种较为少见的装订方法，是将不相邻的两页刻在一块雕版上，装订时把所有印好的印页按顺序摞在一起，再统一对折装订，造成一页有内容、一页空白的效果（仅最中间的两页内容相连）。欧洲书籍的传统装订方法不同于东方，不是以筒子叶为单位来装订的，而是以帖（quire）为单位。一帖是一张大纸经过几次折叠后所形成的一叠书页，若干帖用线锁订在一起，就形成了一本书。这种装订传统是在手抄本时代遗留下来的，抄写工在羊皮纸上抄书时，要事先规划好页面的方向和布局，以保证折叠起来之后书页的顺序正确。这样做的结果，抄写时相邻的两页，装订成书时并不相邻。欧洲的手抄本和活字印刷本，一帖一般都包括两页以上的篇幅，只有在书的末尾内容不够时才会出现只有两页的书帖。[1]除了像中国一样一版印刷相邻的两页（相当于中国的一个筒子叶）之外，也有一版仅刻一页（半个筒子叶）的。[2]这样做是为了

---

[1] Paul Needham, "Prints in the early printing shops," In *The Woodcut in Fifteenth-Century Europe*, ed. Peter Parshall（New Haven and London: Yale University Press, 2009）, p. 50.

[2] Arthur Mayger Hind, *An Introduction to a History of Woodcut: with a Detailed Survey of Work Done in the Fifteenth Century*（New York: Dover Publications, Inc., 1963）, v.1, p. 214.

适应欧洲书籍的传统装订方式，以及满足两面印刷的需要。有时会将一块大的雕版切为两半，每一半单独刷印一页。[1]需要说明的是，现存的雕版书不少经过了后来的藏书家重新装订，已经不是当初的原貌了。

值得注意的是，如果我们把雕版印刷定义为将在平面载体上雕刻的文字或图像转移到纸上的印刷技术，而不拘泥于雕版材质的话，近代欧洲还诞生了一个雕版印刷的新品种——金属雕版（metalcut），它是与欧洲的木雕版（woodcut）相对举的。近代欧洲的雕版印刷一般使用木板作为材质，使用金属板代替木板，而仍使用木板相同的凸版雕刻方法，就产生了雕版印刷的一个新品种。注意这种印刷技术与同样使用金属板的铜版画（engraving）有显著区别，后者的图画线条和文字在印版上是陷入而不是凸出的，属于凹版印刷。与木雕版技术大约同时，金属雕版印刷品出现于 15 世纪下半叶，消失于 1500 年前后，流行于荷兰、德国西部、瑞士等地。

---

[1] Eva Hanebutt-Benz, "The short history of European block-books," in 東アジア出版文化研究：にわたずみ, ed. 磯部彰（東京：二玄社，2004），pp. 200-201. Paul Needham, "Prints in the early printing shops," In *The Woodcut in Fifteenth-Century Europe*, ed. Peter Parshall（New Haven and London：Yale University Press, 2009），p. 53.

由于材质方面的特性，金属雕版发展出了独特的技法，常用凿子在金属版上凿出很多小点，用来表现阴影、图案等效果，具有独特的艺术风格，因而又被称为"尘点印刷"（dotted print）。同时由于所使用的材质相同，金属雕版对铜版画也有所借鉴，比如使用阴刻线条来勾勒图像的轮廓，从而与传统的木雕版画形成显著的区别。[1] 在印刷工艺方面，金属雕版与木雕版一样，存在画稿者与雕刻者之间的分工，即绘稿者一般不刻版。铜版画则与此不同，艺术家一般直接在金属板上进行创作。金属雕版是雕版印刷在欧洲的一个变体，技术上对木雕版和铜版画都有借鉴，风格也介于两者之间。

15世纪是一个"媒体变革的世纪"，一个"媒体混合的时代"。[2] 在这个世纪，传统的手抄本生产仍然在延续，雕版印刷、金属活字印刷、铜版印刷接连涌现，互争雄长。媒体之间既相互竞争，又相互借鉴、融合，呈现出一种复杂的关系。羊皮纸手抄本精美而昂贵，纸质手抄本生产效率较低，手抄本成为走向没落的媒体。雕版印刷一方面与金属活字印刷争夺书籍印刷市场，另一方面又与后起的铜版印刷竞争书籍插图的印刷。在这两场竞争中，雕版印刷都失败了。在相互竞

---

[1] 这方面比较明显的例子，如 Richard S. Field, National Gallery of Art, *Fifteenth Century Woodcuts and Metalcuts, from the National Gallery of Art*（Washington, D.C.: Library of Congress），1965, no.290, no.291.

[2] Paul Needham, "Prints in the early printing shops," In *The Woodcut in Fifteenth-Century Europe*, ed. Peter Parshall（New Haven and London: Yale University Press, 2009），p. 40.

争的同时，各种技术也相互渗透、相互合作。早期的雕版书和活字印刷书都曾以手抄本为底本，并模仿手抄本的形式。雕版本和金属活字本存在相互模仿翻刻、翻印的现象，雕版插图和铜版插图也相互抄袭模仿。有不少书，同时存在着手抄本、雕版本和金属活字本。《多纳图斯拉丁语法初阶》有一个雕版本，还存在几个印制拙劣的金属活字本。[①]另一方面，在同一本书上，我们往往可以看到两种以上的制作技术的相互结合。早期的彩色木刻版画制作，存在着手抄本与雕版印刷的融合：用雕版印出图像轮廓，再手工填彩上色。文字和图像之间各种印制方式的组合也有数种方式，如：①手抄文字＋雕版插图，这种方式称为 chiro-xylographic；②雕版文字＋雕版插图；③金属活字文字＋雕版图像；④金属活字文字＋铜版印刷图像；⑤雕版文字＋金属雕版[②]。雕版印刷与其他图书印制方式结合的情形也是多种多样，

---

① Norma Levarie, *Art & History of Books*（New York：Da Capo Press, 1968），p.76.

② 这样的例子较为少见，但并非没有。如法国国家图书馆藏《基督受难》（Leiden Christi），插图是金属雕版所印，文字是木雕版印刷的。Paul Needham, "Prints in the early printing shops," In *The Woodcut in Fifteenth-Century Europe*, ed. Peter Parshall（New Haven and London：Yale University Press, 2009），p. 60.

有将雕版画粘贴或缝纫在手抄本或金属活字本上的；有插图雕版与金属活字拼在一起用印刷机印刷出来的；有雕版插图与金属活字文字分开印刷，雕版插图采用手工刷印方法，文字则采用印刷机来印刷的，用这种方法印出来的书很可能只能采取单面印刷。[①] 在印刷技术环节，也存在相互移植现象。比如金属雕版，就是雕版印刷与铜版印刷相互影响的产物，同时包含了两者的基因。

（五）金属活字印本中的雕版印刷

16 世纪初以后，雕版书渐渐绝迹，标志着欧洲雕版印刷的衰落。但欧洲的雕版印刷工艺仍然延续下来，其主要功能是在金属活字印本的印刷中起辅助作用。在金属活字印本中，以下部分通常是用雕版来印刷的：①首字母。即段落开头的第一个字母，通常写成很大的花体字，并用色彩进行装饰。这种做法源自手抄本时代，其作用是向读者提示段落的开头，并具有美化页面的作用。在手抄本时代，装饰首字母是一个专门的技术工种（rubricator）。用雕版来印制首字母，可以省却很多人工。②装饰纹样，尤其是环绕文字的边栏。这也源自手抄本时代对书籍的华丽装饰传统，在文字的周围环绕以各色鲜艳的图样。③插图。印制图像本来就是雕版印刷在欧洲兴起时的长项，取代了手抄本时代插图绘制者（illuminator）的工作，现在只不过在金属活字印本

[①] Paul Needham, "Prints in the early printing shops," In *The Woodcut in Fifteenth-Century Europe*, ed. Peter Parshall（New Haven and London：Yale University Press, 2009），p. 48，p. 61，p. 64，p. 65，p. 67，p. 72，p. 78。

第二章 雕版印刷

中继续延续其生命力罢了。④封面。初期的封面上除了书名、作者、出版商等信息外，还充满了出版商徽标、图像装饰等繁复的图样，因而使用雕版印刷是一种合理的选择。

可以看出，在需要图像和装饰的地方，就有雕版印刷的用武之地，而文字的领地则基本上被金属活字印刷夺占了。16世纪以后在书籍印刷领域形成了图、文的分工，即文字用金属活字来印刷，装饰和插图则由雕版印刷来包办。这时雕版印刷的风格也随之发生了变化，题材不再局限于《圣经》故事、宗教人物，世俗题材大大增加。在技法和风格上也有较大发展，1470年以后出现了使用连续平行线来描绘阴影的技法。① 雕版画摆脱了初期单纯用线描来表现人物和背景的粗糙风格，以细密的线条来描绘阴影、刻画细节，将西方传统的素描技法运用到版画中，出现了素描式作品（scratchy style woodcuts），雕版插图的立体感和表现力显著增强。与此同时，随着越来越多的高水平艺术家参与雕版印刷品的创作，雕版画越来越成为一种艺术，而不仅仅是一种工

---

① Richard S. Field, National Gallery of Art, *Fifteenth Century Woodcuts and Metalcuts, from the National Gallery of Art* (Washington, D.C.: Library of Congress), 1965, no.51, no.78.

匠的技能。15世纪末、16世纪初,德国画家阿尔布雷特·丢勒(Albrecht Dürer)加入到雕版画的创作中来,他以巧妙的构思、高超的画艺、精湛的技法,把雕版画提升为一种堪与素描、油画等其他艺术品种媲美的高雅艺术。例如他为《启示录》(Apocalypse)一书创作的系列版画,以及关于圣母生平和耶稣受难的几组书籍插图。在他稍后,另一位德国画家汉斯·荷尔拜因(Hans Holbein)也为版画艺术的发展做出了杰出的贡献。1523至1526年荷尔拜因以雕版书《死亡的艺术》为蓝本,创作了包含41幅雕版画的《死神的舞蹈》(Dance of Death),将主题从如何以信仰战胜对死神的恐惧的说教,变为描绘死神戏弄纠缠社会上各色人物的讽刺作品,达到了极高的艺术成就。

  15世纪时铜版印刷也在欧洲出现。铜版印刷具有刻画精细、印版耐久的特点,在插图版画的竞争中,雕版印刷渐落下风,16世纪下半叶之后丧失了在书籍插图中的主流地位。① 铜版印刷的缺点是成本高昂,工艺复杂,因而在首字母和装饰纹样印刷方面雕版印刷仍保有其领地。18世纪下半叶,英国人托马斯·比威克(Thomas Bewick)对雕版技术做了革新,发明了木口木刻(end-grain wood engraving)。比威克主要进行了两方面的革新:一是改进了使用木材的方法。传统的雕版印刷为了获得最大的刊刻面积,使用木材的纵剖面(side grain)来刻版,

---

① Arthur Mayger Hind, *An Introduction to a History of Woodcut: with a Detailed Survey of Work Done in the Fifteenth Century* (New York: Dover Publications, Inc., 1963), v.1, p. 35, p. 41.

比威克则使用木材的横剖面（end grain）来雕刻，后者的结构更为坚硬致密，可以雕出更为精细的图案。二是改进了刻版的工具。他发明了更为细小灵活的雕刀（burin, graver），以取代传统的刻刀（knife），使刻刀更能够表现画面的细节。比威克能够在几厘米见方的面积上刻出一整幅插图，表现复杂的场景，细节刻画入微，这是传统的雕版插图所难以做到的。在西方，虽然比威克的新技术仍然属于雕版印刷，但它被赋予了一个新的名称 wood engraving，以区别于对传统雕版画的称谓 woodcut 或 wood carving。Engraving 一词本来用来指铜版印刷（copper-plate engraving），属于凹版印刷方式，而比威克的新发明属于凸版印刷的范畴，却被用 engraving 命名，这主要是因为用比威克的方法刻出的版画插图在细节表现力上已不输于铜版画。而且相对于铜版印刷，以新的方式刻出的雕版更为耐久，使用寿命更长。比威克的革新有效地克服了传统木刻版画粗糙易裂的缺点，大大提高了木刻版画的精细度，使木刻版画的艺术表现力达到了一个新境界，雕版印刷焕发出新的活力，在书籍插图领域迎来了复兴，能够与铜版印刷相颉颃，不落下风。

（六）从欧洲经验看雕版印刷的特性

研究中国书籍史的西方学者曾从他者的角度总结了中国雕版印刷技术的几个特点。首先，雕版技术简单，成本低，容易传播。雕版不像谷登堡发明的金属活字印刷术那样，涉及复杂的金属铸造技术，对劳动力的要求也比较低，除了写样者需要识文断字之外，其他的工种并不需要什么文化。其次，雕版印刷业投资少，印刷方式灵活，风险小。欧洲近代印刷企业首先需要自铸或购买昂贵的金属活字，因而先期投资巨大。在19世纪铅版（stereotype）发明前，由于印版是一次性的，因此每次印刷之前都必须精确估算印数，印数少了不能充分占领市场，印数多了又会造成积压。这大大增加了出版业的风险。雕版印刷前期投资相对较少，而且书版刻好后可长期保存，随时按需刷印，生产方式灵活，适应市场的能力强，因而大大降低了市场风险。第三，雕版业是一种手工业，重手工技术，独立工作，各工序可以在不同的地方完成。近代欧洲印刷业则不同，铸字、印刷都要使用机械，排版、印刷等工序之间需要有比较紧密的协作，加之投资大、市场风险高，对印刷企业经营管理方面的要求更高。[1]

以上特点是将中国传统的雕版印刷技术和近代西方活字印刷技术加以比较而得出来的。然而这毕竟是一种跨越时空的比较，如果把这

---

[1] Cynthia Brokaw, "On the history of the book in China," in *Printing & Book Culture in Late Imperial China*, eds. Cynthia Brokaw and Kai-wing Chow（Berkeley: University of California Press, 2005）, pp. 3-54; Joseph P. McDermott and Peter Burke, "Introduction," in *The Book Worlds of East Asia and Europe, 1450—1850: Connections and Comparisons*, eds. Joseph P. McDermott and Peter Burke（Hong Kong: Hong Kong University Press, 2015）, p. 13.

第二章　雕版印刷

种比较放在 15 世纪的欧洲，放在同一个时空中，在两者频繁的冲撞和互动中加以比较，或许可以做出更进一步的观察。

在欧洲历史上，雕版印刷曾以其低成本占领了低端的印刷品或图书市场，以图文并茂的形式向文化水平较低的人传播浅易的教理和世俗知识。[1]它能够保存印版、印刷方式灵活的特点，也曾经被欧洲的印刷业者所注意，对于一些长期流行的印刷品，用雕版技术来印刷以保留印版可能是更好的选择。[2]这或许可以解释为什么有些书有了金属活字本，还会有雕版印刷本。但是在欧洲特殊的书文化环境下，雕版印刷的某些特点使它在与金属活字印刷和铜版印刷的竞争中处于劣势。西方字母文字的尺寸比东亚的汉字、假名、谚文要小得多，且曲线多，具有高度的重复性，雕版难以胜任刊刻如此精细的文字，也无法保证高频率出现的字母的整齐划一。雕版的材质使它无法耐受高强度的连续压印而不变形、不磨损，在大规模、高效率生产方面落于使用金属材质的活字印刷

---

[1] Eva Hanebutt-Benz,"The short history of European block-books," in 東アジア出版文化研究：にわたずみ, ed. 磯部彰（東京：二玄社，2004），pp. 201-202.

[2] Norma Levarie, Art & History of Books（New York: Da Capo Press, 1968），pp.72-76.

和铜版印刷的下风。它单面印刷①和一块雕版印刷两个连续页面的特点，也使它难以与欧洲传统的书籍形制和装订方式接轨。更重要的是，正如东亚的经验所表明的，雕版印刷在一个存在相对固定的核心文献，少数经典在相当长的历史时期内需要反复刷印的书籍市场内，相对于无法保存印版的活字印刷具有优势。但在近代西欧新思想、新著作层出不穷，市场对新书的需求旺盛，对生产效率和时效性提出较高要求的情况下，雕版印刷与金属活字印刷比较就相形见绌了。

近代以前雕版印刷在东亚，尤其是在中国和日本的成功，促使学者们思考它相对于传统活字印刷的优势所在。而15世纪它在欧洲与金属活字印刷和铜版印刷竞争中的失利，则凸显了它的其他特性：材质上的先天不足，印刷工艺的缺陷，以及手工业生产方式带来的生产效率的低下。同时也使我们观察到，是否适应本地的书文化传统，也是雕版印刷作为一种外来技术能否持久成功的重要因素。技术与文化之间的融合，或许是15世纪欧洲的经验带给我们的考察雕版印刷历史命运的新角度。

---

① 雕版印刷使用印刷机可以实现双面印刷，但木版因承受较大压力而易裂损。参 Kai-wing Chow, "Reinventing Gutenberg: Woodblock and movable-type printing in Europe and China," in Agent of Change: Print Culture Studies after Elizabeth L. Eisenstein, eds. Sabrina Alcorn Baron, Eric N. Lindquist, and Eleanor F. Shevlin（Amherst, MA: University of Massachusetts Press, 2007）.

第三章

活字魅力

第三章　活字魅力

第一节　中国活字印刷术的起源与发展

图书是记录和传播知识的工具，而作为中国古代四大发明之一的印刷术，则是图书的一种重要生产技术，具体来说，它是把图文转移到载体之上的复制技术。

在印刷术产生之前，图书的复制方式以抄写为主，费时费力，复本稀少，很难满足人们的阅读需求。印刷术发明后，图书能够比较容易地生产出许多复本，便于长久保存和广泛传播，进而使知识得到普及。因此可以说，印刷术的发明，对人类文明的发展，产生了巨大影响，而且这种影响一直延续到今天。

中国是印刷术的诞生地和成长地。按照出现的先后顺序，中国古代的印刷术大致可分为3种：雕版印刷、活字印刷与套色印刷。雕版印刷术至少在中国唐代（618—907年）就已出现，这种印刷术是将图文刻在一整块木板或其他质料的板上,制成印版,然后在版上加墨印刷,因而也叫整版印刷术。清末发现于敦煌石室的唐咸通九年(868年)雕印《金刚般若波罗蜜经》,卷尾有"咸通九年四月十五日王玠为二亲敬造普施"题记,此为世界上现存最早的标有明确刻印年代日期的印刷品。

由于雕版印刷术每印一叶[①]书就要雕造一块书版,人力、物力耗费很大,于是到了中国北宋庆历年间(1041—1048年),有一位叫毕昇的人就发明了活字印刷术。这种印刷术,一开始是预先制成单个活字,其后按照付印的稿件,拣出所需要的字,排成一版而直接印刷。可到了后来,活字也被用来制成整版(如泥版或浇铸铅版的纸型)再进行印刷。采用活字排版或制成整版印刷的书本可称为活字本、活字印本或活字版。宋元时代,继毕昇之后,不少人用泥、木、锡、铜进行过各种造字实践活动,也有人用所造之字印刷过书籍。这一时期的活字本与活字存世稀少,其中20世纪发现的西夏文活字本佛教书籍与回鹘文木活字已为学术界所认可。明代出现"用铜铅为活字"印书的文献记载,说明中国活字印刷术是在不断进步的。明代活字本约有逾百种存世,其中有不少"活字铜版"印本,也有一定数量的木活字印本。清代活字本相对于以前各代来说,存世数量较多,印刷方式也丰富多彩,历代出现的泥、木、锡、铜等活字版都有应用。活字印刷术11世纪由北宋毕昇发明后,陆续向朝鲜、日本、越南等周边国家传播。15世纪德国出现铅合金活字机械印刷技术,并迅速成为数百年间世界范围内生产

[①] 在中国古籍中,一张书写或印刷的单面图文对折书叶为一叶。

图书的主要印刷方式。早已传入欧洲的中国造纸术与雕版印刷术对其具有的重要影响，是显而易见的。清代后期，近现代铅印、石印等机械印刷术传入中国，中国传统的手工雕版、活字印刷术与之并行一段时期，由于无法适应图书生产数量和速度要求，其主流印刷技术地位最终为铅印本等现代印刷技术所取代。如今，"热排"铅印技术也逐步退出历史舞台，世界进入了计算机"冷排"印本居于主流地位的新时代。①

一、毕昇与活字印刷术的发明

中国是印刷术的故乡。雕版印刷术是中国早期发明的印刷术，这种印刷术至迟在唐代已出现，但具体发明时间至今没有定论。由于雕版印刷一张书叶需雕刻一面书版，耗费人力物力较多，为了提高效率，节省资源，北宋庆历年间（1041—1048年），平民毕昇改进技术发明了活字印刷术。毕昇发明的活字与用活字印刷的书籍并无实物存世，我们今天之所以知道活字印刷术明确的发

---

① 铅字排版技术有熔铅、铸字、浇版等热操作，故又称之为"热排"。而相应地称照排系统为"冷排"，它在整个作业过程中完全排除了铅与火的操作。

明者，是因为北宋沈括在其著作《梦溪笔谈》中对此事进行了较详细的记载。

沈括（1031—1095 年）是中国古代著名的科学家、政治家。字存中，钱塘（今浙江杭州）人，北宋嘉祐八年（1063 年）登进士第，熙宁年间参与王安石变法。熙宁五年（1072 年）提举司天监。熙宁八年（1075 年）出使辽国，据理力争，平息边界纠纷。次年任翰林学士，权三司使，改革盐法。后王安石变法失败，沈括受劾贬官。元丰三年（1080 年）他再度受朝廷重用，知延州（今陕西延安），成为边防重臣。元丰四年（1081 年），西夏引兵扰边，沈括率师击破西夏军 7 万之众。元丰五年（1082 年）为龙图阁直学士。同年，西夏军 30 万围永乐城，因徐禧失陷永乐城（今陕西米脂西），沈括受连累遭贬。元祐三年（1088 年），沈括投进天下州县图，获准"任便居住"，此后迁居润州（今江苏镇江），在自筑梦溪园度过了最后 8 年潜心著述的时光。他博学多才，为一代学问大家，《宋史·沈括传》云："括博学善文，于天文、方志、律历、音乐、医药、卜算，无所不通，皆有所论著。"

沈括居于梦溪园时，撰写完成了中国古代科学技术史上的不朽之作——《梦溪笔谈》。此书体裁为笔记体。今传本 26 卷，加上《补笔谈》3 卷、《续笔谈》1 卷，共 30 卷。全书分为 17 门 609 条，内容极为丰富，包括天文、历法、数学、物理、化学、生物、地理、地质、医学、文学、史学、考古、音乐、艺术等。世界著名科学史专家、《中国科学技术史》的作者、英国李约瑟（Joseph Needham，1900—1995 年）博士对全书做了认真分析，认为《梦溪笔谈》中的科学内容，几乎占全篇幅的一半以上，是一部百科全书式的名著，并称它为"中国科学史的坐

第三章　活字魅力

标"。《梦溪笔谈》比较全面地反映了中国古代特别是当时最先进的科学技术成就，如毕昇发明活字版印刷术、喻皓的建筑技术、指南针的装置方法、石油的性能与开采利用等。有关毕昇发明的活字版技术，从目前已知的材料看，只有沈括在《梦溪笔谈》一书中，做了较详细的记载，全文如下①：

> 版印书籍，唐人尚未盛为之。自冯瀛王始印五经，已后典籍，皆为版本。庆历中，有布衣毕昇，又为活版。其法用胶泥刻字，薄如钱唇，每字为一印，火烧令坚。先设一铁版，其上以松脂蜡和纸灰之类冒之，欲印则以一铁范置铁板上，乃密布字印，满铁范为一板，持就火炀之，药稍熔，则以一平板按其面，则字平如砥。若止印三、二本，未为简易；若印数十百千本，则极为神速。常作二铁板，一板印刷，一板已自布字，此印者才毕，则第二板已具。更互用之，瞬息可就。每一字皆有数印，如"之""也"等

------

① 沈括：《古迁陈氏家藏梦溪笔谈》卷十八，元大德九年（1305年）刻本。

字，每字有二十余印，以备一板内有重复者。不用则以纸贴之，每韵为一贴，木格贮之。有奇字素无备者，旋刻之，以草火烧，瞬息可成。不以木为之者，木理有疏密，沾水则高下不平，兼与药相粘，不可取，不若燔土，用讫再火令药镕，以手拂之，其印自落，殊不沾污。昇死，其印为予群从所得，至今保藏。

这是印刷术发明后第一篇用文字详细记录印刷技术的重要史料。由于沈括与毕昇是同时代的人，他所记的资料是可靠的。从上文我们可以总结出以下几点：

(1) 造字时间为1041年至1048年间。即在宋仁宗庆历元年至八年间。

(2) 造字材料为胶泥。以木试过，因木活字沾水墨膨胀且粘药，未成。

(3) 造字方法是在厚度如铜钱边缘的胶泥上刻字，一字一印，再在火中烧硬。说明泥字是刻成而非铸出的。

(4) 贮字方法为按韵排列，存放在木格里。

(5) 摆字方法为依韵拣字，将字排入一铁框，下置一铁版，以松脂蜡和纸灰等物敷其上，以固定活字，且二版轮排。

(6) 刷印方法与雕版刷印似无不同，但一版印完，将版在火上烘烤，药物熔化，活字手触即落，而且不会沾污。

(7) 边框处理、造字数量与印成书籍均不详。

时至今日，900多年过去，毕昇发明的活字已不存于世。明代正德年间，强晟著《汝南诗话》中云[①]："汝南一武弁家治地，忽得黑子数百枚，坚如牛角，每子有一字，如欧阳询体。识者以为此即宋活字，其精巧非毕昇不能作。"这里的"黑子"是活字应该没问题，但什么时间由何人制作则只能推测而已。

关于毕昇的生平事迹，以及他发明活字版的经过，除了沈括在《梦溪笔谈》一书中的记载外，还找不到第二个文献资料。长期以来，欧洲人认为活字印刷术是德国人谷登堡（J. Gutenberg，1400—1468年）于1450年发明的，直到19世纪中叶，法国汉学家儒莲（S. Julien，1797—1893年）把《梦溪笔谈》所载毕昇活版一节译成法文，许多人才知道实际上谷登堡比毕昇的活字印刷术发明晚了400年。儒莲以为毕昇是个铁匠。新版《大英百科全书》说他是一位炼金术士。这些看法应是对《梦溪笔谈》卷二十中一条材料的理解得出的，原文如下[②]：

祥符中，方士王捷，本黥卒，尝以罪配沙门岛，能作黄金。有老锻工毕升，曾在禁

[①] 张秀民：《中国印刷史（插图珍藏增订版）》，韩琦增订，浙江古籍出版社，2006，第533页。

[②] 沈括：《古迂陈氏家藏梦溪笔谈》卷二十，元大德九年（1305年）刻本。

中为捷锻金。升云："其法为炉灶，使人隔墙鼓鞴，盖不欲人觇其启闭也。其金，铁为之，初自冶中出，色尚黑。凡百余两为一饼，每饼辐解，凿为八片，谓之'鸦觜金'者是也。"今人尚有藏者。上令上坊铸为金龟、金牌各数百，龟以赐近臣……牌赐天下州、府、军、监各一，今谓之"金宝牌"者是也。

祥符是宋真宗年号。王国维先生在《梦溪笔谈》校识中，认为发明"活版"的毕昇即卷二十之毕升，并推算他当生于太平兴国中，即980年左右，祥符时正是30岁左右的壮年。而张秀民先生在《中国活字印刷史》中认为锻工毕升在祥符中已老，至庆历中当近100岁了，如此高寿老翁，恐难发明活版。又"昇"与"升"音同字不同，故锻金毕升与发明活版毕昇是两个人。

实际上，"老"在汉语中是个意义丰富的词。仅从表年龄上说，最初，汉代许慎《说文解字》云："七十曰老。"但到了宋代，邢昺（932—1010年）《论语·季氏》疏云："老，谓五十以上"。祥符末年为1016年，而庆历元年为1041年，相差仅25年，加上古人好用虚岁，故锻工毕升在庆历中也就70多岁。而"老"还有经历长、有经验等意思，如今天说"老运动员""老演员"可以是20或30岁左右的人，因为不少人从孩童时就开始从事这些工作，相对于"新"加入者，在同行中经历时间较长的自然可以称老。古代锻工也是从孩童时开始边学边干的，因而王国维推算祥符时锻工毕升为30岁左右的壮年，看来也是有道理的。另外，宋代陈彭年（961—1017年）等修《广韵·蒸韵》云

"昇，日上。本亦作升。……升，出也，俗加日。"说明宋代人已知"昇"只是"升"的俗字，音、义是一样的。《梦溪笔谈》成书 900 多年来，主要以刻本、抄本流传，而雕版用字是经过手写过程上版的，因而这两种方式，每字都是现写的，故好用异体、俗字，如上引"活版"元刻本之原文，"版"与"板"在同一段中就前后混用的，不如现代铸造铅字那样字形固定。也就是说同一个人，写作"毕昇"或"毕升"，不足为怪。更重要的是，祥符中，毕升所锻之金，乃以铁为之，而庆历中，毕昇以铁版、铁范排字，这恐怕不是简单的巧合。

1990 年初，湖北省英山县草盘地镇退休教师肖海澄路过五桂墩村睡狮山麓时，发现一块圆头石墓碑，并被碑文所吸引，只见墓碑中间刻有并列两行文字："故先考毕昇神主，故先妣李氏妙音"，其下共一"墓"字。碑左侧刻："孝子：毕嘉、毕文、毕成、毕荣。孙男：毕文忠、毕文斌、毕文显"；右侧刻："皇口四年二月初七日"，于是联想到墓主可能是宋代活版发明者毕昇，就立即到县城把这件事告诉了县志编纂办公室的同志。此后，通过各大媒体的宣传，消息传遍了五湖四海。

这是一块呈竖梯形圆头式带基座的墓碑，高 113 厘米、宽 65 至 70 厘米，周边刻饰连枝云纹，中上部施浮雕宝珠顶华盖，下部为火焰纹雕饰。

长期以来，权威人士对毕昇的籍贯持不同看法：清代学者李慈铭（1830—1894年）认为毕昇是"益州人"，印刷史学专家张秀民认为"毕昇与当时杭州人沈括有关，因此毕昇可能也是杭州一带人。"他还撰写了《英山发现的是活字发明家毕昇的墓碑吗》的质疑文章，提出："关于毕昇的考证，最根本的关键在于年号问题。"①他的疑点有三：一是英山毕昇墓碑年代是否为宋徽宗之"重和"，而不是宋仁宗之"皇祐"，另外，有否可能是元碑？二是布衣毕昇籍贯是杭州还是英山？三是英山毕昇与布衣毕昇是否为同名同姓者？福建人民出版社编审李瑞良经过对英山毕昇墓碑的勘查后撰文指出，李慈铭的"益州"说，张秀民的"杭州"说，都因为这两个地方是唐宋时期雕版印刷发达地区，说明李、张都认为活字印刷的发明离不开雕版印刷的发达，这是正确的。但李、张没有注意到，宋代的英山地理位置，正位于杭州和益州的交界处，那里出现一个发明活字印刷的人才，并不奇怪。

鉴于众说纷纭，英山县有关部门于1993年邀请专家、学者在英山召开了首届毕昇研讨会。并写出了"毕昇墓碑鉴定意见书"。即"根据毕昇墓碑的形制、花纹、结构及碑文内容考证，确认此碑是北宋皇祐四年（1052年）所立。墓主即我国北宋时期活字印刷术发明家毕昇。经过对该墓碑坐落地点的实况考察，我们认为此墓就是毕昇的埋葬地……"

1994年，国家文物局馆藏文物认定小组又根据该碑的形制、花纹和碑文内容，将其认定为国家一级馆藏文物。

---

① 张秀民、韩琦：《中国活字印刷史》，中国书籍出版社，1998，第7页。

然而专家、学者们仍对英山毕昇墓碑的纪年年号"皇□四年"即第二个被漫漶的字认识不一。据"英山视窗"介绍，朝代冠"皇"字年号的较多，属宋代以后的年号就有"皇祐""皇统""皇建""皇庆"。考古学家孙启康认为，"皇统"是金熙宗的年号，定"皇统四年"相当于南宋绍兴十四年（1144年），此时南宋与金人以淮水为界相对峙，而且墓碑所在地点英山，自宋一代以来未入金人的版图。因而碑的纪年不可能是"皇统"。"皇建"是西夏年号，仅使用一年，从时间上与此碑不相符合。"皇庆"是元仁宗的年号，第二年后改元，又与碑文所载"四年"不符。因此，孙先生认定此碑的年号只能是"皇祐"。根据上海胡道静先生的考证，如此碑的年号为皇祐四年，又毕昇墓碑有"神主"二字，系客死外地一年后的招魂葬，则英山毕昇墓主与活字印刷术发明者毕昇墓碑卒年吻合。中国印刷研究所张树栋先生原对毕昇墓碑存疑，但到英山实地考察后改变了看法。他认为，"毕昇故里在英山，其发明活字印刷的地点是杭州，毕昇于皇祐三年（1051年）在杭州逝世后，其子孙于皇祐四年在原籍英山立了现存的这方'招魂葬墓碑'"。

1995年，"英山毕昇墓碑研讨会"召开。至此，英山六年来的毕昇研究工作拟告一段落。国家文物鉴定委员会副主任史树青亲临毕昇墓地，有感而发："名姓昭昭见梦溪，千年行迹至今谜。英山考古有新获，识得淮南老布衣。"

1996 年，中国印刷博物馆落成开馆，在馆内显要位置陈列的毕昇铜像和毕昇墓碑，首次标出："毕昇，北宋活字印刷术发明家，今湖北英山人。"在 2009 年出版的《中国大百科全书》第二版中有更为详细的表述："毕昇，中国北宋刻版印刷工匠。中国古代活字版印刷术发明者。淮南路蕲州蕲水县直河乡（今属湖北英山）人。"

如果我们把现有的材料汇集在一起，可以这样来认识毕昇，他是湖北英山人，生于宋太祖开宝年间，即 970 年左右，在杭州做锻工，宋皇祐三年，即1051 年卒于杭州，享年80 有余。墓由子孙建于原籍。当然，这里推测的成分不少，需进一步考证。

在毕昇之前，活字已偶被使用，据张树栋等著《中华印刷通史》载，西周青铜器上的铭文，有的是一字一范，由这些单个字范按原文要求拼排在一起，构成全文。春秋时秦国铸成的青铜器"秦公簋"和战国时齐国的"齐陈曼簠"铭文，就是用单个字范拼排后铸成的。其方法，与毕昇发明的活字印刷中的拣字排版相似。其中齐"齐陈曼簠"铭文下部三字排反，为其系用单个字范拼排而成之实据（似三字合为一范）。毕昇在世界上最早以活字印刷书籍，是人类文明史上一项划时代的伟大发明，因为它为书籍大量生产提供了一种新的方法，因而推动了知识向更大的范围扩散，从而为社会的发展进步贡献了力量。

活字印刷术发明后，由于种种原因，很长时期在中国一直处于尝试阶段，而雕版印刷术则牢固占据着统治地位。沈括这一记载的历史作用不可磨灭，这不仅是因为他最早记录此法，更重要的是他的记载，对推动活字版技术的发展起了很大的推动作用。因为它启发了后来的有志者，沿着毕昇的道路继续探索，进而使这一技术不断地发展和完善，最终成为在世界范围占统治地位的印刷方式。

二、活字印刷术在中国的演进历程

北宋庆历年间（1041—1048 年），平民毕昇发明了活字印刷术。据同时代科学家沈括（1031—1095 年）在所著《梦溪笔谈》中记载，毕昇是以胶泥烧制单字排为"活版"而印书。沈括详细介绍了毕昇造字、排字、刷印、贮字的方法，由此可知，毕昇的发明，是世界上首创的一整套活字印刷工艺技术。

研究活字印刷文化，需要借助活字印本、活字实物与相关文献记载等多方面材料。由于活字印本印制方式特别，又由于首次记录毕昇发明"活版"的沈括是"中国历史上兴趣最广博的思想家之一"[①]（英国李约瑟语），其著作《梦溪笔谈》自问世起关注者一直不乏其人，以至于使人们对活字印刷术也颇为留意，文献记载连绵不绝。与此同时，由于活字印刷术在古代中国未被普遍运

---

① 李约瑟：《中华科学文明史》，柯林·罗南改编，上海交通大学科学史系译，上海人民出版社，2014，第 118 页。

用，而人们往往又有物以稀为贵的心态，因此古代活字印本自然被收藏家视为珍籍秘本，于是我们今天还可以领略到各个时期活字印本传世之作的多彩风貌。如果将文献记载与目前存世的活字实物、活字印本顺次排列，就可大致理清中国活字印刷术的演进历程。

时至今日，宋元时期记载汉文活字印刷活动的文献已陆续发现不少。如北宋邓肃（1091—1132年）在《栟榈先生文集》中有"安得毕昇二板铁"诗句；南宋周必大（1126—1204年）在《庐陵周益国文忠公集》中记载以"胶泥铜版"印自著《玉堂杂记》；元姚燧（1238—1313年）在《牧庵集》记载姚枢（1201—1278年）教学生杨古用"沈氏活版"，刷印了《小学》《近思录》和《东莱经史说》等书；元王祯在《农书》中附《造活字印书法》一文，记录用瓦（泥）、锡、木造活字与排印的方法，并自述以所造木活字印刷过《旌德县志》百部；元李洧孙（1243—1329年）撰《知州马称德去思碑记》载马称德于元至治二年（1322年）"活书板镂至十万字"，又据元至正《四明续志》载，此活字印成《大学衍义》一书。这些文献记载的活字与活字印本虽无一实物存世，但却是真实记录宋元时期活字印刷活动的珍贵史料，说明宋元时代，继毕昇之后，不少人用泥、木、锡、铜进行过各种造字实践活动，也有人用所造之字印刷过书籍。

中国宋元时期的活字本与活字，存世非常稀少，其中20世纪发现的西夏文活字本佛教书籍已为学术界所认可，《国家珍贵古籍名录》陆续公布了国内所藏多部西夏至元代活字印本，但还有不少传本藏于域外。20世纪初，法国人保罗·伯希和（Paul Pelliot，1878—1945年）在敦煌石窟发现了960枚回鹘文木活字，今藏巴黎。其后，中国与俄国考古人员又陆续有新的发现，存世的回鹘文木活字现已逾千枚。伯希和认为回鹘文木活字出现于1300年左右，也有学者将其时代推定在12世纪末到13世纪上半叶之间或更早时期。[①]2018年春，有中国收藏者从日本发现一匣97枚据记录为罗振玉旧藏的古代铜活字，为此，十余位从事版本学、金属学、钱币学和印刷史研究的学者在北京召开学术论证会，对这批活字的性质、年代、国别和学术价值等问题进行讨论，一致初步认定这批活字是中国古代青铜活字，制作年代在宋元时期。[②]而此时期汉文活字本现尚存争议，如温州出土的《佛说观无量寿佛经》，有学者认为是北宋活字印本，也有学者认为是雕版印本。[③]

明代唐锦（1475—1554年）著《龙江梦余录》称"近时大家多镌活字铜印"，而陆深（1477—1544年）著《金台纪闻》有"近时毗陵人用铜铅为活字"印书的记载，

[①] 杨富学：《回鹘文献与回鹘文化》，民族出版社，2003，第347—352页。

[②] 艾俊川：《从文献角度看罗振玉旧藏铜活字》，《中国出版史研究》2018年第2期。

[③] 潘吉星：《中国古代四大发明：源流、外传及世界影响》，中国科学技术大学出版社，2002，第162—212页。

从技术层面来看，中国活字印刷术当时还是在不断进步的。明代活字本约有百多种存世。学术界一般认为，现存最早一部有明确纪年的活字本汉文书籍，是明弘治三年（1490年）华燧会通馆"活字铜版"印本《会通馆印正宋诸臣奏议》，此类型印本通常著录为铜活字印本，[1]但有学者据有关文献记载，推论它是锡活字印本而非铜活字印本，[2]因而可统称之为金属活字印本。许多学者发现，中国古代铜活字印本（或称金属活字印本），大部分出现于弘治至嘉靖年间（1488—1566年），如当时无锡华氏与安氏所印之书至今存世还较多。分析原因，周叔弢（1891—1984年）先生曾说"余颇疑是从朝鲜传播而来"，[3]而赵元方（1905—1984年）先生认为是"商力渐充"与"产铜日旺"造成的结果。[4]当然，在《中国古籍善本书目》中，明代也有不少活字印本未著录制字材料，其中有木活字印本，也有造字材料不详的活字印本，由于缺乏文字描述，仅靠目测难以分别，有待于进一步研究。

清代活字本相对于以前各代来说，存世数量较多，印刷方式也丰富多彩，历代出现的泥、木、锡、铜等活字版都有应用。出现这种状况的

---

[1] 全国图书馆标准化技术委员会：《汉文古籍特藏藏品定级（第1部分古籍）：GB/T31076.1-2014》，中国标准出版社，2015。

[2] 潘天祯：《潘天祯文集》，上海科学技术文献出版社，2002，第55—94页。

[3] 冀淑英：《自庄严堪善本书目》，天津古籍出版社，1985，第123页。

[4] 王玉良：《明铜活字本〈曹子建集〉与〈杜审言集〉赵元方题跋》，《文献》1991年第3期。

一个重要原因是清朝政府直接组织人力、物力造活字印书，如清廷雍正时用所造铜活字印制完成字数达 1.6 亿的《钦定古今图书集成》，乾隆时造木活字印刷篇幅达数千卷的《钦定武英殿聚珍版书》。这种直接参与的行为，无形中带动了民间活字印刷术的运用与推广。《中国丛书综录》著录木活字排印本汇编丛书达 18 种，从最早的清乾隆木活字排印本《钦定武英殿聚珍版书》开始，到其后嘉庆、道光、咸丰、光绪各朝皆有木活字排印本丛书存世。这应该不是巧合，因为木活字在我国古代常常用来摆印家谱。大量摆印普通典籍，看来与聚珍版书不无关联。清代后期，许多活字排版印本称"聚珍"本，更是明显的例证。如清李兆洛撰《养一斋文集》，清道光二十三年（1843 年）维风堂活字印本，书名叶题"维风堂聚珍板"，中国国家图书馆藏；明翟台纂修《泾川水东翟氏宗谱不分卷》，清咸丰七年（1857 年）泾川翟金生泥活字印本，书名叶题"大清咸丰七年仲冬月泥聚珍板重印"，现为安徽省图书馆藏。在此时期，出现了《红楼梦》《续资治通鉴长编》《海国图志》等活字珍本传世，而吕抚、翟金生、林春祺等人以较大精力从事泥、铜活字制造或改进工作，传世之作虽不多，但风格各异，有较高的观赏价值。另外，清康熙徐氏真合斋磁版印本

《周易说略》①与清乾隆公慎堂所印《题奏事件》②等书,由于缺少印制过程的文字描述,仅凭目测,有人以为整版,有人以为活版。

回望历史,我们获知中国活字印刷术问世近千年来,一直处于发展变化的过程中。而且从技术层面看,曾一度处于世界领先水平。在制字材料方面,中国古代曾使用过泥、木、锡、铜、铅等来制作活字。在制字方法方面,活字有刻字与以字模翻制之分。木活字自然只能刻字,但元代王祯是先刻字后分割成活字,而清代金简(?—1794年)是先制成木子后刻成活字。泥活字在毕昇时代是一个一个刻上去的,清代翟金生泥活字有以字模翻制而成的。在文献记载中,元代王祯曾提到"铸(或作注)锡作字",说明在王祯之前,中国已有用字模铸造的金属活字。明华燧(1439—1513年)的传记资料有"范铜为版,镂锡为字"之语,但也称"范铜板、锡字",清代林春祺(1808—?)撰《铜板叙》载其所用铜字为"镌刊"的,说法不一,有待考证。虽然从工艺技术角度讲,铸要比刻复杂,难度也大得多,但我国的金属铸造工艺,早在商周时代已有相当高的水平,铸造或镌刻在青铜器上的文字被称为金文,常载于各种彝器、乐器、兵器、度量衡器、钱币、铜镜和金属印章之上。自商代起,青铜器上的文字就铸多于刻。因而金属活字是刻字还是铸字的争议仅是史实的考证问题,在技术上都是可以实现的。从外观上

---

① 潘吉星:《中国古代四大发明:源流、外传及世界影响》,中国科学技术大学出版社,2002,第162—212页。

② 艾俊川:《文中象外》,浙江大学出版社,2012,第45—50页。

看，毕昇发明泥活字应是与雕版上的文字一样，为阳文反字，其后直至谷登堡的铅合金活字也是如此。例外的是清代吕抚（1671—?）印其自著《精订纲鉴二十一史通俗衍义》使用的泥活字，被称为"字母"，是阴文正字，类似于铸字用的字模。从排印方式上看，中国古代多是用活字摆成一版而直接刷印的。到了清代雍正末乾隆初，即1736年前后，吕抚制造阴文正字的泥"字母"，用来压制阳文反字在泥版上而再刷印上纸。这是活字与整版相结合的印刷方式，如果不考虑字体因素及多人同时排印等情况，理论上无须造重复字就可排版刷印书籍。从毕昇起直接用活字来排版刷印的方式，就要将常用字"之""也"等重复多刻一些，不然几乎连一版书也排印不出。现在知道元代王祯刻制木活字是3万余个，马称德（?—1322年）刻制木活字为10万多个，清代金简主持武英殿刻木活字是25万余个，清道光林春祺刻制大小铜活字则达40多万个。字数越多，其制字、存储、拣字、归字所费人力物力都随之增加。而吕抚在实际操作时，称制3000余字可印文章，制7000余字可印古书，这是已知史料中，中国古代以最少的汉文活字来印刷书籍的记录，在中国活字印刷史上是个奇迹。同时，吕抚之法还克服了活字版不能保留整版的最大弊端，为世界已确知的泥版印刷之始。直到1804年，英人斯坦荷普伯爵以泥覆于活字版上，才制作出用来浇铅版的泥版。泥版易散碎，至1829年法国人谢罗用纸型代替泥版，纸型可以多次浇版，从而解决了保留整版的问题，但仍需造重复之字。19世纪70年代美国首先制造出实用的英文打字机，其后使用打字机活字冲击而制版，这种活字是无须制造重复之字的。但打字机多用于制成供油印的蜡纸孔版，印刷效果不佳，因而直到20世纪中后期，世界范围内的主流文字印刷方式，还是谷登堡铅活字与纸型浇铸铅版的组合模式。如果排除材料的因素，可以说18世纪吕抚的活字泥版刷印术，在排印程序上，拥有其同时代最先进的理念。

凝聚着中华民族智慧的活字印刷术，自宋代发明后，很快陆续传于朝鲜半岛、日本、越南等地区，同时又向西传入西夏与回鹘地区，最后很有可能传至欧洲。当毕昇发明活字400多年后，在1450年前后，德国人谷登堡（1400—1468年）研制出字模浇铸铅合金字母活字与木制印刷机，开了印刷机械化的先河。中国的活字印刷术是否对谷登堡研制铅合金活字有直接影响，目前尚存争议，但在此之前，中国的造纸术与雕版印刷术已传入欧洲，对欧洲印刷事业的开始显然具有重要影响。清代后期，西方铅印、石印等现代机械印刷术传入中国，《六合丛谈》《大美联邦志略》《格致汇编》等大量中文铅印本书刊陆续涌现。虽然中国很早就发明了活字印刷术，但始终未能脱离手工劳动方式。中国传统的手工雕版、活字印本与之并行一段时期，由于技术相对停滞，无法适应图书生产数量和速度要求，最终为铅印本等现代机械印本所取代。

20世纪初，照相排版技术问世，以透明字版代替铅字。1935年，柳溥庆研制成功中国第一台手动式汉字照相排字机，上海《申报》曾专题报道了此事。但直到20世纪80年代中期，我国书刊印刷、报纸印刷普遍采用铅活字排版。在此之前，为了改变印刷技术的落后面貌，1974年8月，我国制定了国家重点攻关项目"汉字信息处理工程"（通称"748工程"）。1975年，北京大学开始从事其子项目"汉字精密照排系统"的研究工作。王选作为技术负责人领导这一科研项目，他立志攻克这个世界性难题。王选针对汉字印刷的特点和难点，发明了汉字高倍率信息压缩和高速还原等先进技术，跨越世界上流行的第二代和第三代照相排字系统，开创性地研制出第四代汉字激光照排系统。他主持开发的华光和方正电子出版系统，在海内外都得到广泛应用，创造了巨大的经济和社会效益。1987年，《经济日报》社采用经过改进的华光激光照排系统，正式出版了中国第1张整版组版的中文报纸。王选研制的汉字激光照排系统是电子计算机与激光以及精密机械相结合的产物，其中文字以数字化字库形式存在，已没有看得见的字版，使文字排版从"铅与火"的"热排"时代，跃进到"电与光"的"冷排"时代，可以说引发了我国印刷业的一场技术革命。当然，无论是透明字版还是数字化字库，其中的文字在排版时本身并不移动，被移动的只是其复制再现体，也就没有拆散、归字等工序，因此，今天许多人不再把"冷排"所用之字称为活字。但不能否认，"冷排"用字，也是先造字，后排版，而所造字能够反复使用，这是与活字原理一致的地方。尤其是人们可以利用电子计算机，借助键盘或鼠标等工具发出的指令对文字进行添加、删除、移位，虽然实现这些功能有非常复杂的过程，但从可视化虚拟界面角度看，这些文字处理效果也是运用活字原理设计出来。如今，"热排"铅印本已逐步退出历史舞台，世界进入了计算机"冷排"印本居于主流地位的新时代。但从本质上看，我们今天仍生活在活字创造的世界里，因为活字印刷是一种理念，是可以超越各种具体物质材料和实现手段而传存于世的。

三、活字版的类型与技艺

活字版指用活字制版印刷的版本，可称为活字本或活字印本。活字本有狭义、广义之分。狭义的活字本指以活字排版直接印刷的书本，即活版印本。广义的活字本既包括活版印本，也包括以活字排版后，再制成整版（如泥版或以纸型浇铸铅版）而进行印刷的书本。

（一）版本类型

中国活字印刷术自 11 世纪问世以来，得到不断改进，一直处于发展变化的过程中。虽然中国印本古籍以刊本为主，活字本仅占很少部分，但历经宋、元、明、清近千年演进历程，遗存至今的活字与活字本，汉文、西夏文、回鹘文等多样文字皆可获见，而用于排版的活字材质涉及泥、木、锡、铜、铅等各类。在传统文献整理时，学术界一般依据活字材质及制版方式对活字本进行版本类型著录，其中，以铜、锡、铅、铁等材质活字排印而成的书本可统称为"金属活字印本"。

第三章　活字魅力

1. 泥活字印本

指以泥质活字排成印版，经敷墨覆纸刷印而成的书本。据 11 世纪北宋沈括《梦溪笔谈》记载，布衣毕昇用胶泥刻字，每字为一印，火烧令坚，然后将泥字在两套铁范与铁版上交替排为"活版"印刷书籍。印毕，拆下活字，按韵贮存于木格，以备再用。12 世纪末南宋周必大用沈括所记方法，以"胶泥铜版"刷印其自著的《玉堂杂记》。13 世纪末元代农学家王祯在《农书》末刊印《造活字印书法》中记录有人"以烧熟瓦字"作活字印版。《说文解字》中说"瓦，土器已烧之总名。"因而瓦字当与泥字相近。以上记录皆无印本传世。20 世纪后期，甘肃武威出土西夏文印本《维摩诘所说经》，据专家考证为 12 世纪中期泥活字印本。[1] 在俄藏黑水城文献中，也发现有几种同时期西夏文泥活字印本。[2] 这些印本距毕昇"活版"约百年，证明毕昇的发明很快就传到中国西部地区。清代道光年间安徽泾县翟金生等人，用毕昇之法，经 30 年造成 5 种大小不同泥活字 10 万多个，排印出《泥版试

---

[1] 牛达生：《西夏活字印刷研究》，宁夏人民出版社，2004，第 116—119 页。

[2] 史金波：《现存世界上最早的活字印刷品——西夏活字印本考》，《北京图书馆馆刊》1997 年第 1 期。

印初编》《仙屏书屋初集诗录》等书。毕昇泥活字是雕刻上去的，但翟金生泥活字有以字模翻制而成的。①

2. 磁版印本

指用磁（同瓷）土制版，火烧令坚，再敷墨覆纸刷印而成的书本。据清初文学家王士禛（1634—1711 年）《池北偶谈》"瓷易经"条记载，益都翟进士曾"集窑户造青瓷《易经》一部"，"如西安石刻十三经式"。此经当为青瓷观赏品而非印刷品。今传世古籍中，有清康熙末年山东泰安徐志定真合斋磁版印本《周易说略》《蒿庵闲话》两部书，《周易说略》书名叶横书"泰山磁版"四字，书序中有"偶创磁刊，坚致胜木"之语，《蒿庵闲话》卷一末有"真合斋磁版"五字。有学者根据书中断版现象，认为二书是整版而非磁活字印本。另清代金埴（1663—1740 年）《巾箱说》记载，康熙五十六七年间，泰安州有士人"能锻泥成字，为活字版"。有不少学者认为此人大概指的是徐志定。②徐氏所创磁版或与元代王祯《造活字印书法》所录将活字与薄泥入窑烧制成印版相近，由于是活字与整版相结合的制版工艺，因而磁版印本会有断版现象。

---

① 张秀民：《中国印刷史（插图珍藏增订版）》，韩琦增订，浙江古籍出版社，2006，第 581—588 页。

② 张秀民：《中国印刷史（插图珍藏增订版）》，韩琦增订，浙江古籍出版社，2006，第 575—578 页。

3. 活字泥版印本

指选用旧有阳文反字的木质雕版作为字源，将特制泥条的一端压于雕版的单个文字上，制成类似于铸字用字模的阴文正字泥质"字母"，再按照书的内容，检用对应的泥质"字母"压于特制的泥版上，制成阳文反字的泥质印版，其后敷墨覆纸刷印而成的书本。活字泥版工艺为清乾隆元年（1736年）前后浙江新昌人吕抚（1671—?）所创，他用此法印刷了自著《精订纲鉴廿一史通俗衍义》，书中记载制版印刷工艺甚详。这种以活字制整版再印刷的方式，如果不考虑字体及多人同时排印等因素，理论上无须造重复字就可排版刷印书籍。而吕抚在实际操作时，称制3000余字可印文章，制7000余字可印古书，这是中国古代以最少的汉文活字来印刷书籍的记录。同时，吕抚之法还克服了活字版不能保留整版的最大弊端，为世界已确知的泥版印刷之始。19世纪初，欧洲相继出现以铅活字版制作泥版或纸型再浇铸铅版的工艺，从而解决了铅活字版保留整版的问题，但仍需造重复之字。直到20世纪中后期，在世界范围内的主流文字印刷方式，还是铅活字与纸型浇铸铅版的组合模式。如果排除材料等因素，18世纪吕抚所创活字泥版印刷术，既能够保留整版，又无须造重复字，可以说其工艺理念是具有先进性的。

4. 木活字印本

指以木质活字排成印版，经敷墨覆纸刷印而成的书本。据沈括《梦溪笔谈》记载，宋人已尝试用木活字印书，但未成功。20世纪末，宁夏贺兰县出土西夏文佛经《吉祥遍至口和本续》，经专家考证为12世纪后期或13世纪初的木活字印本。[①] 元代农学家王祯撰写《造活字印书法》附在其自著《农书》之后，除记录瓦（泥）、锡活字印书法外，主要叙述自制3万多个木活字与造转轮排字架之详情。王祯用木活字印成《旌德县志》百部虽未传世，但他系统描述木活字印刷工艺，为后世留下了宝贵的印刷史料。20世纪，法国人伯希和与中俄考古人员陆续发现逾千枚回鹘文木活字。由于古代回鹘人活动的西域地区处于中原与西方的中间地带，而回鹘文木活字出现的时间，也介于11世纪北宋毕昇发明泥活字与15世纪德国谷登堡研制出铅活字之间，加之回鹘文与西方文字同属表音文字，因此回鹘文木活字有可能起着东西方活字间的桥梁作用。明清两代木活字印本存世较多，其中不少为家谱，存世达数千种。明弘治碧云馆活字印本《鹖冠子》是现存最早的汉文木活字印书实物。清乾隆时期金简主持刻制大小枣木活字25万余个，乾隆帝以"活字版"之名不雅，改称"聚珍版"，这套木活字先后印成一百多种书籍，世称《钦定武英殿聚珍版书》，此套大规模的木活字印本丛书在中国古代影响较广。金简把制造木活字印书的经过，写成一部《武英殿聚珍版程

---

① 史金波：《现存世界上最早的活字印刷品——西夏活字印本考》，《北京图书馆馆刊》1997年第1期。

式》，用木活字摆印收入丛书，这是继元代王祯的记载之后，中国古代又一部重要的记录木活字印刷术文献。相比而言，元代王祯是先刻字后分割成活字，活字直接排版印刷，而清代金简是先制成木子（即木丁），后刻成活字，其后用套格预先刷印格纸，再套刷活字版成书，实为活字套印本，其中大多为单墨色套印本，也有朱墨套印本。另外，清代多色活字套印本今也有存世。

5. 锡活字印本

指以锡为材料制成活字，经排版刷印而成的古籍传本。元代王祯《造活字印书法》记载"近世又注（或作铸）锡作字"，说明至少在13世纪，中国已有人用锡活字印书，而欧洲至15世纪才出现金属活字印本。明代中期，无锡会通馆华燧（1439—1513年）的传记资料有"范铜为版，镂锡为字"之语，又称"范铜板、锡字"，而现存华燧印书却并未题"锡字"，仅称"活字铜版"，虽然通行古籍书目将此类型版本著录为"铜活字印本"，却仍有不少学者认为华燧会通馆印书实为"锡活字铜版"印本，原理与宋代毕昇发明的"泥活字铁版"相近。[1]但无论如何，这些书是现存较早的中国金属活字印书，

---

[1] 潘天祯：《潘天祯文集》，上海科学技术文献出版社，2002，第55—94页。

与欧洲15世纪"摇篮本"时代相近,因而十分珍贵。另外,据美国传教士卫三畏(Samuel Wells Williams,1812—1884年)记载,清道光咸丰间,有广东邓姓印工铸锡活字3副20多万个,印刷彩票和书籍。书籍排版以黄铜做界行,因而实为锡活字铜版框。有学者研究,此套锡活字本现存有《三通》《十六国春秋》《陈同甫集》等书。[1]

6. 铜活字印本

指以铜质活字排成印版,经敷墨覆纸刷印而成的书本。宋元时期铜活字印本目前尚未发现。2018年中国收藏者从日本发现罗振玉旧藏的古代铜活字,若能确认制作年代在宋元时期,则可填补中国印刷史研究中没有早期铜活字甚至金属活字实物的空白,学术意义重大。在明代活字本古籍中,有数十种原书称为"活字铜版"或"铜版"等印本,最著名的是无锡华燧会通馆印书,主要有《宋诸臣奏议》《锦绣万花谷》《容斋随笔》等。华燧的侄子华坚兰雪堂同样以"活字铜版"排印《白氏长庆集》《蔡中郎文集》《春秋繁露》等书。无锡另一家使用"活字铜版"印刷的是安国(1481—1534年),他排印了《吴中水利通志》等书。此外明代还有题为"浙江庆元学教谕琼台韩袭芳铜板印行"《诸葛孔明心书》、"建业张氏铜板印行"《开元天宝遗事》、"芝城铜板活字"《墨子》、"闽游氏全板活字印"《太平御览》等书存世。以上各本在通行的古籍书目中多著录为铜活字印本。然而,有学者认为"活字铜版"仅指版框材料为铜质,不能说一定是铜活字,如华燧所用活字当为锡

---

[1] 艾俊川:《文中象外》,浙江大学出版社,2012,第64—76页。

字。清代康熙年间，内府已有铜活字，印成《律吕正义》《御制数理精蕴》《御定星历考原》等书，而雍正年间内府以铜活字印刷上万卷的《钦定古今图书集成》，是中国历史上规模最大的一次铜活字印刷工程。清代民间也有铜活字印本传世。康熙前期，出现题为"吹藜阁同板"活字印本《文苑英华律赋选》，传统著录为铜活字印本，现也有学者认为是木活字印本。[1]康熙后期有铜活字印本《松鹤山房集》存世。道光年间，福建林春祺制造大小铜活字则达40多万个，印有《音学五书》等书，称"福田书海"本。

7. 铅活字印本与铅印本

铅活字印本指以铅质活字制版，经敷墨覆纸刷印而成的书本。明代弘治正德间，陆深在《金台纪闻》有"近时毗陵人用铜铅为活字"之语，但至今尚未发现相关印本存世。在后代著述中，一般认为陆深所记指以铜与铅分别制造活字，而现代有学者认为此语似指以铜与铅合金制造活字。[2]据《文献撮录》记载，朝鲜在1436年"范铅为字"印《通鉴纲目》，且有印本传世。其后，德

---

[1] 辛德勇：《中国印刷史研究》，生活·读书·新知三联书店，2016，第327—394页。

[2] 钱存训：《中国纸和印刷文化史》，郑如斯编订，广西师范大学出版社，2004，第183—204页。

国谷登堡在1450年前后以铅合金铸造活字排版，并用木质印刷机械代替手工刷印书籍，此为西方现代印刷术之始。朝鲜与西方铅活字皆出现于陆深记载之前。西方铅活字印刷术迅速传播，数百年间成为世界上主流的印刷方式。在传统版本目录学著述中，将以东方古代铅活字手工排印的书籍称为铅活字印本，而将西方现代铅合金活字排版并用机械印刷的书籍著录为铅印本。最早将西式铅印技术传入中国的是西方传教士。1588年，欧洲传教士在澳门建立印刷社，其后出版拉丁文《基督教儿童与少年避难所》等书，这是在中国首次采用西方铅活字印刷的书籍。[①]1815至1823年，英国传教士马礼逊（Robert Morrison，1782—1834年）编著的世界首部汉英双语对照字典——《华英字典》在澳门陆续印刷出版，所用英文铅活字为西法铸造，中文铅活字质地、尺寸虽与英文相同，但字面则是以旧法雕刻而成的。[②]1843年，英国传教士麦都思（1796—1857年）在上海创办墨海书馆，以西法铸造与旧法雕刻的中文铅活字混合排版印刷。1844年，美国长老会在澳门开设印刷所"华英校书房"，1845年迁宁波，1860年迁上海，先后更名为"华花圣经书房""美华书馆"，在姜别利（William Gamble，1830—1886年）的主持经营下，该馆独特地具备中、日、英文铸字技术，快速成长为此后数十年间中国最大的西式印刷出版机构与活字供应者。1884年，英国商人

[①] 万启盈：《中国近代印刷工业史》，上海人民出版社，2012，第1—5页。
[②] 苏精：《铸以代刻：传教士与中文印刷变局》，台湾大学出版中心，2014，第45—46页。

美查（Ernest Major，1841—1908 年）在上海创制扁体中文铅字，出版《古今图书集成》等书。这些在中国较早采用西方铅印技术的出版机构，所用中文铅活字可分为两类：一为整体字，即一个活字代表一个汉字；一为拼合字，又称叠积字，是将汉字的左右或上下结构分别制成铅字，其后拼合成完整汉字而印刷书籍。光绪年间，日本人在上海办的修文印书局传入了纸型制铅版技术，这是活字版与整版相结合的制版工艺。[①] 在晚清洋务运动中，清政府兴办的京师同文馆与江南制造局先后设立印书处，都备有中、西文铅活字和印刷机。1897 年，创办于上海的商务印书馆是具有较大规模的民营现代印刷出版机构，该馆 1900 年收购修文印书局，开始用纸型制铅版印书。同时，该馆引进当时世界先进的设备和技术，并陆续创制精美的中文新字体，铸造大量铅活字供应国内各处使用。其后，西方人所造旧式中文铅活字渐被淘汰，中国现代民族印刷业逐步发展起来。

（二）工艺流程

根据目前存世的活字实物、活字印本与有关文献记载，我们获知活字印刷术问世 900 多年来，一直处于发展

[①] 张秀民：《中国印刷史（插图珍藏增订版）》，韩琦增订，浙江古籍出版社，2006，第 444—462 页。

变化的过程中。

1. 造字

（1）材料。在制字材料方面，据文献记载，中国古代曾使用过泥、木、锡、铜、铅等活字，但若目测存世活字印本，其制字材料基本上是分辨不清的。如《中国古籍善本书目》中仅著录有"铜活字印本"与"泥活字印本"，其余皆云"活字印本"，这是版本学界不成文的习惯，木活字与搞不清品种的均不著录制字材料。朝鲜半岛古代活字印刷术运用较广，曾用木、陶、瓢（利用老葫芦皮做成的活字称"瓢活字"，也有人推测或为对朴姓人家所刻木活字的误称）、铜、铁、铅等各种材料制造过活字。15世纪中期，德国人谷登堡制成铅合金活字。

既然制字材料不是靠目测而是靠文字描述来辨别的，那些已著录为"铜活字印本"的就存在一些疑问。如明代华燧自称所印书为"活字铜版"，《中国古籍善本书目》即据此著录所有的会通馆活字印本为"铜活字印本"。但在明、清两种《华氏传芳集》与清代《勾吴华氏本书》所载华燧传记中，或云"铜版、锡字"，或云"范铜为版，镂锡为字"，或云"范铜板、锡字"，南京图书馆潘天祯先生根据这些材料，认为会通馆的活字印本并不是"铜活字版"，而是"锡字铜版"，就像最初毕昇发明的活字印刷术，实际上是"泥字铁版"一样。但华燧原印本上未出现"锡字"之类说法，且明邵宝（1460—1527年）撰《容春堂集》所载华燧传记中又云"铜字板"，因此张秀民先生仍坚持认为会通馆所制为铜活字。中国古代用金属版印刷有着悠久的历史。广州西汉南越王墓出土的印花铜版，证明在公元前2世纪，已用铜版在丝织品上印花。宋代的纸币也是用铜版印刷。北宋时期已用铜版印刷商标广告。这些铜版实物都流传至今。这证明，早在宋代，已解决了铜版印刷的用墨问题。当然，目前仍没有最后的结论，只有等待新材料的出现，或用化学分析法对存世的会通馆等"活字铜版"印本进行测试，才可能有科学的结论。

对于文献记载的制字材料，学者们也存在不同的认识。如明代陆深（1477—1544年）著《俨山外集·金台纪闻》有"近时毗陵人用铜、铅为活字"之语。清乾隆帝撰《御制题武英殿聚珍版十韵序》引之为"毗陵人初用铅字"，又云"镕铅质软"，显然认定陆深所述有铅活字。但钱存训先生著《中国纸和印刷文化史》中则认为，陆深记载的"铜铅字"，"似可能意指以铜与铅的合金制造活字，而非以铜与铅分别各制一种活字"。实际上，在陆深之前，1436年，朝鲜《文献撮录》有"范铅为字"印《通鉴纲目》的记载，这是世界上最早的铅活字印刷书籍。至1450年左右，德国谷登堡也铸造了铅合金活字。因而陆深的记载是铜与铅两种活字，还是一种铜铅合金字，在技术上均有可能实现，故两种可能性都存在。如明代晁瑮（约1506—1576年）撰《晁氏宝文堂书目》著录"常州铜板"《杜氏通典纂要》可能与陆氏记载有关联，若能发现传本，或许有助于辨析。

（2）方法。在制字方法方面，木活字自然只能刻字，但元代王祯是先刻字后分割成活字，而清代金简是先制成木子后刻成活字。泥活字在毕昇时代是一个一个刻上去的，但清代翟金生泥活字有以字模翻制而成的。目前金属活字在制造方法上，存在着刻字还是铸字的争议。我国的金属铸造工艺，早在商周时代已有相当高的水平，著名的春秋铜器"秦公簋"，上面铸有铭文上百字。至少战国以后已有铜印，多数系铸成的，其中的一字印，与铜活字无异。至于铸钱技术，战国时期已很精湛，并历代延续发展；铸钱与铸铜活字之不同处，只是钱面是正字，铜字面是反字而已，但两者在技术上是一样的。从文献记载看，元代王祯曾提到"注（或作铸）锡作字"，说明在王祯之前，中国已有用字模铸造的金属活字，但清代道光年间林春祺（1808—?）撰《铜板叙》载其所用铜字却为"镌刊"。由于没有相应的金属活字实物与记载造字工艺过程的文献存世，即使面对同一种金属活字，说法也不统一。如《钦定古今图书集成》所用活字，乾隆帝言"刻铜字为活版"，而同一时代久居京华的吴长元却云："武英殿铜字版，向系铜铸。"从现存金属活字印本上看，在同一部书中的重复之字，常常有明显的区别，学者们据此推测，现存金属活字印本大多为镌刻而非铸造的。但这一推论是建立在重复之字仅用同一字模铸造的假设上，若重复之字的字模是一组，浇铸出的活字自然会有同文不同形者。因而，若要判断金属活字是直接镌刻的，还是用字模铸造而成的，不应只在一书中寻找有区别的重复之字，而应在同一叶上尽可能寻找完全没有区别的文字，因为这样的活字有可能是铸造的。总之，金属活字制字方法目前尚无定论，有待考证。

(3) 字型。从外观上看，毕昇发明泥活字应是与雕版上的文字一样，为阳文反字，其后从回鹘文木活字直至谷登堡的铅合金活字也是如此。例外的是清代吕抚印其自著《精订纲鉴二十一史通俗衍义》使用的泥活字，被称为"字母"，是阴文正字，类似于铸字用的字模。

2. 排印

（1）版框。在正常状态下，雕版印本边栏衔接处不会有缝隙，因其书版边栏与文字是同时雕刻而成的一个整体。而不少活字版的边栏是以竹木条逐一围成的，故目测活字本四周边栏衔接处，多有缝隙相隔，且版心鱼尾同行线亦有隔离迹象。如清道光十年（1830年）李瑶泥活字印本《南疆绎史勘本》就具有这些特点，几乎开卷即识为活字本。但清道光二十六年（1846年）林春祺福田书海铜活字印本《音学五书》边栏三边相接，一边不相接，这是与常见活字本不太一样之处。据元代王祯《造活字印书法》载，在摆木活字前，可先"四围作栏，右边空，候摆满盔面，右边安置界栏"。依此可以推想，林春祺可能是将上、下、右边栏预先造成一整体，待铜活字摆满后，将左边栏安置上版，造成左边角有缺口而右边角完好，虽与王祯描述预留"活边"不同方位，但原理是一样的。

当然，也有不少活字印本边栏并无缝隙，如明弘治十五年（1502年）华珵铜活字印本《渭南文集》不但边角完全衔接，且上、下栏较整齐，只是鱼尾时有时无，栏外有墨迹。据宋代沈括《梦溪笔谈》记载毕昇所造活版，"欲印则以一铁范置铁板上，乃密布字印，满铁范为一板"。这种"铁范"当为一个整体,华珵所用可能是相类似的金属"字范",因金属不易上墨,故版面不洁净。而若为雕版,其边栏会下齐而上不齐,因木有缩涨,难以划一。又据清初文学家王士禛(1634—1711年)《居易录》卷三十四载:"沈存中云,庆历中,有毕昇为活字板,用胶泥烧成。今用木刻字、铜板合之。"这种边栏当也不会有缝隙。再如清乾隆武英殿活字印本《武英殿聚珍版书》,今称"内聚珍"本,其边栏亦无缺口。据承办者金简撰《武英殿聚珍版程式》记载,"内聚珍"本的刷印基本程序为:先用刻有版框、行格的"套格版"刷印成格纸,然后将摆入"槽版"的活字套印在格纸上。由于其边栏是雕刻整版刷印,而非拼排所成,故边栏的衔接处不会像普通活字本那样有缝隙。由于金简写成《武英殿聚珍版程式》一书,全面记述武英殿制作木活字、排版、印刷的工艺流程,因而推动了清代木活字印刷术的广泛应用,如清光绪二年(1876年)北京聚珍堂活字印本《红楼梦》边栏无缝隙,且有压栏字,应该是仿"内聚珍"本印制的。

(2)摆字。活字本是用单个字排列拼版再刷印而成的,因而字与字之间的笔画不会交叉,这是与雕版印本较明显的差别之一。如果造字不精致,或遇水缩涨变形,使活字宽窄大小不等,凹凸不平,目测所印之本,文字会倾斜歪扭而不垂直,墨色抑或深或淡而不均匀,如清光绪二年(1876年)北京聚珍堂活字印本《红楼梦》就是如此。如果排字工粗心,又会造成个别的字倒置或横排,如明活字印本《鹤林玉露》卷三第四叶"駞"就为倒置之字。若刷印时活字移动,就会造成单字重影现象,如明弘治十五年(1502年)华珵铜活字印本《渭南文集》卷十九第十八叶"泉"字重影。

为了减少造字数量，也为了避免大、小字混排的技术困难，有时活字本的正文与注文采用大小一致的字体，如明弘治三年（1490年）华燧会通馆铜活字印本《会通馆印正宋诸臣奏议》正文与注文仅用"○"来相隔，无字体之别。而雕版印本常见的情形是正文大字单行，注文小字双行。即使是同样大小的字体，为了避免过多造重复之字，不少活字本上用一些重叠符号来代替紧邻的相同之字。如明活字印本《鹤林玉露》以"匕"代重字，而明五云溪馆活字印本《玉台新咏》以"〈"代重字，作用相当于现在手写所用"々"符号。

（3）制版。从排印方式上看，中国古代多是用活字摆成一版而直接刷印的，到了清代雍正末乾隆初，即1736年前后，吕抚制造阴文正字的泥"字母"，用来压制阳文反字在泥版上而再刷印上纸。这种活字与整版相结合的印刷方式，如果不考虑字体因素及多人同时排印等情况，理论上无须造重复字就可排版刷印书籍。而从毕昇起直接用活字来排版刷印的方式，就要将常用字"之""也"等重复多刻一些，不然几乎连一版书也排印不出。元代王祯刻制木活字是3万余个，马称德（？—1322年）刻制木活字为10万多个，清代金简主持武英殿刻木活字是25万余个，清道光林春祺刻制大小铜活字则达40多万个。字数越多，其制字、存储、拣字、归字所费人力物力都随之增加。而吕抚在实际操作时，称制3000余字可印文章，制7000余字可印古书，这是已知史料中，中国古代以最少的汉文活字来印刷书籍的记录，在中国活字印刷史上是个奇迹。

古人称用活字摆成一版而直接刷印的版为"活版"或"活字版"，吕抚用泥"字母"压制成阳文反字在泥版上而再刷印上纸，泥版已为整版，因而吕抚之法克服了活字版不能保留整版的最大弊端，为世界已确知的泥版印刷之始。19世纪70年代美国首先制造出实用的英文打字机，无需重复制字即可冲击制版，但打印机后来多用于制成供油印的蜡纸孔版，印刷效果不佳。因而直到20世纪中后期，在世界范围内的主流文字印刷方式，还是谷登堡铅活字与纸型浇铸铅版的组合模式。如果排除材料的因素，可以说18世纪吕抚的活字泥版刷印术，在排印方式和制版技术上，拥有其同时代最先进的理念。

（4）刷印。无论是用泥、木、锡、铜、铅活字排成的活字版，还是吕抚用泥"字母"压制成的泥版，刷印方式与雕版没有多大差别，但清乾隆年间金简主持排印《武英殿聚珍版丛书》，采用的刷印方式却是具有独创性的。基本程序是：先用刻有版框、行格的梨木"套格版"刷印成格纸，然后将摆入"槽版"的活字套印在格纸上，即边栏、文字是两次刷印而成的，这是活字与早已出现的套版印刷术相结合的刷印方式，所印传本可称为活字套印本。这种边栏整版与文字活版套印的方式后来也有人效法运用，如清光绪二年（1876年）北京聚珍堂活字印本《红楼梦》就是仿金简法印制的。与此同时，从存世传本看，活字套印本大体可分为两种类型：一是活字套版单色印本，如清乾隆武英殿活字印本《武英殿聚珍版书》中的大部分书籍，以及清光绪聚珍堂活字印本《红楼梦》等书，均为活字套版单色墨印本；二是活字套色印本，代表作如清乾隆武英殿活字印本《武英殿聚珍版书》中的《万寿衢歌乐章》，由朱墨活字套印而成，再如清咸丰谢氏活字四色套印本《御选唐宋诗醇》，由朱墨蓝绿四色活字套印而成。

（5）插图。带有插图的中国古代活字印本书籍，通常是将文字书叶与插图书叶分开制版刷印的，其中文字书叶用活字排印，插图书叶用雕版刷印，最后再将全部印叶装订在一起，合成整部书籍，如清道光邵阳魏氏木活字印本《海国图志》就是如此。另外，有的古代书籍插图配有赞语、题辞之类文字，如清乾隆萃文书屋活字印本《红楼梦》的每幅插图都配有赞语，这些赞语用真草隶篆不同的书法字体题写，因而此本正文用活字排印，插图与所配赞语则用雕版刷印，最后合订成书。与此同时，中国古籍活字印本也有将活字正文与雕版插图刷印呈现在同一书叶上的，如清乾隆年间金简主持排印《钦定武英殿聚珍版程式》，全书所采用的刷印方式是将活字正文套印在格纸上，并且延用此法，将活字正文与此书雕版插图套印在同一书叶上；再如清道光活字三色套印本《投壶谱》，所采用的刷印方式是将墨色活字正文与朱蓝双色雕版插图套印在同一书叶上。

（6）修改。雕版印本若校出错字，可以在版上挖改重印，而活字本若发现有错，则有可能重排另印，如清

225

乾隆时萃文书屋所印《红楼梦》就有"程甲本"与"程乙本"之别，但有时也会直接在印成的纸上贴补纠正。据沈津先生著《美国哈佛大学哈佛燕京图书馆中文善本书志》载，哈佛所藏明弘治华燧会通馆铜活字印本《会通馆校正宋诸臣奏议》，"错字俱挖去，并有贴补，或以笔填入，或以活字钤上"。说明活字本起初就是以这种方式校改的。南京图书馆藏本清雍正四年（1726年）内府铜活字印本《钦定古今图书集成》第十六行第十三字"者"字也是用原铜活字钤盖另纸贴补的。又据裴芹先生著《〈古今图书集成〉研究》中载，有私人收得一册此书零本，"其中颇有挖去重补字迹，俱用原铜活字钤盖"，且徐州图书馆所藏本亦存在此现象。①

3. 贮字

活字的贮字方法自古各异。宋代毕昇泥活字是按韵排列，存放在木格里；元代王祯木活字依韵将字放入两个有转轮的排字盘里，一人坐中间，以字就人，取字归字，均可转轮完成；清代吕抚泥"字母"依汉字部首存入字格；清代金简木活字依《康熙字典》部首排列字序，用木柜存放。

四、活字印刷文化对中国社会的影响

在今天看来活字印刷术明显比雕版印刷术更为先进，但直到西方近

---

① 裴芹：《古今图书集成研究》，北京图书馆出版社，2001，第155页。

第三章　活字魅力

现代机械印刷术传入之前，在古代中国，图书长期是以雕版印刷术为主，抄写为辅。活字印刷术在发明后的几百年中，虽时时有人运用并改进这项技术，印出的书籍却很有限。中国古代印本图书长期是以雕版印本为主的，活字印本仅占很少部分。自 2007 年中华古籍保护计划启动实施以来，全国古籍普查登记工作被列为此项计划的首要任务。"全国古籍普查登记基本数据库"就是普查工作的重要成果之一。今天，我们可以利用"全国古籍普查登记基本数据库"，[①] 通过每部古籍的身份证——"古籍普查登记编号"和相关信息，较全面地了解中国古籍的存藏情况。至 2020 年 11 月 30 日，此库累计发布 264 家单位古籍普查数据约 82.5 万条 797.3 万册。馆外用户可进行检索。我们在版本项输入"活字""磁版"，共检索出 11224 条记录，经测算，活字本约占总数的 1.4%。另外，从目前研究成果看，中国古代的家谱有许多是以活字排印的。在"全国古籍普查登记基本数据库"中，我们可检索出题名含"谱（排除年谱）"的活字本有 2521 条记录，约占总数的 0.4%。因此，除家谱外，活字印本在中国古籍中所占的比例，仅为 1% 左右。

[①] 全国古籍普查登记基本数据库，http：//202.96.31.78/xlsworkbench/publish.

分析原因，一方面可能是技术水平上存在一定问题，如雕版印刷所用水墨，基本不能用于金属活字印刷，如果不改变墨性，就制约了活字材料的改进；另一方面中国古代活字许多用原生性木材镌刻而成，不如金属铸造活字产能强，阻碍了活字印刷术向规模化方向发展。另外，汉字产生发展数千年来，字数越来越多，汉代许慎（约58—约147年）撰《说文解字》，连重文在内仅收字10516个，而当代《汉语大字典》收字60000多个，这样多的汉字，就是不造重复之字，其制字、存储、拣字、归字均费时又费力，如果以完整过程看，传统活字印刷术也许并不如雕版印刷术方便快捷。

然而，更深层的原因应该与社会需求有关，因为"需求是发明之母"。中国古代用金属版印制图文有着悠久的历史。广州西汉南越王墓出土的印花铜版证明，在公元前2世纪，已用铜版在丝织品上印花。宋代的纸币、商标广告也是用铜版印刷，这些铜版实物都流传至今。这证明，至少在宋代，已解决了铜版印刷的制版与用墨问题。中国在纸和印刷术发明之前，已产生了孔子、老子、墨子等伟大的思想家，从汉代以后，绝大多数统治者都把儒家学说当作治国之本。从隋唐起历朝实行科举制度，这在世界上实属罕见。英国李约瑟著《四海之内》中说，"仕而优则学，学而优则仕"这个概念，首先提出来的是中国。确凿的证据证明，文官的公开考试制度是西方国家在19世纪有意识地向中国学习来的。客观地说，上千年来，我国出现了韩愈、白居易、王安石、司马光、刘基、徐光启、林则徐等能顺利通过常规科举考试，迈入政坛、文坛的社会精英，但也出现了李白、杜甫、毕昇、关汉卿、李时珍、毛晋、曹雪芹等未参加或未能通过常规科举考试的旷世奇才。他们是唐宋

第三章 活字魅力

元明清留给后人最深刻而永恒的记忆，没有他们，中国文明的进程定会黯淡不少。在古代中国，通过科举考试踏上仕途是读书人的主要生存之道，而各级科举考试着重考查以儒家学说为基础的文、史和学术知识，因此这些著作需要大量印刷。长期以来，活字印刷术不能保留整版，常常是随时需要随时排印。对于经常有需求的图书，相比之下，可反复刷印的雕版要方便得多。虽然据中外学者统计，在 15 世纪欧洲广泛使用印刷术以前，中国抄、印本总的页数要比当时世界上用一切其他语言文字集成的页数总和都多，[1]但其中显然有不少重复印刷的书籍。没有对新知识的渴望，也就没有对活字印刷术的强烈需求。晚清以降，当各种新知识、新思想需要迅速传播时，近现代铅活字机械印刷技术就体现出特有的优越性，取代了传统手工印刷术，成为近现代中国的主流印刷方式，最终给古老的国家带来了翻天覆地的变化。

在我国古代，活字印刷书籍总量虽然有限，但内容广泛，可以说经史子集丛五部皆备，如明铜活字蓝印本《毛诗》、明弘治三年（1490 年）华燧会通馆铜活字印本《会通馆印正宋诸臣奏议》、明嘉靖三十一年（1552 年）

---

[1] 钱存训：《中国纸和印刷文化史》，郑如斯编订，广西师范大学出版社，2004，第 362 页。

芝城铜活字蓝印本《墨子》、明铜活字印本《曹子建集》、清乾隆武英殿活字印《武英殿聚珍版书》等。前文已述，中国古代的家谱有许多是以活字排印的。因为家谱是时常变动的，所以活字常常在古代用来摆印家谱。家谱具有重要的学术价值。因为国家史（如二十四史）、地方史（各种地方志）、家族史（以家谱为代表）和个人史（如个人传记）4个层次的古代史书共同构成完整的历史资料。史志更多关注王侯将相，而家谱把目光投向了草野民间，对于研究民风民俗、民族迁徙、区域经济发展水平等都很有帮助。除家谱外，活字印本在中国古籍中所占比例虽少，但也发挥了继绝存真、传本扬学的重要作用。如《开元天宝遗事》是五代王仁裕撰写的笔记小说，其中保存不少唐代社会史料，是从其他正史中所不能见到的，可补史书之阙。中国国家图书馆藏明建业张氏铜板印行本《开元天宝遗事》，是以活字据宋陆游之子陆子聿桐江学宫刻本摆印而成，宋刻原本今已无传，故清代藏书家黄丕烈在此活字印本题有跋语云："古书自宋元板刻而外，其最可信者，莫如铜板活字。盖所据皆旧本，刻亦在先也。"与此同时，有些珍贵的活字印本经后世翻印，成为不少通行本的祖本。如南京图书馆所藏明活字印本《晏子春秋》，嘉庆二十一年（1816年）顾广圻为吴鼒校刻，即据此本影刻；《四部丛刊》印本，即据此帙影印。

另外，中国古代有部分传世名著之首版是以活字印本行世的，如清代雍正年间用所造铜活字印制完成字数达1.6亿的《钦定古今图书集成》，乾隆时造木活字刷印篇幅达数千卷的《武英殿聚珍版书》，再如清代乾隆萃文书屋活字印本《红楼梦》、道光邵阳魏氏木活字印本《海国图志》，皆为最好的例证。《红楼梦》是中国古代四大文学名著之一，堪称古代小说的巅峰之作和中华文化的优秀代表,在国内外都有很高的知名度。《海国图志》是亚洲第一部系统叙述世界史地、科技的名著,开创了近代中国人向西方寻求真理的新风,对此后中国的洋务运动、日本的明治维新和朝鲜开化思想的形成都产生过深远的影响。特别是传入日本后,被日本学人摘译翻刻达 22 种版本以上。由此可知,虽然中国古代活字本总量有限,但内容广泛,其中不少为影响一直延续至今的传世珍籍,说明活字本在中国从古至今都充分发挥着继绝存真、传本扬学的重要作用。

第二节　活字印刷文化在亚非的传播与影响

一、亚洲活字印刷文化

中国的活字印刷术自 11 世纪由北宋毕昇发明后，就陆续向朝鲜、日本、越南等周边东亚国家传播。关于东亚的范围，一直存在不同的说法。美国汉学家费正清等著《东亚文明：传统与变革》一书中表示，东亚的定义有 3 种含义，首先它是一个地理概念，第二是人种概念，最后是文化概念，主要指渊源于古代中国的文明圈，"我们把研究集中于中国、日本、朝鲜和越南的历史，这些地区高度发达的文明及基本的文字体系都渊源于古代中国，从这种意义上，可以说东亚就是'中华文化区'。"[1] 而学术界通常所说的"东亚汉文化圈"当与此范围相同。

---

[1] 费正清：《东亚文明：传统与变革》，黎鸣等译，天津人民出版社，1992。

第三章 活字魅力

朝鲜半岛在中国的东部。1世纪前后，朝鲜半岛一带形成高句丽、百济、新罗3个古国。7世纪中叶，新罗在半岛占据统治地位。10世纪初，高丽取代新罗。14世纪末，李氏王朝取代高丽，定国号为朝鲜。大约在汉末，中国的纸质书就向东传入朝鲜半岛。3世纪时，造纸术也随之而入。一般学者以为，372年高句丽国正式开始推行汉字，并引进儒家"五经"等文献施于国子教育。1966年在韩国庆州佛国寺佛塔内发现的汉字雕版印刷品《无垢净光大陀罗尼经》，中国学者考订认为该经是8世纪初唐朝刻印而由僧人带入半岛的。①

在古代东亚，使用活字版印书最多的是朝鲜半岛。从现在已知的材料看，从高丽时期起，朝鲜半岛就出现了活字印刷术。按照韩国的文献记载，1234年宰相晋阳公崔怡（1195—1247年）用铸字印成《详定礼文》二十八本，这一记载被称为世界最早的使用金属活字印刷的记录。韩国现存最早铸字本是1377年清州牧兴德寺印的金属活字本《佛祖直指心体要节》，被称为存世最古金属活字印本。从高丽至朝鲜时期，活字印刷术不断发展起来，曾用木、陶、瓢、铜、铁、铅等各种材料制造过活

---

① 张秀民：《中国印刷史（插图珍藏增订版）》，韩琦增订，浙江古籍出版社，2006，第24—26页。

字。据张秀民先生《中国活字印刷史》①考证，仅1376年至1895年，已知雕造木活字28次，1403年至1863年铸造金属活字34次，含铅字2次，铁字6次，余皆为铜活字。又据中国国家图书馆张志清介绍，韩国国立中央博物馆收藏82万枚古活字，其中金属活字50万枚，大多是17—20世纪初朝鲜中央政府和王室使用的。其他类活字还有木字、铁字、泥字等，以及活字储存柜、活字制作陶模、工具、活字分类目录等，为了解朝鲜活字制作、分类和检索提供了珍贵资料。如此巨大的馆藏堪称世界最大的古代印刷活字宝库，很多内容都值得认真研究。那么，朝鲜半岛出现活字印刷术，与中国活字印刷术有何关系呢？1234年，高丽出现活字印刷术之时，中国正处于南宋理宗端平元年，在此前后，正是中国雕版印刷的黄金时代，高丽使节入贡中国，宋朝皇帝先后将《大藏经》《文苑英华》等许多重要典籍送给高丽。宋朝人往使高丽时，亦把高丽的一些书籍带回来，说明当时宋朝与高丽之间是有交往的。15世纪朝鲜金宗直（1432—1492年）是一位有名望的学者兼官吏，他在跋朝鲜活字本《白氏文集》中说："活字之法创于沈括，并由杨惟中改进而臻于完善。"虽然将毕昇误说成沈括，但说明《梦溪笔谈》早已传入朝鲜半岛，故为该国学者熟知。有学者认为，活字的思想可能由朝鲜王族僧人义天（1009—1101年）带回朝鲜；义天于11世纪后半叶旅居中国杭州，这正是毕昇发明泥活字印刷的时间和地点。义天也可能

---

① 张秀民、韩琦：《中国活字印刷史》，中国书籍出版社，1998，第133—144页。

第三章　活字魅力

由中国的友好同门处，或从阅读沈括的著作中知其究竟，这种知识在义天返回朝鲜后对于活字在朝鲜的使用产生了影响。①

总之，高丽出现的活字印刷术晚于毕昇，而当时高丽与宋朝有着密切的文化交往，因而高丽出现的活字印刷术是有可能受中国毕昇发明的影响的，这一点也为古代朝鲜学者所承认。朝鲜半岛的古代出版物，今日有学者习惯于称"高丽本"，黄建国等先生编《中国所藏高丽古籍综录》一书，收录中国51个单位所藏"高丽本"2754种。其中铜活字印本86种，以大连图书馆藏朝鲜太宗十六年（1415年）铜活字印本《东国史略》为最古；木活字印本397种，以上海图书馆藏"明宣德三年"（1428年）朝鲜木活字印本《文选五圣并李善注》为最古；铁活字印本2种，较珍贵的为朝鲜哲宗时铁活字印本《鲁陵志》，中国国家图书馆与复旦大学图书馆有藏；瓢活字印本1种，即朝鲜瓢活字印本《论语集注大全》，北京大学图书馆有藏。另外还有刊本1193种，稿抄本288种，石印本10种，铅印本36种。由此推算，传统活字印本占30%左右，所占比例相当可观。此外，黄建国

---

① 钱存训：《中国纸和印刷文化史》，郑如斯编订，广西师范大学出版社，2004，第310页。

235

等先生还在书中介绍说,"与中国印书以雕版为主的现象相反,高丽印书的特点,是活字压倒雕版"[1]。说明在古代朝鲜半岛,传统活字印刷术已发挥了相当重要的作用。

日本的活字印刷术,一般学者以为有两个来源:一是西洋活字,因所印多为教会宣传品,故在当时影响不大;二是为从朝鲜传入的汉文活字。1590年,欧洲铅活字印刷术传入日本,称"切利支丹本"。1593年,日本用活字印成《古文孝经》,一般学者以为是日本第一部传统活字印本,现已不存。1597年,日本木活字印本《劝学文》,称"此法出朝鲜"。据张秀民先生《中国活字印刷史》载,日本知有活字印刷术,在日本文禄元年（1592年）,相当于明万历二十年,当时丰臣秀吉侵略朝鲜,在汉城发现铜活字、活字印刷工具及活字印本图书,于是将其抢到日本,所以在初期日本活字本中常有"此法出朝鲜"之语。第二年即1593年,日本用这些抢来的活字及印刷工具,印成了《古文孝经》。日本庆长二年（1597年）天皇下令仿朝鲜铜活字雕木活字。日本庆长十年（1605年）德川家康命在圆光寺以《后汉书》为字本,铸造大小铜活字10万,第二年（1606年）完工,实造91255字,献给后阳成天皇,这是日本历史上第一次铸造活字。中国人林五官参与此事。但是严绍璗先生著《汉籍在日本的流布研究》一书中,对上述观点表示怀疑,他指出:"若推考日本近世活字印刷的源头,恐怕应当推古活字

---

[1] 黄建国、金初升:《中国所藏高丽古籍综录》,汉语大词典出版社,1998,第1—6页。

本《五百家注韩柳文集》。……古活字本《五百家注韩柳文集》似应刊行于 1396 年，若与文禄年间《古文孝经》相比较，则早了一百八十余年。这一技法大概是元末明初中国人东渡日本时带入的。至庆长年间，依靠朝廷的财力，便得以推广。"[1] 严先生看来也只是推测，还不算最后的结论。

关于日本古活字印书的具体详情，据日本学者高桥智先生撰文介绍，到了 16 世纪末的文禄（1592—1596年）、庆长（1596—1614 年）时代，日本学到了从朝鲜传来的活字印刷法，铸造了大量的活字，出现了以此制作的出版物，刊本的文化转而取代了写本文化。当然，这一出版技术并不限于汉籍，也影响到了日本古籍。它到元和（1615—1623 年）、宽永（1624—1643 年）年间为止一直流播着，书志学上总称其为古活字版，成为日本书籍文化中划时代的重要出版物。因此一般在日本书写刊刻的汉籍里，这样的古活字版及其以前的书是作为善本来对待的。

与此相关，西洋的活字印刷术，在与此大致同时期的天正十八年（1590 年）由意大利传教士传到日本，罗

---

[1] 严绍璗：《汉籍在日本的流布研究》，江苏古籍出版社，1992，第 155 页。

马字、平假名的印刷由此开始（即所谓切利支丹版），但并没有延及汉字文献。

文禄年间（1592—1596年）从朝鲜传来的活字印刷术，立刻就在日本被使用了。文禄二年（1593年）的《古文孝经》（文献上有记载，现已不存）、文禄四年（1595年）的《法华玄义序》《天台四教义集解》、文禄五年（1596年）的《标题徐状元补注蒙求》等，是其早期的印刷品。

当然，古活字版的综合性研究还没有完成，但总的来说，如果把佛典、用假名写的注释书（假名抄）除外，经部18部、史部13部、子部36部（除医书外）、集部14部是可以确认的，合计81部，具体书籍如下：

【经部】《周易》《周易传义》《尚书》《毛诗》《礼记》《春秋经传集解》《古文孝经》《孝经大义》《论语》《孟子》《大学章句》《中庸章句》《中庸集略》《说文解字篆韵谱》《增广龙龛手鉴》《韵镜》《古今韵会举要》《多识篇》。

【史部】《史记》《汉书》《后汉书》《十八史略》《古今历代十九史略通考》《贞观政要》《君臣图像》《列仙传》《唐才子传》《帝鉴图说》《孔子通记》《开元天宝遗事》《朱子行状辑注》。

【子部】《标题句解孔子家语》《孔子家语》《近思录集解》《小学集说》《晦庵先生语录类要》《真西山心经政经》《北溪先生性理字义》《六韬》《黄石公三略》《三略直解》《七书》《施氏七书讲义》《残仪兵的》《新增鹰鹘方》《祥刑要览》《棠阴比事》《邵康节先生心易梅花数》《冷斋夜话》《新刊鹤林玉露》《群书治要》《皇朝事宝

第三章 活字魅力

类苑》《标题徐状元补注蒙求》《新编古今事文类聚》《增补会通韵府群玉》《新编排韵增广事类氏族大全》《纂图附音增广古注千字文》《剪灯新话句解》《新编剪灯余话》《列子鬳斋口义》《句解南华真经（庄子鬳斋口义）》《老子经》《老子鬳斋口义》《太上感应篇经传》《笔畴·樵谈》《沈静录》《劝善书》。

【集部】《新刊五百家注音辩昌黎先生文集》《白氏文集》《长恨歌传》《新版增广附音释文胡曾诗》《增刊校正王状元集注分类东坡先生诗》《山谷诗集注》《陆象山全集》《增补六臣注文选》《新编江湖风月集略注》《诸儒注解古文真宝前集》《魁本大字诸儒笺解古文真宝后集》《百联抄解》《城西联句》《五老集》。[①]

总之，不管日本的古代活字印刷术是间接传自朝鲜，还是直接传自中国，都是中国活字印刷术的延续，这一点是毋庸置疑的。与此同时，许多中国汉籍都有日本刊刻、摆印本传世，被学界统称为"和刻本"。[②] 如唐代魏

[①] 高桥智：《日本庆长时期汉籍活字本出版的意义——以〈四书〉为中心》，北京大学历史学系编《北大史学》，北京大学出版社，2009，第18—32页、447页。

[②] 王宝平：《中国馆藏和刻本汉籍书目》，杭州大学出版社，1995，第2页。

征等撰《群书治要》一书，日本存平安、镰仓时代写本，元和二年（1616年）德川家康据金泽文库旧藏古写本用铜活字付梓出版，此后又出现日本天明七年（1787年）尾张藩刻本，此书在中国宋初已失传，幸有和刻本传世，现有多本藏于中外众馆。

  日本的活字印刷术从明治维新时期开始，印刷的书籍逐渐增多，对推动社会发展发挥过积极的作用。如福泽谕吉（1834—1901年）是日本近代的杰出思想家。《劝学篇》是其最有代表性的著作之一，其中心思想是提倡个人独立自尊和社会的实际利益，主张打破旧习，反对封建道德。据福泽谕吉在明治十三年（1880年）撰《合订本〈劝学篇〉序》中介绍："本篇是我在读书之暇随时写下来的。从明治五年（1872年）2月发表的第一篇起，到明治九年11月发表的第17篇为止，截至现在，发行总数约有70万册，其中第1篇不下20万册。加之以前版权法不严，伪版流传很多，其数也可能有10多万册。假定第1篇的真伪版本共达22万册，以之与日本的3500万人口相比较，则国民160人中必有一人读过此书。这是自古以来罕有的发行量。"而明治三十年（1897年）他在《〈福泽谕吉全集〉绪言》中介绍"17编共计发行340万册，遍及全国"。据目验《劝学篇》书影，初版17篇各自出版发行，有活字印本，有雕版印本，而合订本为活字印本，《劝学篇》在17年间从70万增至340万，成为读者争相阅读的对象，同时也成为明治初期畅销书之一。福泽谕吉的著述和活动，影响了知识界，对日本的文明开化起了重要的启蒙作用。在这里，活字印刷术显然发挥了积极而重要的作用。

  越南历史上有记录最早的印刷品是陈朝元丰年间（1251—1258年）

木版印刷的户口帖子。1712年，越南出版的《传奇漫录》据说是最早的活字本。1855年越南又从中国买去木活字印刷《钦定大南会典事例》。[①] 由此可见，越南的活字印刷也是由中国传去的。

除朝鲜、日本、越南等东亚汉文化圈国家外，亚洲其他国家出现的活字印刷术多为西方近现代印刷术。如印度最早的印刷书籍是16世纪后期由一些传教士出版的。当时传教士把印刷机带到印度，1556年在果阿出版了第一本印刷书籍《哲学推论》。[②] 再如土耳其第一部印刷书籍是1729年问世的两卷本《阿拉伯—土耳其语详解词典》。土耳其最早的报纸是1831年创办的《情况日历》，这是西亚最早出现的报纸。

二、非洲活字印刷文化

非洲全称"阿非利加洲"，位于东半球西南部，为世界第二大洲。撒哈拉沙漠以南以非洲黑人为主，以北主

[①] 潘吉星：《中国古代四大发明——源流、外传及世界影响》，中国科学技术大学出版社，2002，第418页。

[②] 塞尔日格鲁金斯基：《世界的四个部分：一部全球化历史》，李征译，东方出版社，2022，第81页。

要是阿拉伯人。非洲大部分地区文字形成较晚，有关古代史的许多问题只能靠零星的考古发现及口头传说加以推测，迄今未成定论。但从有限的资料中仍能看出非洲古代居民在漫长的发展过程中，创造了自己的独特的文化，为人类的进步做出了贡献。在研究人类的起源问题时，非洲占有极为重要的地位。自英国博物学家达尔文和赫胥黎在19世纪提出人类起源于非洲的假设以来，尽管目前在人类起源问题上还存在着分歧与争论，但已有相当一部分人类学家认为人类的诞生地在非洲。20世纪以来，考古学家在非洲发现的从猿到人各阶段的大量化石，对探索人类起源的奥秘做出了积极的特殊的贡献。与此同时，非洲是世界文明发源地之一。古代各地曾先后形成埃及、加纳、博尔努、贝宁、马里、加奥、阿克苏姆等国。7世纪起阿拉伯人移入。15世纪起，西方殖民主义者相继入侵非洲。第二次世界大战前，非洲只有3个独立国（埃及、埃塞俄比亚和利比里亚），战后民族独立运动高涨，绝大部分国家获得独立。

　　非洲现知最早的印刷品出土于埃及境内。据美国印刷史研究专家卡特先生在《中国印刷术的发明和它的西传》一书中介绍，1880年，在阿拉伯世界腹地埃及考古发掘出土物中，发现了50张左右的印刷品，文字通常都用阿拉伯文，但有一张加印有埃及科普特文雕版印刷的时间，大概上起900年下至1350年。这些印刷品是中国、中亚和欧洲之间几乎唯一的同时期印刷术的实物证据。中国学者分析研究这些考古资料后表示，唐宋时期中国和阿拉伯世界交往如此频繁，来华的阿拉伯商人如此之多，他们聚居的扬州就是印刷很发达的地方，所以很难设想没有任何传播的可能。[①]也就是说，印刷术通过阿拉伯商人从扬州向西传播的可能是存在的。

埃及为北非国家，历史和文化悠久，是世界闻名的四大文明古国之一。约公元前 3100 年已形成统一的奴隶制国家。古代埃及人不仅创制出自己的象形文字，留下了大量的文献，而且在建筑、雕刻、绘画、文学乃至数学、医学等方面均创造了灿烂的文化。7 世纪阿拉伯人迁入后建立阿拉伯国家。1798 年法国拿破仑军队入侵埃及。1882 年被英国占领，1914 年沦为英国的"保护国"。1922 年英国承认埃及为独立国家。

现代意义上的图书出版是埃及被西方殖民者统治时期在境内出现的。19 世纪埃及文化生活的重要内容，在于印刷技术的进步和出版业的兴起。1798 年拿破仑军队占领埃及以后，用随带的印刷机出版了法文《埃及信使报》和《埃及旬报》，前者供军队传递消息，后者用于研究埃及历史文化。[②] 1822 年，穆罕默德·阿里创办布拉格印刷局，使用阿拉伯文、意大利文和希腊文，印制和发行官方法令和政府公告以及新式学校的教科书和西方译

[①] 荣新江：《从张骞到马可·波罗：丝绸之路十八讲》，江西人民出版社，2022，第 370 页。

[②] 张允若、程曼丽：《外国新闻事业史教程（第 2 版）》，高等教育出版社，2017，第 246 页。

著。1827年,埃及出现最早的官方报纸《赫迪威报》,使用阿拉伯文和土耳其文,发行范围最初局限于政府官员,后来逐渐扩大到其他相关阶层。1828年,埃及出现第二种官方报纸《埃及时报》。穆罕默德·阿里当政期间,印刷机构和出版业处于政府的控制之下,具有浓厚的官方色彩。自伊斯玛仪即位后,印刷机构和出版业不再局限于官办的范围,逐渐延伸到民间领域。1876年,塔格拉兄弟在亚历山大城创办《金字塔报》。伴随着新式学校的出现和印刷出版业的发展,西方文化和现代政治思想开始从欧洲传入埃及。①

南非是非洲大陆最南端国家。南非次大陆是人类的发祥地之一。考古发现,早在300万年前,南非各地就有古人类的活动。15世纪末欧洲殖民者到来之前,境内西南部已住着南部非洲最早的居民。1652年荷兰殖民者在西南岸建立开普殖民地后,继续向东扩张,英国也相继侵入。

任何人如若想要理解南非社会和政治在近几百年甚至更久远的时期内的发展,都必须认真考虑媒体的作用。1795年英国占领开普敦之后,他们也带来了第一台大型的印刷机,这台印刷机在接下来的24年里只印刷两种官方出版物《开普敦公报》和《非洲广告人报》(周报)。1824年,著名的开普敦印刷商乔治·格雷格(George Greig),在进行广泛动员并获得了两位开普新移民托马斯·普林格尔(Thomas Pringle)和杰姆斯·费尔贝恩(James Fairbairn)及亚伯拉罕·佛里(Abraham Faurie)牧师的兴趣和支持之后,创立了《南非商业广告人报》。在其计划书中,

---

① 哈全安:《埃及史》,天津人民出版社,2016,第61—62页。

报纸承诺将致力于对各种问题进行非政治、非批判、无争议的报道。它的首要关注点是贸易和商业，同时也有一些广告投放和文学作品出版。[1]

南非各民族都有悠久的口头文学传统，然而书写文学直到19世纪才逐渐出现。当时英国、美国和其他欧洲国家的教会先后来到南非传教。这些教会一方面传教，宣传基督教精神；一方面为了传教帮助当地各族创立各自的拼音文字，创办学校、印刷厂和报纸、杂志，培养当地人读和写的能力。随后出现了一批知识分子，把各族语言文学从口头形式转变为书写形式。最早出现的书写文学是苏陀语文学和科萨语文学。苏陀语（具体说，南苏陀语）文学在殖民征服时期确实出现了几位重要作家和几部重要作品，比如托马斯·莫福洛（Thomas Mofolo，1877—1948年）写了《东方旅行者》（Moeti wa botjhabela，1907年）和《皮特森村》（Pitseng，1910年）并于1910年完成了《恰卡》（Chaka，1925年）。托马斯·莫福洛是莱索托人。而莱索托从来不受南非管辖。[2]

---

[1] 丰索·阿佛拉扬：《南非的风俗与文化》，赵巍等译，民主与建设出版社，2018，第12页、第140—141页。

[2] 李永彩：《南非文学史》，上海外语教育出版社，2009，第131页。

莱索托（原名巴苏陀兰）是一个独立的山国，四面被南非包围。主要语言是南苏陀语。这个国家因其印刷出版当地语言文学的传统而引人注目，这在非洲是不同寻常的，而且当地语言作品通常同口头诗歌和讲故事联系在一起。早在1841年，传教士为了印制《圣经》译文（1878年完成）和宗教小册子，把印刷机引进莱索托。他们鼓励用当地语言创作。阿扎里埃塞克斯（1849—1930年）首先用南苏陀语出版了一个集子，名曰《巴苏陀风情录》（1893，新版1907年），文学传统从此开始。最重要的苏陀语作家是托马斯·莫福洛，他发表了一系列具有道德说教意义的历史小说，最后一部作品《恰卡》是真正的杰作，它把南非祖鲁人领袖恰卡的生活作为一种悲剧性的史诗记述，塑造了一个血肉丰满的悲剧人物形象。《恰卡》的发表标志现代莱索托文学的开始。这部作品已经被翻译成许多种语言文字，被比利时学者A. S. 杰拉德（Albert Stanislaus Gerard，1920—1996年）称为"非洲对世界文学作出的第一个主要贡献。"①

---

① 克莱因：《20世纪非洲文学》，李永彩译，北京语言学院出版社，1991，第112页。

第三节 活字印刷文化在欧美的传播与影响

一、欧洲活字印刷文化

15世纪德国出现铅合金活字机械印刷技术，并迅速成为以后数百年间世界范围内生产图书的主要印刷方式。此技术是否受中国活字印刷术影响目前尚无定论，但早已传入欧洲的中国造纸术与雕版印刷术对其具有重要影响，则是显而易见的。

在西方学者撰写的世界史相关著作中，对以中国为核心的东亚活字印刷技艺及其相关技术的历史价值认识尚不够充分。

英国哲学家培根（1561—1626年）在1620年出版的《新工具》中指出，"我们还该注意到发现的力量、效能和后果。这几点是再明显不过地表现在古人所不知、较近才发现、而起源却还暧昧不彰的3种发明上，那就是印刷、火药和磁石。这3种发明已经在世界范围内把事物的全部面貌和情况都改变了：第一种是在学术方面，第二种是在战事方面，第三种是在航行方面；并由此又引起难以数计的变化来；竟至任何帝国、任何教派、任何星辰对人类事务的力量和影响都仿佛无过于这些机械性的发现了"。① 在此文中，培根虽然赞扬了印刷术对世界的贡献，却称其起源"还暧昧不彰"。

历史学家丹尼尔·布尔斯廷曾任美国国会图书馆馆长，他在1983年出版的《发现者——人类探索世界和自我的历史》② 一书中说，欧洲的印刷术兴起时，指的是活版印刷，即用金属制的活字进行印刷。在中国和受中国文化影响的其他亚洲国家，雕版印刷是至关重要的发明，印刷术兴起时指的是木版印刷。因此，不可将西方的"印刷术"和东方的"印刷术"混为一谈。虽然作者承认，中国人早在欧洲人之前很久就已用活字印刷了，而且简要介绍了宋元时期沈括、王祯所记录的胶泥、铸锡、木刻等活字印刷技艺及其在朝鲜半岛、日本的传播与演变过程，但仍把德国的谷登堡看作是"发明印刷术的人"，或者至少是"活字"的发明者。因为丹尼尔·布尔斯廷认为谷登堡是一位以机器做书写工作的新世界的先知。在那个世界里，印刷术可以代替缮写室，而知识也就可以传播到无数看不见的社会中去。

---

① 培根：《新工具》，许宝骙译，商务印书馆，1984，第103页。
② 丹尼尔·J·布尔斯廷：《发现者——人类探索世界和自我的历史》，吕佩英等译，上海译文出版社，2006。

第三章 活字魅力

1999年出版的《世界史上的科学技术》,[①] 由美国詹姆斯·E·麦克莱伦第三与哈罗德·多恩二位当代职业科学史家合著。此书可以说是关于科学和技术的世界通史,曾获2000年度美国世界史协会图书奖,被译成多种文字出版。作者在中文版序称,大体说来,就在不久以前,人类知识和技术的不同传统还一直是沿着各自的轨迹独立发展的,无论在时间上还是空间上都是如此。在结束语中作者表示,在任何一种文明中,技术都是塑造和维持人类社会的决定性因素。然而,作者特别强调,在谈论中国的技术时,我们不要仅仅注意到中国人领先于其他文明的这种或那种发明,这一大批"第一"确实令世人瞩目,但对此进行深入的历史分析,其价值却非常有限。中国在7世纪的头十年出现了木板印刷术。中国发明的活字印刷出现在1040年左右,那项技术传到朝鲜后得到进一步发展。15世纪30年代后期,显然与亚洲的印刷术发明无关,谷登堡独立发明了活字印刷术。这项意义重大的新技术在1450年以后逐渐传播开来,使近代早期欧洲的文化面貌为之一新。这种新型媒介导致了一场"交流革命",使人们能够获得大量十分准确的信息,也使得抄写图书成为过去。

---

① 詹姆斯·E·麦克莱伦第三、哈罗德·多恩:《世界史上的科学技术》,王鸣阳译,上海科技教育出版社,2003。

进入 2000 年后，美国历史学家威廉·麦克高希著《世界文明史——观察世界的新视角》开篇提出"哪些事件应该写进历史"的问题。在作者眼中，一部世界史，重点要确定历史转折点在哪里。他创造性地提出了"文化技术"的概念和"世界五大文明"的学说。他认为并不是所有的技术发明都重大到足以改变历史。每一种文明都是以一种新的占主导地位的文化技术的引入为开端的，文化技术是文明背后的决定因素。文明一，始于原始的或表意文字；文明二，始于字母文字；文明三，始于欧洲的印刷术；文明四，始于电子通信技术；文明五，始于计算机技术。[1] 在这里，没有一项是东亚的贡献。实际上，中国的印刷术比欧洲早出现数百年，中国在 7 世纪发明了雕版印刷术，11 世纪又发明了活字印刷术。15 世纪中期，欧洲德国的谷登堡才制造出铅合金活字。为什么印刷术被认定是欧洲的贡献呢？作者在书中说，印刷使文字靠近了大众，它培育了一种更加精确的思想方式，这对于现代的学术和科学研究是至关重要的。印刷术从中国传播到了西方。谷登堡对活字的最先使用导致了印刷文献的激增。由于欧洲人的书面文字基于字母系统，这使批量生产变得十分经济，因此能够比中国人更有效地开发这一技术。"尽管印刷术很早就在中国和朝鲜使用，但因为文字的不同，它在东亚社会的使用并没有达到西欧使用的程度。"[2]

---

[1] 威廉·麦克高希：《董建中、王大庆译.世界文明史——观察世界的新视角》，新华出版社，2003，内容提要第 3 页。

[2] 威廉·麦克高希：《世界文明史——观察世界的新视角》，董建中、王大庆译，新华出版社，2003，第 241 页。

第三章 活字魅力

那么，我们该怎样认识以中国为核心的东亚活字印刷技艺及其相关技术对欧洲印刷事业的影响呢？

当毕昇发明活字400年后，在1450年前后，德国人谷登堡根据西方拼音文字的特点，研制出字模浇铸铅合金字母活字。他发明了木制印刷机，开了印刷机械化的先河。因而西方人长期认为活字印刷术是谷登堡发明的。19世纪中叶，法国汉学家儒莲把沈括《梦溪笔谈》所载毕昇发明活版一节译成法文，于是较多的欧洲人才知道，在谷登堡以前中国人早已发明了活字印刷术。不过，一个有争议的话题是，谷登堡研制铅合金活字有没有受到东亚发明活字印刷术的影响。美国丹尼尔在《发现者》一书中介绍，有些历史学家曾经提出，早于谷登堡一个半世纪的远在朝鲜所进行的活字印刷工艺试验，也许给予了谷登堡极为重要的启发。但丹尼尔在书中说："不过没有任何足以说服人的证据能说明谷登堡曾经听到朝鲜人用活字印书的片言只字。"[1]然而，目前我们有一些材料可以证明，谷登堡的研制与中国不是没有关联。

首先，纸是一种重要的印刷材料，1150年，中国造

---

[1] 丹尼尔·J·布尔斯廷：《发现者——人类探索世界和自我的历史》，吕佩英等译，上海译文出版社，2006，第441页。

纸术经阿拉伯传入欧洲，1312年，造纸术由意大利传入德意志。丹尼尔在《发现者》一书中也明确表示，纸张是中国对书籍发展所作的极其重要的贡献。

其次，中国的活字印刷术是由雕版印刷术发展而来的。在蒙古入主中土之前，中国和欧洲很少有直接交往，而成吉思汗西征拓展了中国和欧洲交往的道路。此时东西经济和文化正面相遇，直接进行了交流。欧洲传教士和商人开始陆续到中国来，其中最著名的首推威尼斯人马可·波罗。他于1271年自家乡启程，沿古代丝绸之路东行，于1275年到达中国，留居17年之久。后经其口述，他人笔录，诞生了举世闻名的《马可波罗行纪》（又译《马可·波罗游记》）一书，首次向西方打开了神秘的东方之门。这部书有一章专门介绍元朝政府制造纸币的情况。[1]张秀民等先生根据有关史料分析，认为元代的纸币是用木版与铜版印刷而成的。1310年，波斯（今伊朗）史学家拉希德·丁（1248—1318年）著《世界史》，书中介绍了中国的雕版印刷术，这部书后来流传到欧洲。现在公认欧洲存世最早的木版画是在法国普洛塔家族中发现的一块胡桃木雕版的残片，刻制的时间大约为1380年。现存最早的有明确年代的木版画是在德国南部发现的刻于1423年的《圣克利斯道夫像》。与此同时，德国出现最早的插图活字印本《珠玑集》，是1461年左右用木刻图版与活字版拼版印制的。[2]另外，丹尼尔在《发现者》一书中介绍，雕

---

[1] 马克·波罗：《马可波罗行纪》，冯承均译，上海书店出版社，2000，第237页。
[2] 费夫贺、马尔坦：《印刷书的诞生》，李鸿志译，广西师范大学出版社，2006，第75页。

第三章 活字魅力

版印刷传至西方，也许是以一种没有多大意义的雕版图画为媒介的，那就是纸牌。它和骨牌一样，似乎都发源于中国。玩纸牌的风气当时在西进的蒙古军队中似很普遍。这种印刷的纸牌到 1377 年在德国和西班牙已是人所共知的东西，而且风靡一时。有位神秘的"纸牌大师"（约 1430—1450 年）印制了一套精美的纸牌，有人认为是谷登堡本人所刻。当纸张的雕版印刷最后在欧洲出现时，使人想见这一切都是从中国传来的，由此说明中国与德国之间的路是相通的。虽然位于中国西部的诸国，目前还未发现在相当于宋元时期，有活字印刷活动的记录，但元朝的政权横跨欧亚，在东西方相通的时代，整版印刷术既然可以由东向西传播，活字印刷术也是有机会同步相随的。

最后，从现在发现活字印本和活字实物看，活字印刷术在 12 至 14 世纪就传到了西夏和回鹘等地。20 世纪出土的活字印西夏文佛经，仅距北宋毕昇发明泥活字约一百多年。[1] 西夏是党项拓跋氏所建王朝。1038 年元昊（1003—1048 年）称帝，至西夏宝义元年（1227 年）为蒙古所灭，共历十帝，凡 190 年。最盛时辖二十二州，

---

[1] 史金波：《现存世界上最早的活字印刷品——西夏活字印本考》，《北京图书馆馆刊》1997 年第 1 期。

先后和辽、宋及金鼎峙。西夏活字本的产生，可以推测为：一是可能受《梦溪笔谈》的影响。因为《梦溪笔谈》的著者沈括在宋夏边境率兵驻防，元丰四年（1081年），西夏引兵扰边，沈括率鄜延路师击破西夏7万之众。说明沈括与西夏人进行过直接的接触。另外，《梦溪笔谈》中直接记载了有关西夏文创制之事，说明沈括对西夏文化有所了解。因此，西夏人接触《梦溪笔谈》也不是完全没有机会的。二是可能受汉族实际的印刷实践活动影响。今日之所以没有发现与西夏文活字本同时期的汉文活字本，并不是说明汉族人无实际运用活字印刷技术，而是从西夏的地理环境看，气候干燥，易于纸本文献的保存，且西夏王朝存在的时间较短，在其消亡后，西夏文已无多少人可识，又在边远地区，人烟稀少，使其文化典籍免除许多人为的灾难，故幸存至今。三是西夏文的字数较少，共6000多字，也便于造活字。四是西夏文颁行于广运三年（1036年），与毕昇发明活字的时间非常接近，也就是说西夏文可能开始印书不久就使用活字，成为后世的成法，也许这是今天存世西夏文活字印本较多的最重要原因。许多学者认为20世纪发现的回鹘文木活字，出现于1300年前后。也有学者考虑到回鹘在敦煌的活动情况及莫高窟兴衰的历史，将回鹘文木活字的时代推定在12世纪末到13世纪上半叶之间。[1]但无论如何都可以说这是当今世界上最古老的木活字实物。这个时代正是西夏活字印刷术兴盛的时代，而回鹘与西夏关系密切，完全有可能在印刷技术上互相有所影响。1450年德国谷登堡研制出铅合金活字，不仅比11世纪中国毕昇发明的泥活

---

[1] 杨富学：《回鹘文献与回鹘文化》，民族出版社，2003，第352页。

字晚出现400年，也比中国回鹘文木活字晚出现上百年。回鹘文是一种拼音文字，是回鹘人采用粟特字母创制的文字。粟特为中亚古地名，粟特字母来源于阿拉米字母。约公元前13世纪，居住在地中海东岸（今黎巴嫩、叙利亚沿海一带）的腓尼基人，主要依据古埃及文字制定了历史上第一套字母系统，它们衍生了阿拉米字母，阿拉米字母是亚洲许多文字的基础，基督教《圣经》的《旧约全书》中有一部分是用阿拉米文写的。腓尼基字母在传入希腊后产生了希腊字母。希腊字母后来又衍生了拉丁字母和斯拉夫字母，因此腓尼基字母成为欧洲以及后世西方文字的渊源。可以说，腓尼基字母是世界大多数拼音文字的来源，也就是说，现在发现的木活字回鹘文，与德国谷登堡铅活字所用的拉丁文，都是腓尼基字母的"后裔"。另外，古代回鹘人活动的地区，处于中原与西方的中间地带，回鹘文木活字有可能起着中国印刷术与谷登堡制造铅合金活字之间的桥梁作用，在印刷史上具有十分重要的意义。

20世纪前期，美国卡特《中国印刷术的发明和它的西传》一书[①]中表示，现在要斩钉截铁地说中国朝鲜的

[①] 卡特：《中国印刷术的发明和它的西传》，吴泽炎译，商务印书馆，1957。

活字印刷与欧洲的活字印刷没有直接的关系，为时过早。是中国首先发明了造纸和印刷，并对欧洲造纸和印刷事业的开始起了决定性影响。今天看来这一推论仍是令人信服的。进入2000年后，美国威廉·麦克高希在《世界文明史——观察世界的新视角》一书中，虽然认为始于欧洲的印刷术是主导新文明出现并足以改变历史的文化技术，但也明确表示"作为两项产生于中国发明的结果，印刷技术在15世纪传入欧洲。一项是便宜的纸张，另一项是活字印刷。"只是"欧洲人能够比中国人更有效地开发这一技术"。[1]这里显然已承认中国的造纸和活字印刷技术对欧洲印刷事业是有重要影响的。只是此说缺少传播路径的描述，我们可将其当作一种观点看待。

谷登堡排印的书籍，以1455年铅活字印本《四十二行圣经》影响最大。从谷登堡印刷《圣经》开始，铅活字印刷术首先由德国传遍欧洲。1465年传入意大利，1466年传入希腊，1468年传入瑞士，1470年传入法国、捷克，1473年传入荷兰、比利时、匈牙利，1474年传入波兰、西班牙，1475年传入英国，1482年传入丹麦、奥地利，1483年传入瑞典、挪威，1487年传入葡萄牙，1493年传入南斯拉夫，1494年左右传入保加利亚，1508年传入罗马尼亚，1530年传入冰岛，1552年传入俄国。而至1480年，欧洲就已有110余个城市设有印刷所。

铅活字印刷术出现在欧洲，很快成为生产图书的主流印刷方式，并

---

[1] 威廉·麦克高希：《世界文明史——观察世界的新视角》，董建中、王大庆译，新华出版社，2003，第361页。

形成一种庞大的印刷工业，直接推动了文艺复兴运动的发展，最终使欧洲成为世界现代化的发祥地。在此期间，欧洲不仅出现了图书出版印刷数量爆炸性增长，而且也产生了不少改变或影响人类历史发展进程的传世名著。

在科技领域，古希腊数学家欧几里得（Euclid，约前330—前275年）著《几何原本》13卷，是世界上最早的公理化数学著作。在印刷本出现以前，《几何原本》的各种文字的手抄本已流传了1700多年。最早的印刷本出现于1482年，是在威尼斯由德国人埃哈德·莱德多特出版的。以后又以印刷本的形式出了1000多版。从来没有一本科学书籍像《几何原本》那样长期成为广大学子传习的读物。另外，波兰天文学家哥白尼（Nicolaus Copernicus，1473—1543年）是日心说创立者，也是近代天文学的奠基人。《天体运行论》一书为哥白尼阐述日心说的不朽著作，1543年在德国的纽伦堡出版。伽利略（Galileo Galilei，1564—1642年）是意大利物理学家、天文学家。《两大世界体系的对话》是伽利略所著意大利文的重要科学著作，其全名为《关于托勒玫和哥白尼两大世界体系的对话》，亦简称为《两大世界体系》或《对话》。1624年伽利略开始写作此书，1632年3月在佛罗伦萨出版，书中总结了他的一系列科学发现，为哥白尼学说提供许多新的论据，批判了亚里士多德-托勒密的地心体系，打击了教会的思想统治。因此，宗教法庭把伽利略传到法庭，并宣判他有罪，禁止《对话》流传。1633年他被判处终身监禁。《对话》1635年译成英文、法文和拉丁文，1661年出版加注释英译本。1953年，加利福尼亚大学伯克利分校出版社还出版了S·德雷克的英译本。1974年上海人民出版社出版了由周煦良翻译的中译本。1665年，英国的物理学家罗伯特·胡克（Robert Hooke，1635—1703年）用自己制作的大约150倍放大率的复式显微镜观察动植物，并出版《显微图谱》一书，第一次把植物、动物和矿物的显微结构展示在人们面前，并引入了细胞这一名词，书中插图十分精确，极大地震撼了当时的学界和社会。艾萨克·牛顿（Isaac Newton，1643—1727年）是英国物理学家、数学家、天文学家。《自然哲学的数学原理》是牛顿的科学代表作，也是有史以来最重要的科学著作之一。此书成书于1686年，用拉丁文写作，初版于1687年，1713年和1725年分别出版第二和第三版，均由牛顿本人修订。世界各主要语种均有译本，中文文言文版和语体文版分别出版于1931年和1992年。查理·罗伯特·达尔文（Charles Robert Darwin，1809—1882年）是英国生物学家，进化论的奠基人。《物种起源》是达尔文系统阐述生物进化思想的重要著作。该书全名为《论依据自然选择即在生存斗争中保存优良族的物种起源》。1859年11月24日初版于伦敦，1872年最后修订出第6版。物理学家阿尔伯特·爱因斯坦（Albert Einstein，1879—1955年）生于德国，后入美国籍。1905年爱因斯坦在《物理年鉴》发表了一篇开创物理学新纪元的论文《论动体的电动力学》，完整地提出了狭义相对论。1915年完成广义相对论的开创性工作，1916年发表总结性的论文《广义相对论的基础》；同年底，又写了一本普及性小册子《狭义与广义相对论浅说》。

第三章 活字魅力

在文学领域，《神曲》是意大利诗人但丁（Dante Alighieri，1265—1321 年）最重要的作品，也是意大利语言和文学的奠基之作。《神曲》广泛反映中世纪后期意大利的社会生活，谴责贵族和教会的统治，表达人民反封建反教会的情绪。语言丰富，对意大利民族语言的统一和文学用语的形成起了很大作用。《神曲》的写作大概始于 1307 年前后，完成于 1320 年。《神曲》原稿已佚。各种抄本文字颇有出入。从 1472 年开始出现印刷版。西班牙作家塞万提斯（Miguel de Cervantes Saavedra，1547—1616 年）的《堂吉诃德》是西班牙文艺复兴时期最杰出的现实主义小说，全名为《奇情异想的绅士堂吉诃德·德·拉·曼却》。1602 年，开始写作。1603 年，迁至瓦利阿多里德的下等公寓，完成了《堂吉诃德》上卷（第一卷），于 1605 年在卡斯蒂利亚出版。一年之内，再版 6 次。1615 年，《堂吉诃德》下卷（第二卷）出版。从 1605 年开始至 20 世纪 40 年代，《堂吉诃德》一书在世界各国共翻译出版了 1000 多次，成为读者普遍喜爱、广泛阅读的世界文学名著之一。中国最早由林纾和陈家麟二人用文言文节译了《堂吉诃德》，名为《魔侠传》，于 1922 年出版。1959 年，出版了傅东华翻译的全译本；1978 年，又出版了杨绛翻译的全译本。特别是 1997 年《塞万提斯全集》中文版的问世，让中国读者从此可以全面了解这位西班牙伟大作家的创作风貌。英国诗人乔叟

259

(Geoffrey Chaucer，约 1343—1400 年）是英国人文主义作家的最早代表。代表作《坎特伯雷故事集》为诗体小说集。生动描绘 14 世纪英国的社会生活，刻画各阶层的人物形象，体现了反封建倾向和人文主义思想。当时英国贵族社会通用法语，他改用伦敦方言创作，对英国民族语言的形成有很大影响。最早的抄本成于 1380—1390 年。英国印刷业起步于 1475 年，《坎特伯雷故事集》于 1476 年在英国威斯敏斯特首次印刷出版。由于乔叟在文学上的巨大成就，使得英国出版商能够逐渐定型，并且最终让这门语言成为世界上最成功的语言。今天，在中国，乔叟的杰作《坎特伯雷故事集》有多种译本。英国剧作家、诗人莎士比亚（William Shakespeare，1564—1616 年）共写了 37 部戏剧，154 首十四行诗，两首长诗和其他诗歌。除两首长诗《维纳斯与阿多尼斯》和《鲁克丽丝受辱记》是在他生前自己发表外，他的某些剧作则以四开本"盗印版"行世。这些"盗印版"是由剧团某些演员口授，或在演出时被人速记下来的。当时习惯是剧作家将剧本卖给剧团，剧团有处理剧本的全权；为了尽量垄断，剧团竭力防止其他剧团得到脚本，秘不发表，才出现了"盗印版"。莎士比亚的全部剧本是在他去世后由同团演员海明和康德尔搜集成书，于 1623 年用对开本发行，称为"第一对开本"（《莎士比亚戏剧集》第一对开本，实际名称是《威廉·莎士比亚的喜剧、历史剧和悲剧》），收了 36 出戏，其中有一半是他生前没有出版过的。英国作家狄更斯（Charles Dickens，1812—1870 年）第一部长篇小说《匹克威克外传》于 1837 年开始在报上连载。它是狄更斯的现实主义小说创作的第一个成果，对 19 世纪的小说产生了迅速而持久的影响。此书奠定了狄更斯作为作家的地位，他后来成为维多利亚时代最著名、最受

第三章 活字魅力

人喜爱的小说家。

在思想领域，马克思（Karl Marx，1818—1883 年）是无产阶级革命导师。《资本论》是马克思毕生研究政治经济学的主要成果和最主要的著作。共 3 卷。第 1 卷于 1867 年在德国汉堡出版；第 2、第 3 卷在马克思逝世后由恩格斯整理，分别在 1885 年和 1894 年出版。《资本论》标志着马克思主义政治经济学科学体系的创立。

从 16 世纪起，铅活字印刷术迅速向欧洲以外各国扩散，并逐步成为世界上的主流印刷方式。1516 年传入非洲摩洛哥，1538 年传入美洲墨西哥，1556 年传入亚洲印度果阿，1590 年传入日本。在大洋洲，澳大利亚印刷史是随着英国殖民者的到来而开始的，澳大利亚印刷出版的第一本书是 1802 年印制的《南威尔士现行法律》。另外，新西兰毛利文明在相当长的历史时期都没有自己的文字，随着欧洲移民的涌入才有了文字和图书报刊出版业，第一份报刊《每日新闻》是 1881 年出版的。

1588 年，欧洲传教士在中国澳门建立印刷社，其后用西方活字印刷拉丁文《基督教儿童与少年避难所》等书，这是西方现代铅活字印刷术首次登陆中国，但只是匆匆而过，没有停留。直到 19 世纪以后，中国进入印刷术的西法东渐时期。其间，铅活字凸印率先传入，随后，石印术、平版胶印、雕刻凹版、照相凹版、泥版与纸型铅版、珂罗版等也相继传入，从此，中国的印刷事业迈入了近现代的历史阶段。中国传统的手工雕版、活字印刷术虽与之并行一段时期，但由于技术相对落后，最终为之所取代。如果说中国古代印刷术完全是以人的手工技艺为特征进行图文刷印的话，那么近现代印刷术则主要是由人操作的动力机械来完成图文转印的。这一切，与谷登堡的贡献是有关联的。

由谷登堡改进并使用活字印刷术后，书籍的生产量大大提高，使更多的人能接触知识，摆脱愚昧。可以说正是这些纸质印刷品解放了人们的头脑，帮助人类走向一个更为理性的新世界，活字印刷术因而有了"文明之母"之称。

二、美洲活字印刷文化

美洲全称"亚美利加洲"。习称"新大陆"或"新世界"，即西半球陆地。相对而言，"旧大陆"或"旧世界"主要指亚、欧、非三洲，即东半球陆地。1492年哥伦布到达西印度群岛，1498年到达南美大陆北岸，但当时以为都是亚洲。1497—1503年意大利航海家亚美利哥沿南美洲北岸航行，经实地考察，断定哥伦布到达的这块地方乃是欧洲人所未知的"新大陆"，而不是东方，后人即用其名命名整个大陆。15世纪末，西班牙、葡萄牙、英国、法国等国进行探测和殖民。1776年美国宣布独立。19世纪初叶起，各国相继独立。

墨西哥位于北美洲南部。官方语言为西班牙语。首都墨西哥城。墨西哥是美洲古印第安文明中心之一。公元前1500—前900年期间，部分地区已进入原始公社的繁盛期，之后逐步形成了奥尔梅克、特奥蒂瓦

第三章 活字魅力

坎、玛雅、托尔特克、阿兹特克等印第安文化。其中最具代表性的是兴盛于4—9世纪的玛雅文化。墨西哥在1521年成为西班牙的殖民地。墨西哥的印刷出版业与西班牙统治紧密相关，最早的书籍都是从西班牙运来的。从1538年开始，在西班牙塞维利亚的克伦伯格家族提供的技术与资金支持及墨西哥主教与总督的鼓动下，欧洲印刷术首先自西班牙输出至美洲。美洲第一家印刷厂建立，①比美国早了100年。

美国是北美洲中部国家，全称"美利坚合众国"。今天美国的这块土地，原为印第安人居住地。15世纪末，西、荷、法、英相继侵入。17—18世纪前半期英国在北美中部大西洋沿岸陆续建立13个殖民地。1775年殖民地人民掀起独立战争，1776年7月4日宣布成立美利坚合众国。美国是世界出版大国之一。虽然它的建国历史很短，但若将其出版史与立国史相比，出版历史堪称"悠久"。早在建国之前，已经出现出版社。1638年在波士顿附近哈佛学院所在地建立了北美英国殖民地第一家印刷厂——剑桥印刷厂，即哈佛大学出版社前身，所出版的第一种印刷品为一批单张的《自由民誓词》，

---

① 塞尔日格鲁金斯基：《世界的四个部分：一部全球化历史》，李征译，东方出版社，2022，第81页。

第一种书为《圣诗全集》。在期刊出版方面，建国之前的1744年已出现了美国第一份学术期刊，虽然晚于英、法、意、德等国，但基本上与其他欧洲国家同步。18世纪中叶以前，美国出版业中心在波士顿，19世纪初费城出版业的发展在全国一度领先，到南北战争前夕，纽约市已牢固地确立了全国主要出版中心的地位。

美国在推动印刷技术进步方面，也取得了许多令人瞩目的成就。1822年美国波士顿首先在印刷机上采用蒸汽机。1847年，美国的R. M.霍伊（Richard March Hoe，1812—1886年）发明轮转印刷机。1900年，制成六色轮转印刷机。1904年，美国的I. W.鲁贝尔（Ira Washington Rubel，1860—1908年）发明胶版印刷机。利用照相原理代替金属铸排的研究始于20世纪初。1915年问世的美国照排机是仿照勒德洛排铸机的结构原理，将制有透明字母的字模排列到排字手盘里，然后在软片上曝光，制出成行的标题。由于都未能解决齐行、分音节等基本技术问题，未能用于实际生产。直到1947—1948年美国因特泰普公司的照排机问世，能自动齐行并正确地使用连字符号，才使拉丁语系的照相排字开始走向实用的道路。

美国文学的历史不长，但由于出版印刷业高度发达，造就了许多具有广泛影响的作品。如惠特曼（Walt Whitman，1819—1892年）是土生土长的美国诗人，当过排字工、报纸编辑。主要诗集《草叶集》于1855年初版，以后多次重版，每版都有新诗增补。他的诗作抛弃传统格律，采用自由体，以几近散文的格调写成，充满乐观进取精神，歌颂人与自然完美和谐的统一，对美国文学的发展产生了巨大的影响。在第二次世界大战中，美国政府给每位士兵都发了一本，以提醒他们为美国而战。又如马克·吐温（Mark Twain，1835—1910年）是美国著名作家。他出身寒微，通过写作而变得富有，享有盛名，但他的心却和普通人民在一起。他在赴英国接受牛津大学名誉学位时，受到码头工人的欢迎，他认为这是一种最可贵的爱，因为它来自"我自己的阶级"。他的幽默以及作品中使用的语言，是他对美国文学的贡献。代表作长篇小说《汤姆·索亚历险记》《哈克贝利·费恩历险记》，借儿童的眼光，对庸俗的社会习俗以及种族歧视等做了辛辣的讽刺。马克·吐温是幽默艺术的大师。他在滑稽中含有讽刺，逗趣中有所针砭，创造了独特的艺术风格。再如海明威（Ernest Hemingway，1899—1961年）是美国著名小说家。早期以"迷惘的一代"的代表著称，后陆续写出小说《太阳照样升起》《永别了，武器》《丧钟为谁而鸣》《老人与海》等传世名著，获1954年诺贝尔文学奖。海明威那简约有力的文风引起了一场"文学革命"，在许多欧美作家身上留下了痕迹，他是一位开了一代文风的语言艺术大师。

加拿大是北美洲北部国家。英语和法语为官方用语。加拿大最早的居民是印第安人、因纽特人（旧称"爱斯基摩人"）。17世纪初叶起，法、英竞相建立殖民地。1763年被英国独占，1867年成立联邦制的加拿大自治领，1926年独立，为英联邦创始成员国。加拿大的书籍和报刊的出版很长一段时期都被英法统治，因此，加拿大出版业由英文出版社和法文出版社两大类组成。法文书刊出版业以法语区的魁北克省蒙特利尔市为中心，早在18世纪中叶就已形成。英文书刊出版业以英语区的安大略省的多伦多市为中心，是第二次世界大战以后才形成的。自1890年起，英国与美国一些出版公司纷纷在加拿大设立子公司，20世纪初至50年代，加拿大人开设的出版公司数量极少。20世纪60—70年代，出版业发展迅速，出现大量出版社。

巴西是南美洲疆域最大、人口最多的国家。官方语言为葡萄牙语。巴西境内原为印第安族图皮人和阿拉瓦克人繁衍生息之地。16世纪初沦为葡萄牙殖民地。1822年独立。葡萄牙曾是巴西的宗主国，对巴西的文化产生了显著的影响。直到18世纪末，葡萄牙仍禁止巴西开设印刷厂。1807年由于葡萄牙被拿破仑军队占领，葡萄牙王室出逃巴西，使巴西一度成为葡萄牙王国中心，进而带来一系列的革新举措，各种报纸和杂志开始出版。20世纪初，巴西的图书主要依靠从葡萄牙、法国进口。本国出版物主要是由书商与印刷商翻印的外国出版物。第二次世界大战开始后的30年中，由于政府制定了促进出版业发展的政策，出版业迅速发展，出现了越来越多的出版社。

哥伦比亚是南美洲西北部国家。官方语言为西班牙语。首都波哥大。哥伦比亚境内原为印第安人居住地。1536年沦为西班牙殖民地，1810年宣布独立。圣菲波哥大（波哥大旧称）城建于1538年，西班牙人在这里建立了最早的印刷出版业，波哥大的第一家印刷厂建于1738年。

18世纪末叶以前，哥伦比亚文学受到西班牙殖民者和教会的压制。当时流行的主要是记述统治者历史的作品和浮夸雕饰的诗歌。哥伦比亚独立后，政治动乱一直延续到 1832 年，然后进入比较稳定的时期，文学因之也有所发展。20 世纪 50 年代以后，哥伦比亚文学有了新的发展，一批有才华的作家出现，其中在当代具有很大影响的是加西亚·马尔克斯（Gabriel García Márquez，1927—2014 年），他是哥伦比亚著名作家。1965 年他开始创作长篇小说《百年孤独》。1967 年，小说在阿根廷南美出版社出版并大获成功，一月之内重印 4 次，还很快被翻译成各种文字并风靡全球，不但奠定了他在世界文坛的地位，而且给他带来各种荣誉和巨额收入。这部小说不仅是马尔克斯的代表作，也是魔幻现实主义文学的集大成之作。1982 年，由于"他的小说以十分丰富的想象，打破了现实与梦幻的界限，反映了整个大陆的矛盾和命运"，被瑞典文学院授予诺贝尔文学奖，这进一步扩大了他的影响。1983 年，他几乎完全被各种奖金、桂冠、会议和社交活动所吞没。1984 年他隐居在卡塔赫纳创作长篇小说《霍乱时期的爱情》。一年后，这部小说在哥伦比亚、墨西哥、西班牙等二十多个国家同时发行。马尔克斯的主要作品在中国拥有大量读者。其中《百年孤独》的中译本于 1984 年出版，此后又有两个不同的中译本面世，从而在中国文坛刮起一股魔幻现实主义的旋风，影响了一代年轻作家。

第四节　活字印刷文化对世界文明的贡献

图书是记录和传播知识的工具。而诞生于中国的印刷术，则是图书的一种重要生产技术。在印刷术产生之前，图书采用的是以抄写为手段的复制方式，费时费力，复本稀少，很难满足人们阅读的需要。印刷术发明后，图书能够比较容易地印刷出许多复本，便于长久保存，并得以广泛而迅速传播，进而使知识得到普及。回望历史，凝聚着中华民族智慧的活字印刷术，自11世纪由北宋毕昇发明后，很快陆续传于朝鲜半岛、日本、越南等东亚汉文化圈，同时又向西传入西夏与回鹘等地，最后很有可能传至欧洲。活字印刷术自传入异域后，在东西方能工巧匠们的共同努力下，从15世纪至20世纪，陆续成为世界范围生产图书的主要印刷方式，进而形成一种庞大的印刷工业，并成为人类最重要的传播知识与思想的手段之一，使越来越多的人能够接触知识，摆脱愚昧，走向更为理性的新世界，从而推动包括近现代中国在内的整个世界文明向前发展。因此可以说，诞生于中国的活字印刷文化，对人类文明的发展，产生过积极而重大的影响。1999年末，经国务院批准，我国《淘汰落后生产能力、工艺和产品的目录（第二批）》[1]正式发布，自 2000 年 1 月 1 日起施行，"全部铅排工艺"和"全部铅印工艺"被列入此目录中。从此，中国文字排版告别"铅与火"的"热排"时代，全面彻底跃进到"电与光"的"冷排"时代。然而，活字印刷术并未消失，2010 年"中国活字印刷术"入选联合国教科文组织宣布的"急需保护的非物质文化遗产名录"。与此同时，现代全球政治、经济、文化的实质，是近代以来东西方文明融合的产物。近代是从分散到整体的世界，现代文明中实际存在着大量东西方文明要素，这些要素不少是凭借活字印刷技术直接或间接传递的，而且这种影响一直延续到今天。总之，东西方活字印刷的书籍所传递的思想精华，至今仍是人类文化宝库中的瑰宝，相信今后也将对世界文明进程产生积极的推动作用。

---

[1] 全国人大常委会法制工作委员会编：《中华人民共和国现行法律法规（下卷：行政法规）》，知识产权出版社，2002，第 1049—1055 页。

第四章 数字印刷

第四章　数字印刷

第一节　近现代世界印刷技术的革新与进步

1440—1448年，德国人谷登堡发明了木质手扳架印刷机，开启了机器印刷时代。这一时期，印刷工业的规模都不大，且多为手工业性质（见图4-1）。近代以来，印刷技术经历了多次变化和进步，从纯手工到机械化，到自动化，再到数字化和智能化，每一步进化都迸发着科技和创新的炙热火花，极大地拓宽了印刷行业的应用范围，改变了人们的生产和消费模式，为构建数字经济、促进经济增长和文化传播做出了巨大贡献。

图4-1　谷登堡发明了手扳架印刷机

1845年，德国生产了第一台快速印刷机，从此开始了印刷技术的机械化过程。大约经过一个世纪，各工业发达国家都相继完成了印刷工业的机械化。从20世纪50年代开始，印刷技术不断地采用电子技术、激光技术、信息科学以及高分子化学等新兴科学技术所取得的成果，进入了现代化的发展阶段。20世纪70年代，感光树脂凸版、PS版的普及，使印刷迈入了向多色、高速发展的途径。1980年代，电子分色扫描机和整页排版系统的应用，使彩色图像的复制达到了数据化、规范化，而汉字信息处理和激光照排工艺的不断完善，使文字排版技术发生了根本的变化。20世纪90年代，彩色桌面出版系统的推出，表明计算机全面进入印刷领域，这也标志着印刷这个古老的行业在工艺、技术上正发生着质的变化。

一、制版技术的发展

制版技术是推动印刷技术与印刷工业发展的重要因素，从雕版印刷时代的手工雕刻制版到照相制版，又经历了激光照排技术的革新，发展到如今的计算机直接制版，实现了效率和质量的飞跃。

（一）照相制版技术

照相制版技术是利用照相复制和化学腐蚀相结合的技术制取金属印刷版的化学加工方法。1822年，法国的J. N. 涅普斯进行了照相制版的实验，他利用覆以感光性沥青的材料并采用化学腐蚀的方法制出了印刷版。1839年，苏格兰的M·庞顿在其报告中阐明了现代照相制版方法。1850年，法国的F. 吉洛发明了可用于生产的铜锌版的照相制版法。当时为了保护线条和文字侧壁不受腐蚀，用松香粉等在腐蚀过程中逐次进行涂敷保护，这种方法用手工操作，比较麻烦，效率很低。直到 1948 年，美国发明了先进的无粉腐蚀法之后，照相制版法才成为一种适合于大批量生产的印刷工艺而获得广泛使用。

照相制版原理是把所需的文字和图像按尺寸要求缩放到照相底片上，再将底片贴合在涂有感光材料的金属板上进行曝光，经过显影便可在金属板上形成所需要的文字或图像的感光胶膜。为提高胶膜的抗蚀性，还须浸入坚膜液中进行短时间处理，经加温使之成为一种有光泽的珐琅质薄层。这一薄层有很强的耐酸抗碱特性，能保护下面的金属表面不受化学溶液腐蚀。再将金属板浸入硝酸或三氯化铁溶液中，无珐琅质胶膜的金属表面便被腐蚀溶解，形成凸出的文字或图像的印刷版。

印版按照图文部分和空白部分的相对位置、高度差别或传递油墨的方式，被分为平版、凸版、凹版和孔版（丝网）等。

1. 照相平版

平版印刷的印版，印刷部分和空白部分无明显高低之分，利用油水相拒原理，在印版版面湿润时施墨，只有图文部分能附墨，然后进行印刷。照相平版，则是利用涂在版上感光胶膜曝光后硬化程度的不同，温润后形成不规则的纤细皱纹，具有不同的吸墨能力。吸墨量大小与感光程度成正比，因而能表达原画的浓淡层次。珂罗版（因用厚磨砂玻璃作版材，故又名"玻璃版"）、胶版（亦称橡皮版，是将金属平版图文上的油墨，经由包橡皮布滚筒，转印到纸上的间接印刷法见图4-2。因橡皮有弹性，即使纸面稍粗，也能印得精细）和锌版平版等，均属平版印刷。

图 4-2　平版印刷印版示意图

照相平版术的一般工艺技法：先将画稿翻拍成底片（彩色画稿要通过滤色片拍成分色底片，有浓淡色调的画稿还要加上网屏拍成网目底片），修整及校正色调后，即可制版。因翻拍画稿的底片有阴图底片（即负片）和阳图底片（即正片）之分，故又可分阴图版和阳图版两类。前者用负片晒制，后者则用正片晒制，再经水洗脱膜腐蚀而成。随着感光剂和涂布工艺的改进，又有预制感光版（Prefa brica tea Sensitization，也称 PS 版，铝版的别称）与现涂感光版等。此外还有无网平版和无水胶印平版，及静电复制平版和利用激光感光制成平版。版材有锌、铝、不锈钢、多层金属等，也有用纸及塑料做基材的。

2. 照相凹版

凹版图文部分低于空白部分，而凹陷程度又随图像的层次有深浅不同，图像层次越暗，其深度就越深。现在通用的工艺技法是：先从画稿翻摄阳图底片，用此底片和网屏分别复在涂有感光膜的碳素纸上，进行曝光，然后将碳素纸包裹在镀铜的滚筒外层，用水浸湿，使感光膜转移到筒面上，经腐蚀后即成凹版印版（见图4-3）。

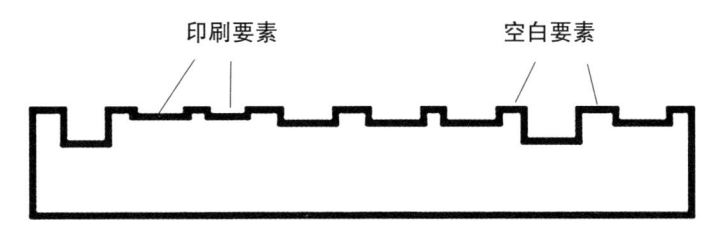

图4-3 凹版印刷印版示意图

3. 照相凸版

凸版印刷的印版，其印刷部分高于空白部分，而且所有印刷部分均在同一平面上。一般是将画稿翻拍成阴图底片（负片），复在涂有感光胶的版材上，在强光（炭精灯）下曝光，使感光部分成为不溶性而具抗酸能力的硬化膜。然后经水洗显影及版面处理，溶去空白部分（不感光部分）胶膜，再经腐蚀，空白部分凹下，图形部分保留，故成凸版（见图4-4）。

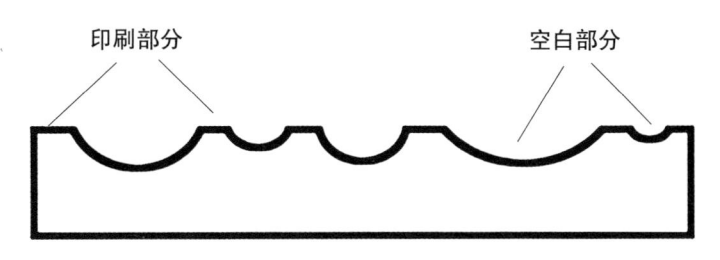

图4-4 凸版印刷印版示意图

照相凹、凸版，两者制作程序相同，只是所用底片不同，凹版为正片，而凸版为负片。版材有铜、锌、镜、PS版及感光聚合物版等。一般报刊上的黑白画多采用照相凸版印制，而一些有格调的美术作品和照片，多采用照相凹版印刷。

4. 照相孔版（丝网）

孔版图文部分是由大小不同的孔洞或大小相同但数量不等的网眼组成，孔洞能透过油墨。制版程序一般是：首先在网上涂刷感光胶膜，然后复以照相底片，曝光后感光处胶膜固着网上，未感光处用水冲去，露出网孔，即成丝网印版。工业上的孔版多用于招贴、商标、仪表刻度、盲人读物、书籍装帧及印刷电路等。常见的丝网印花，则是各大印染厂家不可缺少的织物印花手段（见图4-5）。

图4-5 孔版印刷印版示意图

（二）激光照排技术

出版产业中的照排技术可划分为四代：第一代手动照排机，该照排机以手工的方式在模板上进行选字，通过照相原理实现排版。第二代为摄影照排机，在前一代照排技术的基础上，将输入的设备更换为电子计算机。第三代CRT照排机将文字等输入性信息进行编码写入到存储器中，通过电子扫描的方法将信息成像到阴极射线管的银光屏，最后通过感光材料进行曝光。第四代激光照排机，通过电子计算机输入并将输入信息转变为点阵信息控制声光调制器，最后在感光底片上曝光出点阵信息。其中输出精度与输出幅面远优于前三代照排机技术（见图4-6）。

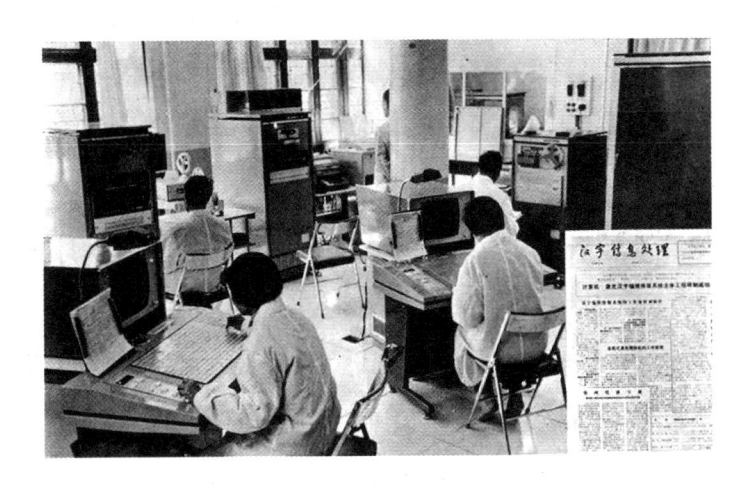

图 4-6　第四代激光照排机

激光照排首先将文件输入到电子计算机中，即借助编辑录入软件，将文字通过计算机键盘输入计算机；然后借助排版软件，将已录入的文字进行排版，确定标题的设置、字体、字号、行间距离、另行或另页等；再就可以通过显示软件，在计算机屏幕上将排好版的文件显示出来，这时，编辑人员可对其进行校对修改；校对无误的文件会通过照排软件被传送到照排控制机，最后在激光照排机上输出，形成像纸或软片。

20世纪70年代，随着计算机技术的兴起，国外的印刷技术突飞猛进，而中国仍然使用铅字排版，印刷和出版效率非常低。这是因为，与拉丁字母相比，汉字不仅字数繁多，而且变化万千，汉字输入和输出计算机的问题并未得到解决。如果不能实现汉字信息化处理，中国将被排除在世界信息化潮流之外。有人甚至提出，要想跟上信息化步伐，就要废除汉字，走汉语拼音化的道路。汉字几乎站在生死存亡的十字路口。因此，研发汉字信息处理系统，让精密汉字进入计算机，利用现代科技对传统印刷行业进行彻底改造刻不容缓。

对此，中国瞄准世界科技前沿，大胆跳过了当时国际流行的第二代、第三代照排系统，直接研制第四代激光照排系统，采取了跨越式发展的技术路线。1975年初，北京大学计算机专业的教研组长徐庆和牵头制定全校有关图书馆和印刷自动化（含激光照排）的总体方案，目标是填补国内3个空白：即汉字高质量的输入和输出，汉字全自动排版以及汉字情报检索和图书馆自动化。汉字字形是由以数字信息构成的点阵形式表示的，一个一号字要由八万多个点组成，因此全部汉字字模的数字化存贮量非常大。王选教授带领研制人员攻坚破难，一种字形信息压缩和快速复原技术，即"轮廓加参数描述汉字字形的信息压缩技术"，就是将横、竖、折等规则笔画用一系列参数精确表示，曲线形式的不规则笔画用轮廓表示，并实现了失真程度最小的字形变倍和变形，使存贮量减少到五百万分之一，速度大大加快。这种高倍率汉字信息压缩技术、高速度还原技术和不失真的文字变倍技术，正是汉字激光照排技术的核心，这项突破，打开了计算机处理汉字信息的大门。1979年7月，新中国诞生第一张用"计算机—激光汉字编辑排版系统"整张输出的中文报版样张。此后，汉字激光照相排版系统成为新中国第一个计算机中文信息处理系统，后来不仅风靡全国，也出口到日本和欧美等发达国家。王选的这一项发明比西方早了10年。解决了字形信息压缩和复原的技术难题后，王选团队跨越当时光机式二代机和阴极射线管式三代机阶段，开创性地研制第四代激光照排系统。

（三）计算机直接制版技术

计算机直接制版简称CTP（Computer to Plate）是指将计算机制好的图文、版面信息由计算机控制激光束直接对印版进行曝光、形成潜影，经CTP系统内置计算机控制自动打孔装置打好印刷机的版孔，经连机冲版机冲洗后直接上印刷机进行印刷作业。CTP系统是技术密集化的印前设备，应用了现代计算机软硬件技术、电子技术、彩色数字图像技术、物理光学技术等科技成果，一方面简化了复杂的制版工艺过程，可以省去激光照排感光胶片或电分机分色胶片及人工拼版、机械连晒、人工晒版、PS版冲洗等流程，极大地改造了传统落后的制版印刷工艺（CTF），提高了制版速度；另一方面，改善了制版技术的环境性能，减少了含银、对苯二酚等对人体和环境危害较大的废液排放及制版过程中紫外光对人体的伤害和对空气的污染，对促进印刷工艺技术向绿色环保方向发展意义重大。

CTP技术出现于20世纪80年代。到了20世纪90年代，设备制造厂商与印刷厂家密切配合，加速了这项技术的研究开发步伐，达到了成熟和工业化应用的程度。据美国印刷技术权威机构 GATF 的调查显示，仅从 1995 至 1998 年 3 年间，全世界 CTP 的应用普及速度从 311 套增长到 3100 套，增长了 10 倍。

相对于传统 CTF 制版工艺，CTP 技术主要有以下特点：

① 层次丰富：阶调复制范围更大。传统软片晒版高光和暗调几乎无法表现，对于 CTP 工艺而言，采用了数字化流程和高分辨力 RIP 系统，加上高精度的激光技术理论上已具备表达 1%—100% 网点的能力（实际效果还依赖具体的 CTP 版材性能），其体现细小网点形状和网点结构的能力是传统制版技术无法比拟的。CTP 工艺对高光和暗调再现性好，阶调复制范围更大。CTP 技术可以实现调频以及调频、调幅混合加网大幅提升了印刷品质，轻松自如地完成许多高清晰度、高网线数的精细活件能够再现极细的线条。

② 质量更好、更稳定：CTP 工艺不需要输出胶片的网点，传递环节减少了胶片输出中的网点传递误差，失真度小，提高了套印精度和印版质量。CTP 印版的网点扩大现象更弱，印刷线条边缘更清晰，粗细变化更易控制。CTP 制版过程全部采用数字化参数控制，避免了手工拼大版、人工控制胶片显影以及曝光制版、修版等繁琐工序的主观随意性，以及传统拼版引起的套印不准问题，因此印版质量更好、更加稳定。另外 CTP 技术广泛采用调频网点，很大程度避免了传统制版工艺调幅加网的龟纹现象，图像质量更好。

③ 效率高：具有成本优势。在效率方面，CTP 技术省去了胶片输出、手工修整印版脏点和胶片边缘等环节，大大缩短了印版生产时间；CTP 应用数字化油墨预调技术，节约了对印刷机进行调节的时间；由

于记录重复性好，补版时印刷调机费时少；通过卫星数字信号和计算机网络实现远距离传输数据直接制版，缩短了时间和空间的距离；通过 CTP 直接生成整版墨道数据传给印刷机，缩短追色时间，减少过版纸消耗提高了印刷机的实际使用率。在成本方面，减少了激光照排机、冲片机、晒版机、显影机和收版机等设备投资；在原材料方面，节省了胶片、化学药剂等消耗；无需输出胶片和拼版等环节，工序简化；CTP 采用数字化流程曝光过程中的影响因素少，版材曝光的宽容度也好，成品合格率高，减少了因晒版和冲洗因素造成的再版浪费；版材耐印率高，特别是长版活更有优势；数字打样技术降低了打样时纸张、油墨、润版液的消耗。

二、印刷机械的发展

19 世纪中期，印刷术开始从手工制作向半机械化和机械化过渡。通过机械化印刷，印刷数量大幅度增加，品质也得到了很大提升，符合了工业化生产的需求。近代以来，印刷设备的革新促进了印刷行业的发展，以下是主要的几次革新及其时间节点：

（一）轮转式印刷机的发明和应用

19 世纪下半叶，德国的欧根·戴恩、英国人理查德·霍伯思、美国的理查德·曼内斯（日后创立曼罗兰印刷机公司）和鲁道夫·德莱柏（日后创立海德伯印刷机公司）等一批制造商发明了轮转印刷机，它的机械构造革新了印刷的原来面貌，使得印刷品质和效率都得到了极大提高，也是印刷技术发展历史上的重要里程碑。

轮转式印刷机与传统印刷机的区别在于，传统印刷机沿着一条线性轨迹进行印刷，轮转式印刷机则采用圆筒印刷，速度快、精度高。其基本结构是由一系列平面和圆筒印版组成，油墨依次印在印刷纸张上，实现连续的印刷操作。具有这种结构的轮转印刷机包含一个或多个印刷机部分，其中包括印刷圆筒、套上印版的圆筒、橡皮印刷圆筒和油墨供应系统。早期轮转式印刷机的制造和应用曾经遭遇困难，主要是无法高效量产需要的热显影材料、印刷圆筒等，技术达不到市场的需求，但是此后随着机械和各类构造的不断改进优化，轮转印刷机得以更好地满足市场需求，成为印刷行业的核心技术之一，广泛应用于报刊、包装、海报等各个领域。

（二）自动化印刷设备的应用

自动连印机的普及，如现在常见的平张型胶印机、轮转印刷机等，开始体现了自动化生产线的印刷生产模式，在提高运转效率和印压效率的同时，进一步保持印刷品质。

早期的自动化印刷设备主要采用自动连印机，主要实现自动产生印刷标识，通过对排版的合理编制，让机器大量强化印刷能力。1970年代，自动平衡功能的胶印自动平衡机的应用，给自动化印刷设备提供了重要的技术支持，成为推动自动化的重要推手。胶印自动平衡机可以自动完成印版装夹、橡皮、纸张装订等工序，一边完成打印任务，使印刷过程更加自动化和智能化。20世纪90年代后期，PLC（Programmqble

Logic Controlles）控制技术的出现，使得自动化印刷设备的神经中枢得到了改善和微调，进一步提高了设备的稳定性和生产效率。

PLC控制技术是指以可编程逻辑控制器（Programmqble Logic Controlles，简称 PLC）为核心，应用间接控制的方式，实现对自动化机械和设备的监测、控制、数据采集以及自动化流程控制。在自动化印刷机中，PLC 控制技术广泛应用，对印刷设备稳定性、可靠性、安全性以及印刷品质提升都起到了积极的作用。在控制印刷设备时，PLC 可以根据预设的程序，准确控制每个动作执行的时间和顺序，及时发现并纠正机械部件的故障和异常；并且，PLC 控制技术还可以采集设备运行情况和生产过程参数，通过分析、监控和报警输入，并且智能适应各种生产环境和需求。PLC 控制技术可以实现印刷机器、传感器、控制单元、电机等的完全集成，即使面对复杂的生产流程，也能够靠电子元件和程序的帮助完成流程控制。总之，PLC 控制技术在自动化印刷机的应用中，是实现印刷机械全数字化的关键技术之一。智能自适应自动化印刷机阶段。

进入 21 世纪以来，自动化印刷设备工艺技术得到了更广泛和深入有效地推广应用，智能自适应技术的不断前行，也引领了印刷生产自动化、智能化的潮流。智能化技术的加入，使印刷机器可以对环境更加智能和动态的响应，更好解决实际生产操作生产过程中的问题和技术需求。

（三）数字化印刷设备的应用

电脑控制印刷机、数字印刷机等数字化印刷设备的应用，极大地提高了生产效率，推动了印刷技术更接近无性印刷，突破了传统印刷的限制，满足了个性化印刷等市场需求。

最早的数字化印刷设备是喷墨式打印机，在20世纪90年代开始普及，采用了彩色喷墨技术，可以高质量地打印彩色图像，这种设备的优点是低成本、便于维护和使用，因此受到了广泛的应用。其后，鼓式印刷机的应用将数字印刷引向了另一个高度，通过鼓式印刷机的直接转印技术，数字印刷变得更加快速、高效。

20世纪90年代，数字制版技术被推出，通过专用设备，将电脑产生的数字图像处理成印刷用印版的整个过程，完成一个从数字信号到纸张印刷成品的转换过程，全面启动了数字印刷推广的进程，不仅取代了传统的胶片制版和手工制版的模式，更极大地提高了印刷品质和印刷速度，实现了对传统印刷工艺价值链的重构。

1992年德国先进印刷技术公司推出了数字平板曝光相机，由此开始使用计算机技术和特制清晰度更强的设备，进行数字印版等相关方面的测试和市场试验。

1994年推出直接激光记录印版技术，采用磷酸盐胶片记录方式，完成了从计算机到激光蒸气转印，最终成型工序的整个流程，形成直接数字成像记录和联通印刷系统以及工业标准化的复杂技术流程，既提高了质量，也降低了生产成本和能耗。

随着计算机技术和先进数字制版技术的不断普及和改进，数字制版技术进入全数字化柔性印刷制造技术阶段，得以应用于所有印刷品类，并在包装印刷、出版印刷、报刊印刷等不同领域得到广泛应用。数字制版技术逐渐地基于宽幅印刷机、自动化柔性制造等，取代了传统的印刷方式，形成了真正意义上的全数字化柔性印刷制造技术。

2000年左右，随着国际市场竞争的加剧和数字化印刷技术的成熟，数字化平面印刷机得到大规模应用，数字化技术在传统印刷行业开始占据主导地位。

数字化印刷设备的发展经历了一个逐步合理的过程。在未来，数字化印刷设备将以更快的速度、更高的精度、更环保的特性来满足市场的需求。同时，数字化印刷的应用，也将会进入更高层次的领域，如3D打印、虚拟现实等领域，数字化印刷设备也将发挥出更大的作用。

(四) 智能化印刷设备的应用

智能印刷系统不断升级和完善，可以更快更准确地处理图像信息，通过数字化技术、智能化装备和自动化流程来实现高效率、低环境污染和高可靠性的印刷生产模式，实现更加高效、智能、精准的印刷生产。

20世纪80年代末期，印刷机器中的控制系统开始普及，使得机器本身可以通过互联网来收集数据，主要是实现生产线上机器现场控制调整，实现质量控制和实时监控生产过程等功能。

随着传感器、数字控制、网络和计算能力的逐渐成熟，测量工具及检测设备实现连接和监控数字化并集成到系统中，使得机器能够便捷地相互连接起来，协同工作的自动化程度进一步提高。

在算法智能化阶段，数字化、自动化和流程化是印刷机器智能化发展的主要方向，各类算法的智能印刷应用开始逐步展现其威力，通过算法优化，能够提供人机接口、生产计划优化、状态监测、诊断和预警等整个业务链条的协同优化，使印刷设备能够适应复杂的环境和操作中的需求。

人工智能和机器视觉技术的普及和应用，使得印刷机器智能化程度越来越高，视觉智能化的系统可以帮助机器自动监控印刷过程中的差错，并通过更加精细的操控设备，快速调整并影响质量改善，提高生产效率。

印刷设备的智能化发展过程，是整个印刷机械行业不懈探索和实践的结果，也是国际印刷领域的集成与创新、印刷行业机器制造商的创新和技术实力的体现。未来，随着数字技术和智能技术的不断深入应用，印刷设备的智能化发展可以走向更加健全成熟和稳定，支持人类向更高质量、更加智能的工业制造方向迈进。

总的来说，印刷设备的革新历程以提高印刷质量和加速生产进度为中心，一步步提升数字化、智能化和环保化能力。各个阶段的技术进步都为印刷产业发展打造了全新的思路和模式，推动着印刷行业朝着更加科技化、智能化、绿色化的方向不断发展。

第二节　近现代中国印刷技术的变革与发展

印刷术是我国古代四大发明之一，对传播知识文化，促进社会发展起着巨大的作用。近现代中国印刷技术是在机、光、电、化学等近代新科学技术用于印刷后，传入近代中国并逐渐发展起来的印刷术。近代印刷术中最先传入的是铅活字排版、机械印刷的铅活字凸版印刷术和平版印刷术中以石板为版材的石板印刷。随后更为先进的凸版、平版、凹版印刷术和相应的设备、器材逐渐传入。在中国发明、发展千年之久的印刷术及印刷业界发生了历史性变革，进入了一个新的纪元。从早期的手工印刷到现在的数字印刷，近现代中国印刷技术的发展已经取得了长足的进步和变革，对推动中国印刷、出版乃至整个文化事业的发展发挥了重要的作用。

一、近现代中国凸版印刷技术的传入与发展

凸版印刷术的传入主要是铅活字版、泥版浇铸铅版和纸型浇铸铅版，以及相应配套技术、设备的传入。凸版印刷工艺技术从传入泥版、纸型铅版到应用于生产实际，为早期凸版印刷的发展做出了重要贡献，而照相铜锌版和三色照相网目铜版的应用，则使凸版印刷达到了前所未有的水平，在凸版印刷制版工艺领域取得了重要发展与成就。

凸版印刷发展的另一个成就与标志是凸版印刷机械设备的更新和发展。伴随着凸版印刷工艺技术的传入和发展，西方近代印刷术中的机械设备也随之进入中国。其中，最先进入中国的是凸版印刷使用的"手扳架"。"手扳架"结构简单，但效率低下，每日的印刷张数仅数百张。清同治十一年（1872年），上海申报馆使用手摇轮转机大幅提升印刷效率，此后蒸汽引擎、自来火引擎以代人力的印刷机和电力马达为动力的华府台单滚筒印刷机相继传入。早期的凸版制版机械主要用于活字制作用的铸字机和用于翻制铅版的压型机，凸版印刷机械在随着凸版印刷工艺技术由铅活字版直接印刷，向用纸型浇铸铅版印刷的转变，以及卷筒纸轮转印刷机和多版、多色套印的彩色印刷机的出现并用于生产，其工艺与设备很快便达到了相当先进的水平。至此，凸版印刷已处在高速发展之前夕，预示着中国近代印刷业崛起之日即将来临。

二、近现代中国平版印刷技术的传入与发展

石印术是率先传入中国的平版印刷术，分为单色石印、彩色石印和照相石印 3 种，随后陆续传入的马口铁平印、珂罗版平印、金属版平印、胶印等平印技术及其相应的设备，为近代平版印刷业的发展奠定了坚实的基础。清光绪八年（1882 年），国人自办的同文书局开业，购置石印机 12 台，用于影印《康熙字典》《二十四史》等书籍和字画碑帖。此后，石印业迅速发展，光绪年间仅上海一地就有石印所 50 余家，为铅印所之两倍有余。中国早期引进的平印机，均采用直接印刷。最先使用的是石印架，英人美查创办点石斋印书局后改用轮转石印机。石印架和轮转石印机均需手工操作，效率低且耗费人力。后来改用自来火引擎以代人力，印数稍有增加。光绪末年，商务印书馆购进轮转铝版印刷机，印数可达每小时 1500 张，为平版印刷之重要改进。清宣统三年（1911 年），英美烟公司购进小型胶版印刷机率先在中国使用间接印刷技术。

三、近现代中国凹版印刷技术的传入与发展

近代传入的凹版印刷包含雕刻铜或钢凹版和影写版

两种。近代雕刻凹版工艺技术和设备传入后，清光绪三十一年（1905年），商务印书馆聘请日本雕刻技师和田满太郎等来华，传授雕刻铜凹版技艺。尤其是清政府于1908年在北京建立的度支部印刷局，从美国引进全套的雕刻钢凹版技术和设备、并聘请著名雕刻家海趣等来华传授技艺之后，中国的凹版印刷业才得到了长足且成就卓越的进展。

传统印刷业在近代印刷新技术传入中国后需要一个消化、吸收与融合的过程，随着近代印刷术在中国的进一步发展和国人在民族危亡之际的进一步觉醒，一场学习西方先进的科学技术、振兴中国民族工业的热潮逐渐形成，近代中国的民族印刷业也随之迅速崛起。

四、近现代中国印刷机构的建立与崛起

在近代印刷术传入后的半个多世纪的时间里，基本由外国人掌握着采用近代印刷术的印刷企业。仅西方基督教徒在中国建立的印刷机构就多达50余家，最具代表性的是墨海书馆、美华书馆和申报馆。清末民初时，中国民族印刷业开始发展，其中规模和影响较大者有同文书局、商务印书馆和中华书局等。同文书局与其同时期创建的拜石山房的建立，打破了外国人美查创建的点石斋石印书局称霸中国石印业的局面，形成了点石斋石印书局、同文书局、拜石山房在石印业的三足鼎立之势。它的创建，既是近代印刷已在中国站稳脚跟并加速发展之标志，又是中国近代印刷业即将崛起之先兆。商务印书馆于1897年在上海北京路开业，并于1900年盘进了日本修文书局的铜模、铅字和印刷机，使得规模迅速扩大。1913年与日本人合资后，利用日本的资金、技术和

设备，使商务印书馆在技术、设备和管理等诸多方面迅速跃居同行业的领先地位，对中国近代民族印刷业的崛起发挥了重要作用。1908年，清政府在北京筹建规模宏大、技术设备先进的度支部印刷局，无论规模建制还是技术设备均达到一流水平。1912年在上海成立以出版发行为主的中华书局，陆续在各地设立分局20余处，拥有铅印机、胶印机及相关设备数百台，是当时国内仅次于商务印书馆的第二大出版印刷企业。根据《中华印刷通史》列表显示，20世纪初，中国官办的印刷企业约160家，民办印刷企业中，商界、知识界开办的大约350家，全国大中院校自办的印刷机构为数众多。

近代中国印刷业的蓬勃发展离不开印刷设备器材工业的支持和配合。早期的印刷设备、器材均从国外进口。后来随着民族印刷业的崛起，近代中国的印刷设备器材业也随之兴起。20世纪30年代，近代中国民族印刷业发展进入极盛时期，当时在全国印刷中心的上海，聚集了一批印刷出版业的先进分子。在民族危亡的关键时刻，他们为振兴中国的印刷业呕心沥血、艰苦创业，努力学习西方先进的科学技术，致力于培养中国的印刷技术人才。

19世纪前期，西方机械印刷技术引进到中国。20世纪20年代，西方的大型印刷机械引进到中国，逐渐开启了大规模的报纸出版和发行活动，对中国印刷技术的现代化和工业化发展起到了关键作用。20世纪50至60年代，中国印刷行业开始进入工业化生产和自动化生产领域，半自动和全自动印刷机器的使用大幅提高了印刷速度和效率，此外，在此期间胶印、凸印和柔印等印刷工艺得到了长足发展与广泛的普及。我国于1974年8月正式立项"748工程"——国家重点科技攻关项目"汉字信息处理系统工程"，发明了高分辨率字形的高倍率信息压缩和高速复原方法，取得了汉字进入激光照排机的重大突破，使中国的印刷技术从铅与火的时代，迈入光与电的新纪元。激光照排技术发展经历了5个阶段，即手动式照相排字机、自动光电式照相排字机、电子式自动照相排字机、激光照相排字机、不需要经过感光材料而能直接制版的激光照排机，通过RIP技术将加工处理的图文合一的页面解析后进行曝光，输出分色胶片。中国印刷技术经过多个阶段和变革，迎来了新的机遇和挑战。

第三节　汉字激光照排系统的发明与意义

汉字激光照排系统的发明，在开拓汉字信息处理技术及建立印刷出版产业、计算机信息技术及应用等方面取得了令人瞩目的成就，带动了中文计算机信息技术的全面发展，开创了中国印刷技术革命的新纪元，赓续了中华文脉。

一、顺应时代发展的国家"748"工程

在印刷发展史上，中国是最早发明印刷术的国家。曾在隋末唐初发明了雕版印刷术，大约 400 年后，北宋庆历年间布衣毕昇又发明了活字印刷术，之后由中国逐渐传向东亚、传向欧洲及世界，各地又有了不同的改进

和完善。[①]大约15世纪，德国人谷登堡受中国毕昇活字印刷术的启发，独创了铅合金铸造活字、脂肪性油墨与木质手扳架印刷机，步入了机器（机械）发展时期，大量推广并形成产业，引发了信息传播的飞跃。19世纪中期中国从西方引进了铅合金活字印刷技术，并与中国的汉字相结合逐步本土化，再度开拓了活字印刷术。新中国成立后，活字印刷术实现了普及和机械化，逐步成为中国印刷业的主宰。但此时的西方在印刷术的发展上，已将目光又放在了新兴的电子计算机领域。

进入70年代，国外正向着使用计算机进行文字排版系统技术的应用发展，西方印刷业率先结束了铅活字排版，采用了电子照排技术，被称为"冷排技术"。出书周期大大缩短，一般图书出版时间只要个把月，短的只要十几天，甚至几天。而20世纪70年代，中国仍然处于"以火熔铅，以铅铸字，以铅字排版，以铅版印刷"的热排阶段。铅排印刷效率低，印书慢、出书难是常态，一般图书从发稿到出书要一年左右，科技图书因符号多，要拖到两至三年才能出版。老一辈人当笑话讲的一件事是："建人民大会堂只要大半年，出一个人民大会堂的画报却要一年半！"面对这种情况，出版印刷领域亟需一场应用计算机改变出版印刷技术落后的大变革。

从1958年开始，中国也研制过不少计算机，到20世纪70年代初形成了DJS100和DJS200两个系列。但当时中国的计算机主要应用于科

[①] 孙宝林、尚莹莹：《印刷文化十二讲——传统的未来》，山西经济出版社，2020，79页。

学运算和国际尖端工程，其界面信息主要是英文，看起来很有难度。要跟上世界信息化发展的步伐，使计算机从高处走下来，就要使这两个系列机能够有文字处理功能，否则不易推广应用。要使计算机有文字处理功能，就要解决汉字的数字化、汉字输入和输出以及字形在计算机中存储等一系列问题，也就是汉字信息处理问题。众所周知，汉字是一种表意文字，是世界上一种独特的文字，数量繁多，《康熙字典》收入汉字多达 47000 多个，常用字就有 6000 个左右。解决汉字信息处理，不可能依靠外国人来解决，只能发挥中国人的聪明才智，依靠自己来完成这项历史使命。

对汉字信息进行处理，是一项系统工程，不是一个部门能够独立完成的，需要多个部门协同合作。1974 年 8 月 9 日，当时第四机械工业部、第一机械工业部、中国科学院、新华通讯社、国家出版事业管理局 5 家单位，共同拟文呈国家计委并报国务院，请求将研制汉字信息处理系统工程列为国家重点科研项目工程。国家计委经研究后，在签报中提出采用电子计算机技术，可提高工效十倍，还可以节约大量有色金属。据当时统计资料显示，我国铸字所耗用的铅合金达 20 万吨，铜模 200 万副，合计人民币价值 60 亿元，并且每年平均补充消耗铅 5000 吨，铜模 9000 副。告别铅字，节约下来的合金已足够用于新技术装备，并且此项工程对印刷行业技术改造、新闻通讯和资料处理的现代化有重要的政治意义和经济意义。国务院对这一立项请示高度重视，周恩来总理亲自听取汇报。当时国家计委正在筹建国家经济信息中心，要求第四机械工业部承担中心的工程设计，信息中心没有汉字信息处理功能则很难开展工作，所以大家都认识到这个问题的重要性与紧迫性，立项报告很快得到批准。1974年9月24日国家计委经(74) 计字448号文批复，同意将汉字信息处理工程列入国家科学技术发展计划。[1]决定由第四机械工业部牵头成立领导小组及办公室，开展具体工作。因为这个工程因1974年8月上报立项，因此被称为"748"工程。根据批复提出的为印刷行业的技术改造和新闻通讯、资料处理等技术的现代化做出贡献的要求，"748"工程确立了汉字精密照排系统、汉字情报检索系统、汉字远程传输通信系统3个子项目。这一项目的确立，标志着我国汉字信息处理技术的崛起。

二、王选与汉字激光照排系统的发明

王选作为我国印刷技术创新发展的领军人物被世人所知。王选祖籍无锡，1937年2月在上海出生，17岁时，考入北京大学数学力学系，在大三时他选择了计算机数学专业，1958年毕业后留校在北大无线电系任助教。参加了"北大一号"和"红旗机"的全部研制过程，前者因为硬件的原因失败，后者经过调试运行成功了，王选在其中积累了大量

---

[1] 沈忠康：《创新历程》，经济日报出版社，2004，第34页。

经验，才华也得到显示。但此时他却累病了，自此缠绵病榻十数载，这一病就到了 1975 年，此时国家 "748" 工程——全称为汉字信息处理系统工程已经在 1974 年出台了。

也许是命运的安排，1975 年春病休在家的王选从夫人陈堃銶那里偶然得知 "748" 工程，其中有一个子项目汉字精密照排系统，激起了王选极大兴趣和研究热情，他敏锐地判断出这个项目价值最大，将引起中国出版印刷业的一场技术革命。他回顾到："对于通信而言，汉字与西文无多大差别，不会有什么特色；情报检索系统虽然价值大，长远看有很大前景，但当时中国硬件、联网和使用情况还不足以使这类系统短期内形成大气候；汉字精密照排是运用计算机和相关的光学、机械技术，对中文信息进行输入、编辑、排版、输出及印刷，也就是用现代科技对传统印刷行业进行彻底改造。虽然难度大，但它的价值和前景同样不可估量，因为在当时，中国最多的厂，恐怕就是印刷厂了。"所以，即使在北大当时还不是 "748 工程" 的组成单位，也没人给他下达任务的情况下，王选还是决定立即着手研究。

研制汉字精密照排系统，攻关的难题主要有两个方面：一是解决汉字信息在计算机内的存贮问题；二是匹配计算机输出的照排机设备。

解决汉字信息在计算机内的存贮问题，首先要了解国际上照排系统发展的历史和现状。王选了解到早在20世纪40年代，西方就开始用照排机取代铅字的研究与发明：1946年美国Intertype公司研制成功第一代手动照排机，称为Fotosetter，实际上是一种西文照相排字机，字模制作在一块透明的模板上，通过键盘控制，将选中的字模对准一个窗口，用很强的灯光照射，使这个字模在底片上感光，然后移动底片，再照下一个字符。1951年美国研制出第二代光学机械式照排机，叫做Photon200。是把西文字模制作在有机玻璃圆盘或圆筒上，在照排过程中圆盘作高速运转，当查找到需要照相的字模时，闪光灯自动启动，使字模在底片上成像。20世纪50年代末，第二代照排机与计算机相连，构成了计算机排字系统，从而进入了一个崭新阶段。20世纪60年代二代机曾是欧美电脑排版的主力，20世纪70年代初期在日本仍然很流行。1965年德国RudolfHell公司研制出第三代阴极射线管照排机Digiset，是把所有的字模以数字化形式存贮在计算机内，输出装置是一个超高分辨率的阴极射线管，依靠它的发光在底片上成像。1975年三代机在欧美国家广泛使用，十分流行。此时，国内也有5家攻关班子从事汉字照排系统的研究，但他们在汉字字形存储方面采用的全部是模拟存储方式。通过分析，王选认为，汉字字形的信息量庞大，模拟存储的方法不可能解决存储与输出等技术难关，必须采用数字存储方法。

当时数字存储方法是把每一个字形变成一连串二进位信息，用0和1两种代码来实现，有笔画的部分记为1，没有笔画的地方记为0，便将字形变成了数字化的点阵。对于西文的26个字母来说，这种点阵存储方法表现出的问题并不尖锐，但汉字数量多，字体变化大，如果用这种点阵法，存储量大得惊人，尤其当时中国国产DJS130计算机的磁心存贮器，最大容量只有 64KB，只有一个 512KB 的磁鼓和一条磁带，没有磁盘，这样简陋的条件，要存庞大的汉字字形信息完全行不通，只有另辟蹊径。必须想出一种巧妙有效的办法，对汉字信息进行压缩。

功夫不负有心人。经过王选对汉字笔画的反复琢磨，他发现每个汉字可以细分成横、竖、折等规则笔画，以及撇、捺、点、勾等不规则笔画。若能选出若干典型笔画，供整套汉字使用，再研究出用较少的信息描述笔画，或许汉字信息量会大大被压缩。此时，王选的数学专业背景发挥了重要作用，他想到了用"轮廓加参数"压缩汉字信息表示法。陈堃銶解释道："王选想出用折线轮廓逼近字形的方法，就是在汉字的轮廓上选取合适的关键点将这些点用直线相连成折线，用折线代表汉字的轮廓曲线，只要点取得合适，就能保证文字在放大缩小后的质量。"但对于横、竖、折这类规则笔段，如果单纯用轮廓表示，在变大变小后却可能变得粗细不匀，为了保证笔画的匀称，还需要用参数方法进行描述。王选说这种方法"就是把笔画的长度、宽度、起笔笔锋、收笔笔锋、转折笔锋（后来称为横肩、竖头、竖尾等）以及笔画的起始位置等用参数编号表示。其余撇、捺、勾、点等不规则笔段仍然用轮廓表示，这样不但可以保证字模变倍时的质量，还可以使信息进一步压缩"。经过实验，使用轮廓加参数描述汉字的方法，使汉字字形信息以

1∶500 的比率高倍压缩。再推导出来一个压缩信息复原的递推公式，使被压缩的汉字快速复原成字形，并将适合当时的硬件条件予以实现，从而汉字精密照排的第一个难题迎刃而解。

接下来，就是输出设备照排机的研制问题了，这一步是取代铅字排版实现计算机排版的关键技术。其实在 1965 年德国 RudolfHell 公司研制出第三代阴极射线管照排机，起名 Digiset，是把所有的字模以数字化形式存贮在计算机内，输出装置是一个超高分辨率的阴极射线管，依靠它的发光在底片上成像。1975 年英国蒙纳公司又研制出了第四代激光照排机，是把字模以点阵形式存贮在计算机内，输出时用激光束在底片上直接扫描打点成字。通过对国际应用照排机的了解与研究以及国内硬件设备与高灵敏度底片质量不高的实际，王选最终决定跨过二代机和三代机，直接研制第四代激光照排机。

要研发第四代激光照排机不仅需要对照排机硬件中的逻辑设计、工程设计和照排控制器的设计与实现，还要对软件系统进行总体设计。硬件设计由王选负责，软件设计由陈堃銶负责。在软件设计中，陈堃銶选用了整页组版、整页输出的设计思路，当时这一设想是很大胆的，能整页输出、自动生成页面的排版软件在国际上也是凤毛麟角。陈堃銶回忆说："当时国外流行的是贴毛条拼版方式，就是将文章排成长条，若是排书，按一页书的长度，依次剪开，再贴上每页的页码、书眉；若是排报，按每栏的高度剪开，一条一条地拼贴，很费事。"因此，陈堃銶决定跳过输出毛条、人工剪贴成页的阶段，直接设计出了能整页输出、自动成页的整页组版的排版语言及排版程序，实现了整页组版和整页输出。软件设计问题解决了，那么硬件设计又是怎么样的呢？

当时在中国直接生产第四代激光照排机的设备条件还不成熟，只能选择改进现有设备。1976年在北京的一个展览会上展出了邮电部杭州通信设备厂研制的BC360报纸传真机，据悉，这种报纸传真机已经在《人民日报》投入使用，它幅面宽、分辨率高、对齐精度好，更重要的是它的技术是成熟的，这种高精度的传真机每天把《人民日报》清样传真到外省区市，再制版印刷，其印刷质量能符合报纸的要求。王选一下子想到如果把报纸传真机的录影灯光源变成激光光源，不就变成激光照排机了？后来经过多次改进，把报纸传真机的录影灯光源改成激光光源，为了提高输出速度，将传真机的一路光源增加到了四路光源，同时，激光扫描控制器的技术难关又被攻克了。于是，王选大胆决定，跨过世界流行的二代机和三代机，采用激光输出方法，直接研制第四代激光照排机。

激光照排机的软件、硬件方案确定后，下一步就是找单位联合生产。此时，在第四机械部等部门的统筹协调下，先后确立了5家合作单位，组成了由北大748团队、中国科学院长春光学机械研究所和四平电子所、邮电部杭州通信设备厂、无锡电表厂（后来的无锡计算机厂）、潍坊电讯仪表厂（后来的潍坊计算机公司）跨部门、跨地区、跨行业、集合全国优势力量的科研、生产和应用队伍。经过日夜奋战，几十次试验，1979年7月份原理性样机调通，27日下午，"汉字信息处理"报纸样张顺利完整地输出了，中国第一张用汉字激光照排系统输出的报版样张诞生了。1980年9月15日排印出了内容好，篇幅长短合适的《伍豪之剑》，第一本激光照排书籍也诞生了。书籍整个封面朴素大方，秀丽典雅。内文中的说明写道："本书是用激光照排机排出的，所有文字和封面图案都由点阵组成，正文用五号字是由108×108个小点组成的。这些字点阵以数字化形式存在于计算机内，然后用四路平行的激光束在底片上扫描打点形成版面。这种照排机属于最先进的第四代照排机。本书所有编辑排版和校对工作都是在计算机控制下进行的。"时任副总理方毅看到此书时，欣然挥笔写下："这是可喜的成就，印刷术从火与铅的时代过渡到计算机与激光时代，建议予以支持，请邓副主席批示。"几天后邓小平写下四个大字："应加支持"。

1981年7月8—11日，由北京大学、山东潍坊电子计算机厂、无锡电子计算机厂、邮电部杭州通讯设备厂联合研制的中国第一台计算机—激光汉字编辑排版系统原理性样机通过了由教育部和国家电子计算机工业总局领导、专家和代表约60人的鉴定。鉴定结论写道："本项成果解决了汉字编辑排版系统的主要技术难关。与国外照排机相比，在汉字信息压缩技术方面领先，激光输出精度和软件的某些功能达到国际先进水平。"由此，由王选领衔的汉字激光照排系统被发明了，原理性样机被成功研制，称为"华光Ⅰ型"。

原理性样机通过鉴定后，作为科研计划已经完成。但原理性样机只是"可用"，离"实用"还有很大的距离，需要继续开发。恰巧的是，1982年8月，全国印刷技术装备"六五""七五"发展规划、印刷技术改造全面启动,在国家经委设立印刷技术装备协调小组,组长由时任机械委副主任、经委机械工业调整办公室主任的范慕韩担任,沈忠康任副组长兼办公室主任。12月,协调小组确定了"自动照排、电子分色、多色胶印、装订联动"的16字方针印刷技术装备发展规划,1983年国家经委、国家计委下达,将"748工程"作为专项补充列入国家"六五"计划,目标要求从科研攻关转为技术改造,使科研成果转化为生产能力。从此以后,协调小组接过了"748"工程的科研接力棒,激光照排机不能只停留在原理性样机阶段,还要继续研发。接下来实用型的华光Ⅱ型、Ⅲ型和Ⅳ型相继研制成功并投入使用,尤其是华光Ⅳ型在《经济日报》印刷厂试运营成功,充分说明"748"工程达到了实用化要求,走上了商品化的坦途。

三、汉字信息化革新赓续了中华文脉

汉字激光照排机的成功研制并成为商业化产品,汉字信息化的研制成功是关键,不仅为汉字插上了信息化的翅膀,还启动了中国印刷技术的第二次革命,可以说对赓续中华文脉有着十分重要的意义。

1. 给汉字插上了信息化翅膀,让汉字与世界上其他文字联系在一起,实现信息资源共享

众所周知，计算机是西方发明的，是建立在英文基础上，其界面也都是英文的。其最早应用在科学运算的范畴，到20世纪70年代，走出了单纯科学运算范畴，进入了事务管理和信息处理等领域。国际上计算机界的有识之士预测到计算机会越来越便宜，必定会遍布到社会各个领域，将会以一种文化载体形式对人类社会产生深远影响。当时中国的计算机主要用于科学运算和国防尖端工程，如果要在中国普及并推广计算机，跟上世界现代化社会步伐，中国的汉字面临着走拼音化和信息化道路的抉择，这也成为我国语言文字学界争论的焦点。主张"汉字落后"的认为"计算机时代是汉字的末日"，"要想跟上信息时代的步伐，必须走汉语拼音化的道路"。甚至时任国家经委主要领导也曾赞成废除汉字。他在"748"20周年纪念会上回顾了他对汉字信息化的认识过程，他说："我青年时代在上海搞地下工作的时候，曾经赞成要废除汉字、搞拉丁化文字、要搞拼音，认为方块字、汉字太难了，要让人民群众掌握太难了，妨碍人民群众掌握，我们从这样一个朴素的革命感情出发，希望人民很快掌握文化工具，赞成拼音化、拉丁字的拼音化，认为这样很快就能为群众掌握文字工具的幼稚的、带有空想的这么一种精神状态，赞成推广拉丁化文字的拼音工作，因此还做过试验工作。

新中国成立后，中央成立语言文字改革委员会集中大家意见最后定了两条，一是推广普通话，二是简化汉字，大家认识基本统一了。"但是以后电子计算机技术迅速发展，汉字又面临着怎样进入电脑、进入后怎么处理、又怎么输出，也就是汉字数字化、信息化、智能化处理问题。汉字信息化处理不仅成了计算机能否在中国普遍应用的关键，甚至关系着汉字的存亡，关系着中华文明的传承与发展，决定着中国能否进入信息化的时代。"748"工程把这个问题解决了，给汉字插上了信息化的翅膀，让汉字与世界上其他文字联系在一起，实现信息资源共享。

2. 启动中国印刷技术的第二次革命

激光照排系统持续发展到华光Ⅲ型时，需要通过实践应用让系统达到最高水平，最关键的是必须能顺利排印大报、日报。因为这类报纸的时效性强，字体要求多，版面变化大，是对照排系统最严格的考验。那么有哪家报社有勇气抛开已有百年历史的铅字排版，来冒这个险呢？《经济日报》印刷厂成了第一个"吃螃蟹"的单位。1985年年中，《经济日报》印刷厂订购了两套华光Ⅲ型大报版系统开始应用。经过两年多的实践改进，1987年5月21日《经济日报》的4个版面全部用上了激光照排，22日，世界上第一张用计算机屏幕组版、用激光照排系统输出的整张中文日报诞生了！1987年12月2日，华光Ⅲ型计算机激光报纸编排系统顺利通过国家级验收，鉴定书的结论是："该系统各项主要指标达到了世界先进水平，与铅排工艺相比，提高劳动效率5倍以上，大大缩短了出版周期，改善了工人劳动条件，消除了铅污染，甩掉了铅作业，这是报纸印刷工艺向现代化迈进的一项重大改革。《经济日报》是世界上第一家采用计算机激光屏幕组版、整版输出的中文日报。"见证了激光照排系统从蹒跚起步到成熟过程的周培源在会上激动地说："计算机能处理汉字，能排版了，意味着中华文化能够长久而深远地弘扬下去，其意义不亚于原子弹爆炸！当天，《人民日报》刊登新华社记者李安定的文章，热情地称赞这是一个"报业奇迹"，"如果说活字印刷是一次印刷业革命的话，这个系统的诞生，将是一场新的革命的开端"。

1988年下半年《经济日报》换装了华光Ⅳ型系统，生产效率和出报质量大大提高。华光Ⅳ型系统在《经济日报》的成功应用，消除了一些用户对国产系统不能适用的担忧。国产激光照排系统开始在全国印刷业、新闻出版业推广普及。到1993年，国内99%的报社和90%以上的黑白书刊出版社和印刷厂都采用了国产激光照排系统，延续了近200年的铅活字印刷技术彻底被改造，使汉字印刷告别了"铅与火"的时代，迈入"光与电"的时代。正如在"748"工程20周年纪念会上，时任国家经贸会副主任徐鹏航所说："改革开放以来，我国的印刷技术装备工业取得了很大成就，如排字由手工铅字排版发展到电子激光照排，报纸由飞机送纸型发展到卫星整版数据传输，印刷由铅印发展到胶印等。印刷技术水平的提高，大大促进了生产能力和经济效益的提高。所有这些成绩的取得，都离不开汉字信息处理技术的发展。"激光照排系统从科学研究到批量生产所经历的辉煌历程，实现了汉字信息化处理的重大突破，启动了中国印刷技术的第二次革命。

第四节 数字时代印刷技术的实践与前景

一、数字时代印刷技术的实践

1400多年前，雕版印刷术的发明开了人类复印技术的先河，是当时先进生产力的代表。千年以降，对于印刷技术的改进从未停止过，印刷技术和工艺不断变革，但在相当长的历史时期内工艺流程却越来越复杂，一方面固然满足了复制复杂页面的需要，另一方面也说明传统工艺必须改变。人类克服传统印刷设备局限性的期望从两方面着手，一方面，需要印刷的图文信息借助于计算机处理，包括文字输入、图像扫描和处理、图形制作和排版等，这些要求因 PostScript 技术的出现而得以实现，使得原稿这一概念延伸到数字文档。另一方面，计算机产生的页面在计算机的直接控制下输出，取消印版生产过程，这就需要工作速度和印刷质量更高的非撞击打印技术，于是数字印刷应运而生。

21世纪以来，中国印刷技术开始转向数字印刷技术。数字印刷具有高效、环保、低成本、优化管理等优点，成为当今印刷业的主流工艺，并已广泛应用于字画、海报、画册、包装等领域。不同的成像技术决定数字印刷机的复制工艺，目前使用面更广的技术有静电照相、喷墨和热成像3大类，且喷墨印刷和热成像印刷技术还可继续划分成不同的类型。除上述3种主要数字印刷技术外，也出现了一些特殊的数字印刷技术，例如磁成像数字印刷、离子成像数字印刷、直接成像数字印刷、照相成像数字印刷和墨粉喷射数字印刷等。由于技术的快速发展，数字印刷不再局限于印刷行业，例如液晶显示器生产、微电子器件电子喷溅、晶体管喷涂、扫描光学纳米平版印刷、多层柔性电路制造、环氧基水凝胶化学传感器印刷、活性矩阵底板喷墨印刷柔性电泳显示器制造、电子包装喷墨沉积互连电路和超分纳米邮戳DNA印刷等。

工业化时代印刷机械设备也是突飞猛进，印刷技术革新在持续进行中，包括印刷设备、工艺、经营管理和内容的数字化。印刷数字化，特别是印刷工艺全过程的数字化，若没有数字化、智能化、自动化的设备是无法实现的。首先必须有数字化、智能化的印前设备，才能生成CIP3/PPF和CIP4/JDF的数据文件，而数据文件相关的印刷和印后设备必须能够接受和执行这些数据。这就要求印刷和印后设备具有能够接受数据的接口和执行数据命令的能力。印智互联ERP & MES系统就能帮助印刷设备提升数字化、智能化、自动化水平。例如，通过MES系统下达输料（物流）指令，结合当前物流车的工作情况（已完成托盘、达标情况），实现托盘自动派工物流车，将物料、半成品、产成品在场内快速流转。

印刷工艺与印刷内容同样面临着数字化转型，印刷工艺数字化主要包括数字图文（或把模拟图文转化为数字图文）采集、数字排版、数字拼版、数字打样、数字制版和数字化印刷，以及印前数据控制与印后加工，即实现 CIP3/PPF 和 CIP4/JDF 的印刷全过程的工艺数字化。印刷工艺数字化是印刷数字化的基础，也是效率、质量、成本优化的基础。无论什么媒体出版（传播），都离不开内容的开发和管理。具有丰富和高质量的内容资源是传统印刷的优势，印刷企业应该充分利用内容资源优势，把印刷内容数字化（即数字资产管理）的成果发展成可以为全媒体服务，印刷企业成为内容开发和管理的重要组成部分。印刷经营管理也需数字化转型做支撑，经营管理数字化主要包括建立印刷服务网，通过自动报价、网络接单、异地印刷、个性化服务、作业跟踪等为客户提供更快捷的服务，强化企业内部人、财、物、产、供、销的统一管理和项目管理及项目核算；建立客户关系管理系统；建立印刷设备和器材的供求网络，改善供求关系，优化设备供应和原辅材料供应。

数字化时代的印刷紧跟科技进步潮流，无版印刷、柔性印刷、3D打印、纳米印刷、电路印刷、生物打印等更是方兴未艾。数字时代印刷技术的实践已经得到了广泛应用和发展，其具体的实践表现在：

1. 可变数据印刷

数字印刷技术使得印刷品可以具有个性化和定制化的功能。通过数字化技术的应用，可以实现印刷品中不同区域的不同变化、动态内容的变化等。这种可变数据印刷技术可以被应用于不同场景，如数据库中所存储的产品和价格等变量信息都可以输出为印刷品。

2. 在线印刷

随着互联网的应用，数字印刷技术也得到了更加广泛的应用。在线印刷平台可以通过网络应用程序进行操作、上传文件、设计和下单。这种在线印刷技术同时速度更快、交互能力更强、开放性更大，人们可以根据需要下载所需印刷图像或文字。

3. 个性化印刷

数字印刷技术可以为个性化印刷提供更广泛的应用。印刷品可以被个性化定制以适应特定的客户或市场需求。这种个性化功能可以通过数字技术进行管理与控制。

4. 数字化印刷

数字化印刷技术还可以实现对老、旧图书的保存和数字化还原，以保护和宣传文化知识资源。

5. 可持续性环保印刷

随着人们环保意识的提高，数字印刷技术的应用对环境的影响降低，相比于传统印刷方式，数字印刷能减少废弃物的产生并且处理成本和负担也降低，这有助于更好地保护生态环境。

总之，中国印刷技术的发展已历经多个阶段和变革，并且未来仍将面临更多的机遇和挑战。随着数字化技术的不断发展，数字印刷技术实践对于印刷行业的未来发展将会产生更大的新兴力量。现代人的个性化和定制化需求越来越高，数字技术的主要优势能够为实现这种需求提供支持，未来数字印刷技术将不断发展，迎来新一波的变革。

二、"互联网+"背景下印刷技术发展的新变化

在"互联网+"的战略背景下，传统印刷行业迎来了新的驱动力。传统产业可以在"互联网+"背景下得到转型和升级。对于印刷业，"互联网+印刷"的新型模式使传统的印刷业资源得到整合，变革了传统的印刷业商业模式。互联网与愈加先进的印刷技术的深度融合，将催生印刷业的新业态——基于印刷定制需求的，涵盖产品开发、产品印刷、产品销售、专业服务的全产业链的规模定制运营体系。

从用户看，人们借助互联网的便利条件可以随时随地得到自己想要的印刷产品，从企业看，印刷企业充分借助互联网与印刷相结合的优势，推陈出新，广纳客源。只有真正地迎合市场的发展需求，跟着时代的发展步伐前进，才能够打造独特的竞争优势，不断壮大自我、强化自我。印刷业未来将从规模速度型向质量效益型转变、由传统业态向新兴业态升级，全面提升印刷业服务产业、服务群众的供给质量和水平。

1."工业互联网"趋势

当前,随着"互联网+"时代的不断发展,传统印刷业赖以生存和发展的经济基础和客观环境受到了深刻影响,面临着行业转型升级的机遇和挑战。因此,为了抓住机遇,适应当前的发展需要,有效利用互联网信息技术,搭建"互联网+"产业服务平台已经成为印刷业的发展趋势之一。

"互联网+印刷"是印刷技术与互联网技术的融合,其核心是创新性地运用互联网最大化地满足消费者对印刷业务的需求,通过互联网整合全国多地印刷工厂产能,并对其进行整合和分类,科学安排和改进企业生产的流程,实现生产效益最大化、服务效果最优化的目的。"互联网+"对印刷企业有着深远的影响。其一,改变传统印刷企业业务单一、服务不到位的现状,有效开发产品类型、拓展服务范围;其二,解决传统企业生产流程跟不上市场需求的问题,利用云计算技术顺利完成印刷过程中印品的存储管理、编辑、报价、下单等环节,为印刷提供商提供商品化服务打下了基础;其三,改变运营架构效率低、运营成本高的缺陷,形成覆盖市场推广、渠道拓展、产品设计、软件研发、电商运营、集中生产、物流配送、客户服务的一条龙垂直化管理,进一步优化业务流程、提高生产效率。

2.印刷行业集中度逐步提升

由于印刷业进入门槛较低,小微企业众多,印刷业行业集中度较低,缺乏对主要上游纸制品企业,以及对下游各个行业的个人、企业的议价能力,导致行业利润水平较低。根据国家新闻出版署公布的数据显示,2020年我国印刷行业利润总额为555.0亿元,利润率仅为4.6%。

上游原材料行业集中度的提升会加速印刷行业出清。在环保政策不断趋严、供给侧改革的政策背景下，部分耗能、低效、污染的中小型造纸企业将会退出，而大型造纸企业将会依靠自身的规模经济优势和议价能力优势存活。因此，印刷业对上游的议价能力优势逐步减弱，利润率存在进一步下滑的可能。但是，具备一定规模且具备成本优势、符合环保政策要求、印刷技术先进的优质印刷企业将会借上游集中度提升的机会，通过兼并收购的方式做大做强，提升企业的行业地位。

3.印刷定制化、品牌化

近年来，在互联网普及以及生产技术不断革新的背景下，人们对信息的获取能力、事物的认知能力，甚至生活观念、审美情趣都出现了明显的变革，正朝着追求个性化、多样化需求的方向发展。

个性化定制，即基于互联网获取用户个性化需求，通过灵活的柔性组织设计、制造资源和生产流程，实现低成本大规模定制。针对不同的印刷产品，不仅需要从消费者的心理特征、消费层次、喜好程度、包装功能等因素进行综合考量，还要保证产品在结构、外观等设计上的独特性，从而最大限度地迎合消费者多样化的心理需求，凸显产品的个性化、多样化。因此，未来印刷业势必迎来新的变局，产品个性化、创新化将成为市场发展新趋势，具备巨大的市场潜力，能够为投资者带来丰厚的回报。

定制化能够催生品牌效应。品牌是企业核心竞争力的重要组成部分，它蕴含着深厚的文化内涵，决定着企业的感染力和吸引力，只有深刻认识到品牌带来的影响力与竞争力，企业才能长远发展。近几年，我国印刷企业开始重视印刷品牌的塑造，依托数字化、网络化技术，凸显产品质量、产品特色，深耕产品研发、设计和人才储备，从而提升消费者的信誉认知度，使其具备市场占有率和经济效益。

具体来看，印刷企业的品牌建设主要表现在以下几个方面：一是不断完善印刷企业自身的生产经营服务体系，切实提高质量管理水平，树立"质量第一、以质取胜"的经营理念；紧跟市场趋势，不断进行设备与技术的改造、创新，以适应市场需求，打造出持久不衰的企业品牌；二是实现消费者对于印刷产品个性化的需求，如出版物的定制化设计、礼品的个性化包装、客服一对一服务等；三是以消费者为出发点，对品牌建设进行全面系统的把握，不断与时俱进、动态调整具体的营销方案及策略。因此，通过品牌建设，印刷企业将逐渐由产品输出向品牌输出转变，从而不断提高产品的附加值和市场竞争力。

4. 印刷数字化、智能化

印刷数字化、智能化是基于新一代信息通信技术与印刷先进制造技术深度融合，贯穿于印前设计、生产、管理、服务等印刷制造的各个环节，具有自感知、自学习、自决策、自执行、自适应等功能的新型生产方式。

印刷智能化的实现，可以有效提升企业的生产效率、降低生产成本，避免人工操作中出现的工作失误和工作效率低下等问题。随着我国智能化水平的不断提升，智能化技术研究的不断深入，自动化仓库、自动机器人、自动检测机等智能化、自动化技术和设备将在工业生产和质量管理中得到广泛应用。此外，受益于市场需求的变化和设备的生产效能、性能以及印刷质量的提升，一体化印刷技术将顺应印刷业技术的发展方向，采用技术先进、多用途的一体化自动生产设备，通过印前设计、印刷、印后物流运输等各个环节的协调配合，实现上光、烫印、凹凸压印、模切、压痕和糊盒等加工工艺的自动化和连续化，适应市场多品种、多元化和高质量的要求，缩短印刷的生产周期，提升产品的生产效率和经济效益，从而最终实现印刷业从生产型到服务型的转变。

5. 数码印刷垂直融合和横向延伸

数码印刷技术是将包括文字、图像、电子文件、网络文件等在内的各种原稿输入到计算机进行处理后，无需经过胶片输出、冲片、打样等工序和时间，即可直接通过光纤网络传输到数码印刷机上进行印刷或直接进行分色制版的一种新型印刷工艺。与传统印刷相比，数码印刷具备印量灵活、页面信息可变、生产周期缩短、多批次小批量印刷、节能环保等优势，数码印刷独特的技术特征决定了其订单批量小、品种繁多等特有的市场特点。

结合国际、国内行业内数码印刷技术的发展情况，数码印刷的市场空间非常广阔，主要由于其在小批量、定制化产品生产等方面的便利性和成本优势明显，能够在很多垂直领域不断深化融合，并向更多领域延伸，成为未来印刷行业主要的创新驱动力之一。

6. 印刷绿色化

国家新闻出版署联合国家发改委等四部门，印发的《关于推进印刷业绿色化发展的意见》中要求，要建立完善的印刷业绿色化发展制度体系，调整优化产业布局、生产体系和能源结构，推进资源全面节约和循环利用，解决突出环境问题，落实印刷业风险防控要求，推动印刷业实现绿色化高质量发展。因此，印刷企业不仅要关注产品的质量、性能和成本，更要关注包装产品对环境的影响和能源的消耗，印刷绿色化成为印刷业可持续发展的必然选择。

印刷绿色化包含两个方面，首先是适度印刷，即在满足印刷品功能的基础上，使用耗材量最小、工艺最简化的印刷工艺；其次是无污染印刷，印刷过程中应用的材料应对人体和生物无毒无害，不会对环境产生污染或造成公害。

在国家政策指导下，印刷业将会在印刷材料、印刷设备、印刷设计、印刷制版、印刷工艺、印后加工、印刷废弃物回收利用等方面进入绿色环保的良性循环状态。未来，印刷行业将加快建立、完善并出台覆盖范围更广的绿色印刷标准和绿色印刷评价体系，将更多的企业纳入到标准建设和体系认证中，耗能、低效、污染的产能将会逐步淘汰。随着社会对环境保护意识的提高，绿色印刷作为一个新兴的领域开始崭露头角。在中国，印刷业从传统的油墨到现在的环保油墨和可持续印刷技术，已经有了长足的进步，有望更好地满足市场的需求。

第五章 印刷艺术

第五章　印刷艺术

　　印刷艺术是通过制版与印刷程序将图像呈现出来的艺术形式，包括版画、年画、海报招贴、书籍插图、书籍设计、印刷字体、笺谱、纸币、邮票、火花等多种形式。印刷艺术创作不仅需要一般艺术的创造性，而且还需满足印刷工艺及技法的要求，正是在这种复杂性的处理与协调中，形成了印刷艺术不同于其他艺术的鲜明特色。在既往的研究与分类中，常常把印刷艺术归入不同的类别与领域，从版印角度，作为整体的印刷艺术未能得到应有的关注与研究。本章的内容是在此方面的一个尝试，限于篇幅，以下仅涉及版画（含年画、浮世绘）、书籍的插图、版式及字体。

第一节　印刷书中的插图艺术

　　书籍插图是书籍的组成部分，是运用图画配合书籍的文字发挥作用的一种艺术形式。印本书籍中的插图通过印刷的方式呈现，因而印本书中的插图是印刷艺术的一个重要类型。

有一些与书籍插图相近或相关的概念需要厘清。"插画""绘本"是当代人们用得较多的两个概念。"插画"是比插图更加宽泛的概念，通常用来指称与文字和其他元素相结合的图像，其"图"的构成作用更为凸显。"绘本"是图画书，是一种特定的书籍类型，是以图画为主，辅以少量文字的书籍。[1]中国古代书籍中的"绣像"是插图的一种特定形式，是指"书中的主要人物以个体单页的形式，集中在书籍的正文前，如同戏剧中的人物亮相一般"。绣像通常特指出现在中国明清章回小说中卷首的人物插图。古代书籍中的"扉画"通常指正文前的插图。"图谱"通常指图集类书籍，书中以图为主，按类编排。

书籍插图是插在书籍文字中的图画，插图与书籍的关系既有附属性，又有一定的独立性。其附属性是指插图要与书籍的内容相关联，是对书籍内容的形象化转化。其独立性是指好的插图不是对文字的简单图解，而是对书籍相关内容的一种图像化的再创造，往往能够传递文字难以表达的信息与涵义。

根据插图表现的内容可把插图分为人物插图、场景插图、器物插图等不同类型。从色彩角度，可把插图分为单色插图和彩色插图。插图在书籍中的位置十分灵活，插图可放置于书籍封面、扉页、目录、正文及书末的不同位置，大多插图穿插于书籍的正文中。

---

[1] 高荣生：《插图全程教学》，中国青年出版社，2011，第6页。

一、中国古代印刷书中的插图艺术

书籍插图是用于特定载体、特定目的的一种绘画形式。中国绘画源远流长，旧石器时代原始人以动物为原型的图腾画、远古先人将生活中的事物和活动刻画在石壁上的岩画、陶器和青铜器上的各式图案和图像、汉代画像石、画像砖以及帛书上的各式画像都是中国古代的早期绘画形式。及至唐代雕版印刷的出现，以刻版印刷方法形成的新的绘画形式——木刻版画诞生了。随之，有了雕版印刷文字与雕版印图的结合，木刻版画便成为中国古代书籍插图的基本形式。

（一）唐代、五代的书籍插图

佛教发展的需要被认为是最初雕版印刷术发展的主要动力。在考古发现的早期雕版印刷实物中，佛教画和佛教典籍是其中的主流。在这些佛经中出现了最早的印刷书籍插图——经卷扉画，即佛经卷首的插图。佛经的扉画具有传布教义，美化经卷的作用。随之，这种插入书籍中的图画也出现在非宗教的各类世俗书籍中。

在唐代出现了最早的印本佛经插图——佛经卷首扉画。唐咸通九年（868年）的《金刚般若波罗蜜经》（简称《金刚经》）扉画是世界现存最早有明确纪年的印刷书籍插图。该佛经由七张纸粘接而成，其卷首的扉画

图 5-1 《金刚般若波罗蜜经》扉画"祇树给孤独园"图
唐咸通九年（868 年）

为"祇树给孤独园图"①（见图 5-1），该图因佛经中记载"给孤独长者"须达多购得祇园作为释迦牟尼佛的说法道场而得名。图中描绘了释迦牟尼在园中说法的情景：位于图中部的释迦牟尼坐在莲花台上，位于左下方的长老须菩提面佛而跪，佛顶上部有飞天旋绕，佛的左右有两位金刚守护，周围簇拥着贵人施主和僧众。该图由一整块木板雕刻后印刷而成，画面十分饱满，描绘对象繁多而排列有序，佛以其最大的体量并居于中心而使画面元素主次分明。画中的线条娴熟流畅，体现了较为成熟的版刻技艺。"此后佛经……多取卷首扉画的形式，盖

---

① 罗德里克·凯夫、萨拉：《极简图书史》，咸昕、潘肖蔷译，电子工业出版社，2016，第 81 页。

缘此而通行。"①

除了前述的《金刚经》佛经插图，在敦煌发现的两本唐代历书《唐乾符四年（877年）丁酉具注历》《中和二年（882年）具注历》中也有插图，两本书的刊印时间比《金刚经》稍晚，都是不完整的残历。前一历书中，除了日历，还有各种推算吉凶的图画。从后一历书的文字中可知有"推男女九曜星"图，但书中此图已缺失。此两本历书中的图画属于唐代非宗教印本中的插图。②

五代时期的书籍插图也主要是这一时期印本佛经的扉画，较有代表性的有印于后周显德三年（956年）的《宝箧印陀罗尼经》的卷首扉画③（见图5-2），该画刀法粗笨，人物造型也不生动，雕刻较为粗糙。另一是1971年于绍兴金涂塔发现的，印于965年的《宝箧印经》的卷首扉画。该经的扉画是拜佛说法的场景。虽然画面的线条有断续现象，但人物造型简练，形象清晰。印画的纸墨俱佳，是五代晚期印刷的精品。该经的卷首印有"吴越国王钱弘 敬造《宝箧印经》八万四千卷，永充供

---

① 李致忠：《中国古代书籍史》，文物出版社，1985，第128页。

②③ 徐小蛮、王福康：《中国古代插图史》，上海古籍出版社，2007，第56、30页。

图 5-2 《宝箧印陀罗尼经》扉画《佛说法图》
后周显德三年（956 年）

养。时乙丑岁记"的字样，乙丑年为宋太祖乾德三年(965 年)，当时宋朝的统治还未到达这里，仍视为五代印书。[1]

（二）宋代的书籍插图

在唐和五代的基础上，宋代的雕版印刷得到普及。与此相伴随，出版了大量的插图书籍。在这些插图中，不仅有大量佛经插图，还有遍及儒家经典、文学、历史、医学、建筑、地理等多个领域的世俗书籍插图。同时还出现了连续性排列的连环画式插图，以及以图为主的图谱类插图等新的插图类书籍。

在宋代的印本佛经中，几乎都有卷首的扉画插图。《妙法莲华经》（见图 5-3）是其时出版最多的单刻佛经，如北宋熙宁二年（1069 年）杭州刻本、南宋浙江临安贾官人经书铺刻本和南宋建安刻本，这 3 部《妙法莲华经》都有卷首扉画。虽说是同一部佛经，但 3 部经书的扉画并不相同。北宋杭州刻本的扉画将 7 卷的主要内容集中于一幅图上，画

---

[1] 杨永德、蒋洁：《中国书籍装帧 4000 年艺术史》，中国青年出版社，2013，第 100—101 页。

图 5-3 《妙法莲华经》扉画 南宋建安刻本

面内容繁多。南宋浙江临安刻本的扉画是一幅《灵山说法图》，居于画面中央的释迦牟尼正向站在其面前的日宫天子、月宫天子、星天子等讲法，他的两侧还站立着诸天神、菩萨等。画面人物众多但排列井然有序。南宋建安刻本的扉画[1]是将释迦牟尼说法、人间拜佛、观世音现身等场景连接成一个完整图画，画面右侧是释迦牟尼说法，左侧是人间拜佛众生相，[2]画面布局均衡，主次分明。宋代以后，佛经插图不再是扉画的单一形式，开始出现佛经文字中的插图。文中插图使插图数量不受限制，可以根据文中不同内容绘制不同插图，而非如佛经

---

[1][2] 徐小蛮、王福康：《中国古代插图史》，上海古籍出版社，2007，第 31、32 页。

扉画大多为同一主题的释迦牟尼说法图,因而文中插图给书籍插图带来了更大的表现空间。

宋代的图书业兴旺繁荣,出现了很多世俗内容的插图书籍。南宋乾道元年(1165年)杨甲等人编撰的《六经图》是6部儒家经典的汇编,包括《易经》《尚书》《毛诗》《周礼》《礼记》和《春秋》。该书有图共309幅,采用图文对照的形式,图文版式有上图下文、左图右文、全页图、双页连图等多种形式,体现了宋代书籍插图版式的灵活多样性。北宋嘉祐八年(1063年)建安余氏勤有堂刻本《列女传》,[①]全书为8篇,123节,每节一图,共123图。其中的《有虞二妃图》画中人物情态自然,画中环境背景的刻画细致丰富。宋初刻印最多的是医书和刑律书。医书是最早应用雕版印刷的书籍之一,针灸、本草内容的书籍通常都配有插图。南宋嘉定四年(1221年)刘甲刊刻的《经史证类备急本草》中有大量本草插图,所绘植物简明清晰,风格写实,如其中的"鼎州地芙蓉"图(见图5-4)。[②]每图右上方文字为植物名称,左上方文字说明植物的产地、药性、用途等。实用图书中的工程技术类书也是需要配图的书籍。宋代的《营造法式》是一部重要的图籍式著作,完整记录了当时建筑营造修建方面的法则、样式,里面有很多石作、木作、雕作、彩画作等图样,其中的木构样式及雕木、彩画花纹图画都刻画得十分细致繁复。

[①][②] 徐小蛮、王福康:《中国古代插图史》,上海古籍出版社,2007,第64、72页。

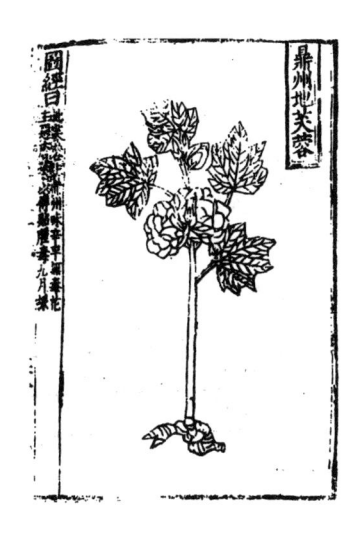

图 5-4 《经史证类备急本草》
"鼎州地芙蓉"图
宋嘉定四年（1221 年）

  在宋代书籍插图中还出现了连续性的多幅插图。北宋崇宁年间（1102—1106 年）江苏地区刻印的《陀罗尼经》中就出现了数幅连续性的故事插图。南宋浙江临安贾官人经书铺刻本《佛国禅师文殊指南图赞》中有 53 幅图，描绘了善财童子在文殊菩萨的指引下参访 53 位名师，最终见到普贤菩萨，得到开示的故事。这些图画在内容上相互连接，每幅采用上图下文的版式。这些连续性的故事插图被认为是后来连环画的雏形。

  在宋代还出现了以图为主的图谱类书籍，如画谱、棋谱、地图集等。南宋景定二年（1261 年）的《梅花喜神谱》（宋伯仁编绘）是中国最早的专题性画谱，共有 100 张各式姿态的梅花图，每幅图的左边配有一首五言诗。图画的线条舒朗简洁，梅花意态生动，如其中的

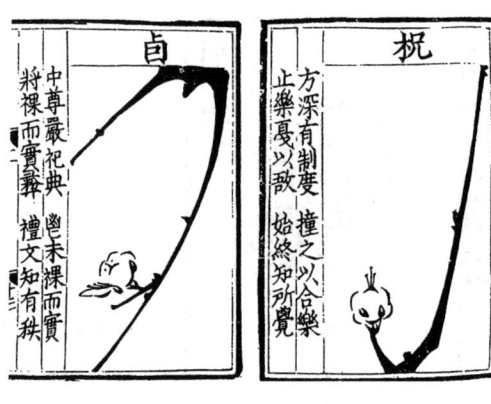

图 5-5《梅花喜神谱》"卣"图、"柷"图
南宋景定二年（1261 年）

"卣"图、"柷"图①（见图 5-5）。宋代成都西俞家的《历代地理指掌图》是一本地图集，书中有地图 44 幅。虽然其地理位置的准确性不是十分精准，"但已足以粗略显示大致方位"，②地图中用文字和符号对重要信息做了标记。

（三）辽、西夏、金的书籍插图

辽代的雕版印刷品主要有佛经、书籍和彩佛画像。辽代佛经中有 20 余幅卷首扉画。这些扉画画幅不大，一般用藏经纸和麻纸印刷。其中的《辽藏·妙法莲华经卷第八》扉画是一幅变相图，③图中人物众多，场面宏大，构图复杂。《观弥勒菩萨上生兜率天经》卷首现存半页护法

---

①② 徐小蛮、王福康：《中国古代插图史》，上海古籍出版社，2007，第 76、67 页。

③ 变相图，简称"变"或"变相"，即将佛教故事以绘画、雕塑等形式予以视觉化。

天王像经变图。①图画四周宽大的双线边框在画面中十分显著，画中有一扶剑天王坐像，很有气势，左侧有双髻童子托盘伺立。画中线条委婉秀丽。

西夏的印刷业已有较高的水平，书籍插图的内容也较为丰富。西夏统治者尊崇佛教，刻印了大量汉文和西夏文的佛经，如汉文《金刚般若波罗蜜经》《妙法莲华经》《大方广佛华严经》，西夏文《现在贤劫千佛名经》等，这些佛经都有卷首扉画。《现在贤劫千佛名经》的扉画《译经图》描绘了译经者的形象与场景。图中上部居中者为主持译经的安全国师白智光，其身前有一书案，上置笔、砚、经书等。其头像两侧的文字意为：辅助译经者僧俗16人。白智光左右两侧各分布8人，他们手中有的握笔，有的持卷，显示出译经者的身份。画面下部中间有一桌案，左边的女者为西夏梁氏皇太后，居桌案右者为盛明皇帝。该扉画场面庄严隆重，人物排列有序，层次分明，内涵丰富。

西夏佛经还出现了少有的类似连环画的多图扉画。《佛说报父母恩重经》（1152年）的扉画《报父母重恩》有一种特殊的构图，由1幅大图和16幅小图构成。图的

---

① 经变图，这里的"经"是指佛经，"变"是指"变相"或"变现"，即形象化，经变就是以图像的形式说明佛经的内容。

中央是一幅说法图，描绘佛祖坐于莲花座上，座下两侧有 4 名正在倾听的比丘。①大图中左右各有八幅独立分隔的小图，描绘了子女报效父母的各种行为，如为父母割肉，为父母受持斋戒、布施修福、诵读书写经典等。该扉画构图版式特别，其图中有图，既各自独立，又有统一的内容与主题。

西夏的书籍插图具有装饰性特点。乾祐二十一年（1190年）刻印的《番汉合时掌中珠》（见图 5-6）②是一部西夏语汉语字典，"书中有大量装饰性的插图，既有图案，也有人物，造型非常生动有趣"③。在西夏书籍文字的空白处多有插入的各式装饰小图，如火炬、小鸟、十字、菱形等，体现了西夏书籍插图及页面版式的特点。

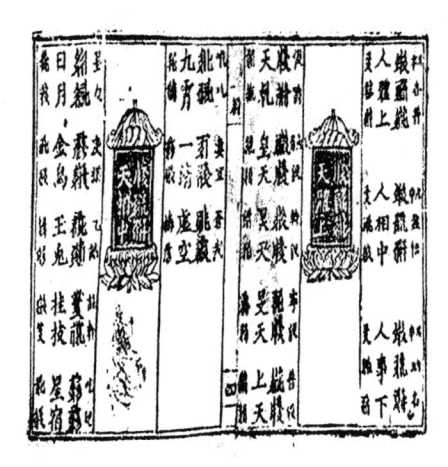

图 5-6
西夏语汉语字典《番汉合时掌中珠》
乾祐二十一年（1190 年）

金代有较为多样的版刻书籍插图。金代以民间之力刻印了卷帙浩繁的《大藏经》，因藏于山西赵城而名为《赵城金藏》。《赵城金藏》

---

① 比丘，佛家指年满二十岁，受过具足戒的男性出家人。别名和尚、乞士。
②③ 杨永德、蒋洁：《中国书籍装帧 4000 年艺术史》，中国青年出版社，2013，第 109、110 页。

卷首有《释迦牟尼说法图》，画中有说法的释迦牟尼和10名弟子，释迦牟尼身下的宝座十分高大，画面中祥云缭绕。画中粗黑的线条十分醒目，体现了北方版刻的雄浑风格。

金代还刻印了不少实用类的插图书籍，如明昌三年（1192年）刻印的《新刊图解校正地理新书》、泰和四年（1204年）晦明轩张氏刻印的《经史证类大观本草》《重修证类本草》等，① 这些书籍中都有插图。其中的《新刊补注铜人腧穴针灸图经》是金大定二十六年（1186年）由闭邪聩叟在前代针灸图经基础上经过增删改编的五卷本。该书附有人体插图，图中清晰标出人体穴位名称，插图的线条生动流畅，人物形象具有北方人较为高大的特征，如其"大肠经"图（见图5-7）。②

（四）元代的书籍插图

在元代雕版印刷技术进一步发展，王祯制造了木活字及转轮排字盘，出现了朱墨双色套印的新方法，书籍的版画插图技艺得到进一步提高。

最早的朱墨双色印刷出现在元至正元年（1341年）

---

① 杨永德、蒋洁：《中国书籍装帧4000年艺术史》，中国青年出版社，2013，第108页。

② 徐小蛮、王福康：《中国古代插图史》，上海古籍出版社，2007，第71页。

中正路资福寺刻印的《金刚般若波罗蜜经》中（见图5-8）。① 在文字部分，大字经文用红色印刷，小字注文用黑色印刷。在插图中，也使用了朱墨双色套印。黑红两色对比鲜明，便于区分不同的文字与图中的不同物象，增强了版刻文图的艺术表现力。这是中国现存最早的朱墨双色印刷书籍与双色印刷插图。

图 5-7
《新刊补注铜人腧穴针灸图经》"大肠经"图
金大定二十六年（1186年）

图 5-8
《金刚般若波罗蜜经》朱墨双色套印　元至正元年（1341年）

---

① 曲德森：《中国印刷发展史图鉴（上）》，山西教育出版社、北京艺术与科学电子出版社，2013，第310页。

334　世界印刷文化史

元代的雕版插图技艺进一步提高，特别是在戏曲、小说书籍中的插图构图和物象刻画的精细度方面。元代的平话①书籍中的插图，通常采用上图下文，图约占 1/3 页面，文字约占 2/3 的版式。建安虞氏刊刻的《全相平话五种》，即《全相武王伐纣平话》《全相七国春秋后集平话》《全相秦并六国平话》《全相续前汉书平话》《全相三国志平话》，是目前所见较早的插图类话本，是"这一时期具有代表性的文艺书籍的插图本"。②其插图"以古朴稚拙为特征，人物造型简略，线条粗实圆满"。③元末《新编校正西厢记》中的插图《孙飞虎升帐》是最早的《西厢记》插图，也是目前见到的最早戏曲插图。④

元代的实用性书籍插图具有内容和形式的多样性，如元天历三年（1330 年）的《饮膳正要》、元至元六年

---

① 平话，中国古代的口头文学形式，有说有唱，宋代盛行。

② 王伯敏：《中国版画史》，上海人民美术出版社，1961，第 33 页。

③ 徐小蛮、王福康：《中国古代插图史》，上海古籍出版社，2007，第 68—69 页。

④ 据《中国古代插图史》，1980 年于北京中国书店发现两幅《西厢记》插图，其中一幅为"孙飞虎升帐"图，经鉴定为元刻，但也有专家认为是元末明初刻本。徐小蛮等：《中国古代插图史》，上海古籍出版社，2007，第 70 页。

(1340年)建安积诚堂的《纂图增类群书类要事林广记》等。[①]前者是中国现存最早的营养学著作,介绍了238种药膳菜肴配料、抗衰老药膳处方和200余种食物本草。后者是一本百科全书型的资料汇编类书,"类书"是辑录各门类或某一门类的资料,按内容分门别类编排的书籍。该书分为农桑、画品、医学、文籍、器用、音乐、算法、酒曲、牧养等53个门类。两部书中都有很多插图,既有生动的人物场景插图,也有静物的写实刻画。如前者书中的《妊娠宜看鲤鱼孔雀》插图和后者的《耕获》图,两图都具有叙事性,描绘了怀孕女性为了后代聪明而观看鲤鱼、孔雀的图画和农事耕种的场景。画中人物和环境的关系自然和谐,描绘生动。书中插图有多种形式和版式,其中既有单幅大型插图,也有小型插图,也有图文结合的插图。前者中的《天鹅》图和后者的《今制莲漏之图》都是静物插图,《天鹅》图为右图左文的版式,而《今制莲漏之图》为上图下文版式。

(五)明代的书籍插图

明代是雕版印刷的全盛时期,也是雕版书籍插图的黄金时代。明代市民阶层的兴起、市民文艺的繁荣、出版印刷书业的竞争以及雕版印刷技术的进步都是明代书籍插图大繁荣的重要因素。迎和旺盛的社会需求,出版插图本的小说、戏曲书籍成为书业竞争的重要手段。据不完全统计,明代出版小说数量在250部以上,一部小说由各地不同书肆刊印

[①] 徐小蛮、王福康:《中国古代插图史》,上海古籍出版社,2007,第73—74页。

达十数次的不在少数。[①] 这些小说通常都配有插图，少则几十幅，多则上百幅。戏剧书籍也是如此，"《古本戏曲丛刊》初、二、三集，共 300 种。其中有插图版画的明刻本就占 212 种，插图有 3800 幅之多……由此不难看出明代戏曲小说插图之富"。[②] 画家对书籍插图创作的参与和技艺高超的刻工群体是书籍插图繁荣的又一重要因素，有力促进了明代版画插图专业性、艺术性的提高。这一时期饾版、拱花刻印技术以及彩色版画插图的出现大大增强了书籍插图的艺术表现力和感染力。在雕版印刷大发展的基础上明代形成了北京、金陵、徽州、杭州、建安等书籍刻印中心和以徽州派、金陵派、武林派、建安派为代表的版画插图流派。

明代初期的插图水平参差不齐，这时期插图的画工、刻工可能还是一人兼任，版画上有较明显的以刀代笔的痕迹。明初的代表性插图最初还是体现在佛教书籍中。明洪武三十一年（1398 年）完成的《洪武南藏》的扉画《玄奘译经图》具有高超的艺术水平。明永乐元年（1403 年）刻印的《佛说摩利支天经》，其中的插图富丽精工，

[①] 徐小蛮、王福康：《中国古代插图史》，上海古籍出版社，2007，第 79 页。

[②] 李致忠：《古代版印通论》，紫禁城出版社，2000，第 274 页。

被认为是永乐时期的插图代表作。明正统五年（1440年）完成的《永乐北藏》是明代又一部规模宏大的官刻大藏经，其扉画插图人物众多，线刻繁密流畅，技艺精湛。在这一时期的文学书籍插图中，明洪武年间福建书肆刊印的《全相二十四孝诗选》为书中的二十四孝故事配图24幅，采用上图下诗的版式，一问世便广为流传，还传播到日本。明宣德十年（1435年）金陵集安积德堂的《金童玉女娇红记》是这一时期重要的插图书籍。其中的插图未采用宋、元时期流行的上图下文版式，而是占据一个页面的单幅插图，突出了插图在书籍中的位置与作用。这两部文学书籍中的插图有着线条简率，较为粗糙的特点。在明初的实用书籍中《武经总要》书中有大量军事武器和军事技术的插图，特色十分鲜明。

到明代中期，特别是嘉靖之后，插图本小说、戏曲书籍被大量刻印，插图的艺术水准也有显著提高。一些画家如丁南羽、陈洪绶、何龙、王文衡等参与到插图创作中，他们为插图绘制画稿，不仅促进了插图艺术水平的提高，也赋予了插图不同的个性风格。在明中期的小说戏曲书籍中，北京永顺堂成化七年至十四年（1471—1478年）刻印的《新编全相说唱花关索出身传》是这一时期代表性的说唱刻本之一，为上图下文版式，插图人物神态自如，线条简疏流畅。明弘治十一年（1498年）北京金台岳家的《新刊大字魁本全相参增奇妙注释西厢记》，全书插图150余幅，上图下文，图中线条细致生动，画面富于韵味。在实用类书籍中值得一提的是嘉靖年间翻刻的元代王桢的《农书》，其中有大量农业方面的插图，描绘了很多农业技术和农具。

从唐代至晚明，印刷书籍发展进入黄金时期，特别是在明万历年间

(1573—1620年）书籍插图达到中国古代插图史的巅峰。这一时期更多画家、士人参与书籍插图绘制活动，书籍的生产成本和价格下降，印本数量激增，书业获得巨大的商业成功。如郑振铎先生在《中国古代木刻画史略》中所说："中国木刻画发展到明的万历时代（1572—1620年），可以说是登峰造极，光芒万丈。其创作的成就，既甚高雅，又甚通俗。不仅是文人们案头之物，且也深入人民大众之中，为他们所喜爱。数量是多的，质量是高的。差不多无书不插图，无图不精工。"

晚明的小说、戏曲插图是这一时期书籍插图的代表和亮点。晚明小说插图多为长篇章回小说插图。章回小说是分章叙事的白话小说，在宋、元话本的基础上发展而来，至晚明正式形成，是中国古代长篇小说的基本形式。《水浒传》是中国第一部长篇白话小说，《水浒传》自万历时期起，重要的插图本至少有十几部。即使同一内容，不同刻本的插图亦不相同。明万历三十八年（1610年）容与堂刻本《李卓吾先生批评忠义水浒传》中的"武松斗杀西门庆"（见图5-9）[1]插图线条娴熟，以大幅度肢体语言描绘出戏剧性的紧张场景。画中上下

图 5-9
《李卓吾先生批评忠义水浒传》
"武松斗杀西门庆"图
明万历三十八年（1610年）

---

[1] 徐小蛮、王福康：《中国古代插图史》，上海古籍出版社，2007，第123页。

部分的场景一张一弛，形成鲜明对照。明崇祯年间三多斋刻本《李卓吾评忠义水浒全书》中的《怒杀西门庆》插图画面丰富，构图巧妙，图中人物、建筑、树木、河流等物象繁而不乱，重点突出，很见功力。晚明是戏曲插图的鼎盛期，"无论其遗存数量之多，镌刻之精，艺术价值之高，皆胜其他书籍插图一筹"。①明万历初年（1573年）乔山堂的《重刻元本题评音释西厢记》的"秋暮离怀"图（见图5-10）②是明建安派书籍的新

图5-10
《重刻元本题评音释西厢记》
"秋暮离怀"图
明万历初年（1573年）

变之作。插图一改建安插图一贯的上图下文版式，改为整页插图，插图上方有图名，左右边侧刻有主题诗句，图文呼应。画中人物生动，情态各异。人物衣饰线条绵软柔美，是建安插图的优异之作。

明万历年间汪氏刻本《环翠堂乐府三祝记》中的插图（见图5-11）③构图均衡，人物刻画线条婉转流畅，地面铺满装饰性的图案。明崇祯三年（1630年）山阴延阁的《北西厢》插图为单期、蓝瑛、陈洪绶绘图，采用圆形的月光形边框，画中突出景物和留白，富于文人意

---

①②③ 徐小蛮、王福康：《中国古代插图史》，上海古籍出版社，2007，第127、129、96页。

图 5-11 《环翠堂乐府三祝记》插图（明万历年间）

图 5-12 《北西厢》"写怨"图（明崇祯年间）

趣，如其中的"写怨"图（见图 5-12）。①

雕版套色印刷的彩色插图是明代书籍插图成就的一个重要标志。雕版印刷发明后，首先出现了雕版印刷与手工上色结合的彩色版画，即用墨色印出图画轮廓，然后手工填涂各种颜色，称为"刷涂套色"（或"墨印填色"），如辽代的《炽盛光佛降九曜星官房宿相》画像。之后又出现了"刷版套印"工艺，是在一个完整雕版部分涂上不同颜色，然后一次印刷而成，如元代《金刚经注》的《无闻和尚注经》图和明代的《程氏墨苑》。② 但

---

①② 徐小蛮、王福康：《中国古代插图史》，上海古籍出版社，2007，第 136、166 页。

这种方法会有不同颜色的交界混淆，难以精确还原的弊端。

至明晚期出现了分版分色的套色印刷工艺。其方法是根据图画的颜色，每一色雕一块版，然后分别刷上相应的颜色，一版一印，逐色套印成完整的彩色图画。这是真正意义上的彩色套版印刷，这样制作出来的版画十分接近原作。因为这种方法将一幅画雕成一块块小木板，形如饾饤，故名饾版印刷。晚明出版家胡正言刻印的《十竹斋书画谱》（1627年）《十竹斋笺谱》（1644年）可说是饾版彩色套印的代表作。前者属于画册，共有图160幅，图画色彩自然明丽，能够传达出原作的韵味，如其中的"花"图（见图5-13）。[1]后者属于信笺的汇集，如"凤子"图（见图5-14）[2]为其中之一。"笺"即为信纸，它的刻印除了采

图5-13
《十竹斋书画谱》"花"图
明末

图5-14
《十竹斋笺谱》"凤子"图
明崇祯十七年（1644年）

---

[1] 曲德森：《中国印刷发展史图鉴（下）》，山西教育出版社，北京艺术与科学电子出版社，2013，第400页。

[2] 徐小蛮、王福康：《中国古代插图史》，上海古籍出版社，2007，第175页。

用饾版，还使用了"拱花"工艺，即将一块凸版置于纸下，通过木槌敲打使之在纸上形成凸凹状的浮雕图案，具有立体感。因此，中国不仅发明了雕版印刷，也发明了雕版彩色印刷。

各具特色的地域风格插图是明代插图艺术繁荣的又一标志，主要包括建安派、金陵派、武林派、徽州派等。

建安派地处福建，刻书业主要分布在福州、建阳等地，所刻书籍称为"建本"。建安书籍面向市场和大众，印刷快速且廉价，以小说、戏曲书籍为主。建安书籍最先将"纂图互注"标注于书名上，以示书中附有插图。建安插图画面简朴，人物形象简略，风格稚拙。代表性的插图样式是上图下文，图画较小，图上部有图目、两旁有联句。

金陵派包括南京及江苏一些地方，其地域人文荟萃，有深厚文化底蕴，其刻本以小说、戏曲书籍居多。金陵插图画幅较大，多为单面独幅。其画面突出人物形象，线条粗而有力，善于使用黑白对比，注重人物环境的描绘，常用花纹图案作为画面补白，富于装饰性。

武林派指浙江杭州、宁波、湖州等地刊刻的书籍插图风格。武林派的插图线条细腻，画面舒朗，常有留白，有文人意趣。武林派以善于刻印各种画谱著称，如《历代名公画谱》《雅集斋画谱》等。武林派插图风格受到徽派插图的影响，因浙江距徽州较近，一些刻本为徽州刻工完成，因此两地的作品风格有相近之处。

徽州派指古代徽州地区形成的插图流派。徽派的插图线条精致，工丽纤巧。徽州的刻工技艺精湛，形成了一些著名的刻工家族，如黄氏家族、汪氏家族等，因而常在插图上留有刻工的姓名。徽州派以善于刻印墨谱著称，如《程式墨苑》等。

（六）清代的书籍插图

清代印刷业发达，除了传统的雕版印刷、活字印刷，清晚期石印技术、珂罗版、照相影印等传入中国，形成了前所未有的多种印刷方式，促进了印刷业的全面发展。从印刷书籍看，清代官刻书籍突出，政府投入大量人力物力财力，编纂大量图书，其规模、质量均超过前代。但由于文化专制和大规模禁书，民间刻书业则呈萧条状态，书籍插图走向衰落。虽然清代书籍插图也出现了一些优秀作品，但整体成就逊于明代。

清代官刻书籍兴盛。中国官刻书籍始于后唐，之后历代中央政府、地方政府都有官刻书籍出版，内容以经、史、子、集类为主。清代宫廷所刻书籍通常称为"内府书"（即明、清两代由内务府主持刻印的书籍）和"殿版"。[①] 这些书籍具有规模宏大，制作精良，意识形态鲜明的特点。清康熙五十六年（1717年）所刻《万寿盛典》是清康熙六十寿辰的一部图集，图记部分有长卷《万寿盛典图》，双面连式，总长超过60米，是少有的插图巨作。最初由宫廷画师宋骏业绘制，后由清著

---

① 殿版，指清代皇家刻本。因清代内务府刻书处以武英殿为主，所以称"武英殿本"，简称"殿版"。

图 5-15 《万寿盛典图》"直隶织图游廊"图
清康熙五十六年（1717 年）

名画家王原祁补绘。虽说画面精丽，但难免官刻本的拘谨。从"直隶织图游廊"图（见图 5-15）[1]可看出其场面宏富，刻画精微。清雍正六年（1728 年）完成的《古今图书集成》是现存规模最大的古代类书，内容丰富，被称为"百科全书"。该书以铜活字印刷，字数达一亿六千万，但插图仍为木刻版画。全书共 32 个部分，大部分都有插图，如草木插图、动物插图（见图 5-16）。[2]各部分的图少则几幅，多的如"草木典"部分有 1000 余幅插

---

[1][2] 徐小蛮、王福康：《中国古代插图史》，上海古籍出版社，2007，第 187、204 页。

图。数量虽多，图画也工整，但艺术性不是很高。清乾隆二十四年（1759年）武英殿刻本《皇朝礼器图式》，"礼器"即衣冠服饰、仪仗等器物。书中有各类器物的图画，器图在右，文字在左。每件器物有详细尺寸，器图描绘精细准确。值得一提的是在"仪器类"收录了50多件地球仪、钟表、天文测量仪器等西方仪器和仿制西方仪器，如其中的"御制地球仪"图（见图5-17）。[①]反映了清代与西方技术的交流状况。

清代民间书籍插图的状况优劣不等。一些画家创作了优秀的插图作品，到清中晚期，版刻插图呈衰落趋势。在一些小说、戏曲等通俗书籍中的插图数量大增，但很多粗糙庸俗，雷同化、简单化。清顺治二年（1645年）刻印的《离骚图》中，清初画家萧云从为屈原的诗配图64幅，其画面精简秀丽，技艺高超，如其中的"山鬼"图（见图5-18）。[②]由清著名画家改琦绘图的《红楼梦图咏》（1879年）是根据小说作图的版画集，在各种《红楼

图5-16
《古今图书集成》动物插图
清雍正六年（1728年）

[①②] 徐小蛮、王福康：《中国古代插图史》，上海古籍出版社，2007，第195、213页。

图 5-17
《皇朝礼器图式》"御制地球仪"图
清乾隆二十四年（1759 年）

图 5-18
《离骚图·九歌》"山鬼"图
清顺治二年（1645 年）

图 5-19
《红楼梦图咏》"史湘云像"
清光绪五年（1879 年）

梦图咏》的插图本中一枝独秀（见图 5-19）。其插图继承唐宋以来仕女画传统，善于传达人物的精神气质，注重环境描绘对人物的映衬，精致典雅，具有较高的艺术水准。清咸丰六年（1856 年）刻印的《于越先贤像传赞》是一本描绘古代越国地区历代名人的一本画传。每人一传一图，共 80 人，80 图，由清末著名画家任熊绘图，其插图用笔简括，人物形象意态脱俗，生动传神。

彩色套印插图在清代继续发展，出现了以《芥子园画传》等为代表的优秀作品。《芥子园画传》初集刊印于康熙十八年（1679 年），之后又出版二、三、四集，是一部介绍绘画流派和摹写技法的绘画教科书。该书以饾版工艺印刷，刻印精致，五色印刷，层次丰富，色彩典雅，是清代彩色套印的代表作。清代较著名的套印书籍还有道光二十八年（1848年）景行书屋刻印的《金鱼图谱》和宣统三年（1911年）文美斋刻印的《百华诗笺谱》，[①] 后者是清末饾版、拱花工艺刻印的著名笺谱。

清晚期石版印刷技术从西方传入中国，因为石版印刷成本低，操作方便，石印书籍开始风行起来，还出现了以前未有过的石印画报。创刊于光绪十年（1884年）的《点石斋画报》是其中的代表，是中国近代影响最大的新闻画报。画报中的石版插图风格写实，将中国绘画与西洋绘画技法相结合，体现了新的时代气息。《点石斋画报》开创的"画报"模式对后来的出版物产生了较大影响。石印插图的出现和流行反映了清末中西文化交汇的时代背景下新的印刷技术进入了传统插图领域。

二、外国印刷书中的插图艺术

"书"的希腊文是biblion，来源于biblos（莎草纸）。莎草纸是古代非洲和欧洲使用最广泛的书写载体。莎草纸由尼罗河谷的莎草制作而成，首先出现于公元前3000年的埃及，之后流传到古希腊和古罗马。莎草纸难以折叠，因而这一时期的书籍采用卷轴形式。约成书于公元前1275年的埃及《阿尼的亡灵书》以象形文字写成，其中穿插有很多图画。到公元元年前后，随着新的书写介质羊皮纸的出现，书籍变为了册

---

① 杨虹：《中国插图艺术史》，岭南美术出版社，2014，第226页。

第五章　印刷艺术

页装形式。册页书籍为插图及装饰提供了更有利的表现空间。

手抄本是欧洲中世纪书籍的主要形式，其书籍页面的插图装饰主要有3种形式：第一是有花饰的段落首写字母，围绕字母有人物、动植物及几何图形的装饰，花饰字母相当于一个小型插图。第二是页面框饰。框饰通常采用植物藤蔓等图像围绕在页面文字的四周或其中的一部分，有很强的装饰性。第三是图画插图，早期的图画常是书籍作者肖像或献书的场景。[1]《圣经》是中世纪手抄书的最主要文本，插图本《圣经》被大量制作。800年左右的《凯尔经》（*Book of Kells*）由4部福音书组成，共有2000幅插图，是中世纪手抄本中最精美的一部。

（一）15世纪、16世纪的书籍插图

15世纪中期，随着谷登堡使用铅活字印刷技术，书籍的生产制作发生了划时代的变革。在16世纪之前，早期的活字印刷书籍在页面形式上仍然模仿写本，页面装饰仍体现在花饰首字母、页面边饰和图画插图上。从15到16世纪，添加首字母和页边饰除了手工绘制，还常常

---

[1] BRANO BLASSEUE：《满满的书页——书的历史》，余中先译，上海书店出版社，2002，第37—38页。

使用木版刻印的花饰字母、条饰、尾花等在文字印好后进行页面装饰。在 15 世纪后半期，图画插入文字的方式主要有 4 种：一是文字印刷后手绘于页面空白处。二是文字印刷后将木雕图版手工压印在页面上，德国印刷师阿尔布雷克特·菲斯特（Albrecht Pfister）于 1461 年印制的寓言集《宝石》（Der Edelstein）中的插图便使用了此种方法。三是将单独印好的版画图粘贴到页面上。第四种方法是将铅活字与插图木雕版组合到一起，一个页面一次性图文完整印刷。菲斯特使用这种改进的方法于 1461 年印刷了《穷人圣经》（Biblia pauperum）（见图 5-20）。在接下来的一个世纪左右，这种活字加木版画组合印刷的方法被使用在建筑、工程、解剖、服装等类的书籍中。①

作为 15 世纪至 16 世纪负有盛名的版画家，阿尔布雷克特·丢勒（Albrecht Dürer）创作了很多木版画和铜版画，也包括书籍插图版画。丢勒的版画画面层次丰富，注重塑造立体感。他于 1498 年出版的书籍《启示录》，包括了 15 张关于末日审判的木刻版画，涉及战争、瘟疫、饥饿、死亡等主题。其中的《启示录·四骑士》（见图 5-21）构图饱满，

图 5-20
《穷人圣经》木雕版插图
（1461 年）

---

① 基思·休斯顿：《书的大历史：六千年的演化与变迁》，伊玉岩、邵慧敏译，生活·读书·新知三联书店，2020，第 184—188 页。

第五章　印刷艺术

图 5-21
丢勒《启示录·四骑士》木版插图
（1498 年）

细节生动。画面为上中下的主体布局，层次清晰。画面氛围紧张热烈，气势磅礴，白色的烟云有强烈的烘托效果。画面中的各种影线优雅精致，灵活多变，很好地表现出了复杂的明暗效果。

这一时期的书籍彩色插图制作通常有两种方式：一是活字印刷后手工绘制，二是活字加木版组合印刷获得图画线条后手工上色。1493 年出版的《纽伦堡编年史》（*Nuremberg Chronicle*）因插图丰富精美而著称。该书包含 1500 多幅木刻插图，全部为手工上色。[①] 其中威尼斯城的插图线条刻画细致清晰，用色丰富，色彩协调柔和（见图 5-22）。

15 世纪中期之后，在活字加木版组合印刷插图后不

图 5-22　《纽伦堡编年史》木版插图（手工上色）（1493 年）

[①] 罗德里克·凯夫等：《极简图书史》，戚昕、潘肖蔷译，电子工业出版社，2016，第 101 页。

久，便有人尝试将铜版画插入书籍中。木刻雕版多次使用会造成磨损而线条模糊，而铜版画因雕刻在铜板上不仅寿命更长，也能体现作品的更多细节。最初人们采用将铜版画单独印好后粘贴到书中的方式，后来又尝试分两次印刷图文。在摸索和实验中，人们逐渐更倾向于将铜版雕刻用于集中了文字、装饰图案及出版商标志的书名页和单独页面的独立插图上。到16世纪，在铜版雕刻的基础上出现了新的铜版（或锌版）蚀刻技术，即将图画刻在铜版的耐酸涂层上，然后浇注酸性溶液，从而通过蚀刻得到图像。随着技艺的发展与成熟，相比木版画，铜版雕刻和蚀刻版画变得更为常见。

（二）17世纪、18世纪的书籍插图

印刷术继续推动17世纪书籍的发展。在17世纪的法国、英国等国家，官方通过特许专权、书籍检查、禁书等方式加强了对书籍出版流通的管理监督，这些限制刺激了更多盗版书和出版禁书的地下活动。在各种书籍中，除了《圣经》，集日历、天文及日常生活知识等信息为一体的历书可能是流传最广的书籍。出现了一些新的书籍类型，如小说、戏剧书籍以及儿童读物。1623年，伦敦出版了《莎士比亚作品集》。一种汇集娱乐、实用知识、宗教等内容，以蓝色封面为标志的大众读物"蓝皮书"种类繁多，广为发展。这一时期的各种日常生活指南手册也被大量出版，包括菜谱、家政、园林、马术、书信写作等，如有关马术知识的《英国马术师》（*English Horseman*，1607年）。1640年在美国出版了美洲第一部重要书籍《海湾圣诗》（*Bay Psalm Book*）。1687年，牛顿的《自然哲学的数学原理》（*Mathematical Principles of Natural Philosophy*）由皇家学会在伦敦出版。除了宗教、教科书、大众

第五章 印刷艺术

读物外，这一时期每种书籍的发行量通常几百册，很少能达到两三千册。对开本的大开本书籍这时不再流行，小开本的 12 开书籍推动了私人祈祷书和小说的流行。①

这一时期的书籍配有插图的较少，即使儿童读物也是如此。在很多情况下书籍插图被放在书名页上，将书名、出版信息与插图集中在一个页面上，有时书名页是书中唯一有插图的地方。由于相较木刻版画更为精细，印刷上也更有优势，在这一时期的书籍插图中，铜版画成为更常见的插图形式。1645 年出版的《论铜版雕刻法》一书中，有一幅插图以十分细致整齐的线条刻画了铜版蚀刻制作的场景（见图 5-23）。《一百荷兰盾》是著名画家伦勃朗（Rembrandt Harmenszoon van Rijn）运用铜版蚀刻技法创作的一幅《圣经》插图，结合干刻法②与蚀刻法，人物形象生动，笔触细腻自如。铜版画不仅用于书名页、书中图画插图，也会用于书页的页面装饰，如题花、尾花（见图 5-24）等。

18 世纪对于书籍出版流通的检查监督有所缓解，官方的书报检查主要集中在政治领域。在英国、法国、德

图 5-23
《论铜版雕刻法》插图（1645 年）

图 5-24
铜版尾花（17 世纪）

---

① BRANO BLASSEUE.：《满满的书页——书的历史》，余中先译，上海书店出版社，2002，第 94、104 页。

② 铜版画干刻技法，是在铜板上直接刻画图像，然后在版面涂抹油墨将图像印刷出来，铜板干刻是铜版画的传统技法。

国、意大利等国,书籍的出版量明显增加,城市中的图书馆和阅览室使书籍能够为更多的人接触到。社会上出现了书籍收藏的风尚。这一时期宗教出版物走向衰落,同时科学书籍出版得更多。旅游、探险类书籍大量出版。自17世纪以《堂吉诃德》(Don Quixote de la Mancha)为代表的现代小说出现之后,小说得到快速发展,在欧洲各国阅读英国小说成为时尚。在18世纪末,书籍上出现了罗马体、迪多体等新的印刷字体。

18世纪的书籍中有了更多的插图。狄德罗主编的《百科全书》(《百科全书,或科学、艺术和工艺详解词典》)无疑是18世纪启蒙时代精神在书籍领域的典型代表。这部28卷本的皇皇巨著中有3129幅精细插图,其中有插图描绘了在纸张上印刷大理石花纹的方法和工具,这幅铜版画严谨工整,刻画入微。在服饰、植物、园林、旅游探险、儿童读物等书籍中也有了更多的插图。一位女性在1725年出版了她的刺绣图样书《针线工艺》(Needlework),书中配有铜版插图(见图5-25),这些插图中的图案通常会绣在丝绸、塔夫绸或天鹅绒上。女植物画家伊丽莎白·布莱克威尔(Elizabeth Blackwell)于1739年出版了《奇妙的植物》(Curious Herbal)(见图5-26),

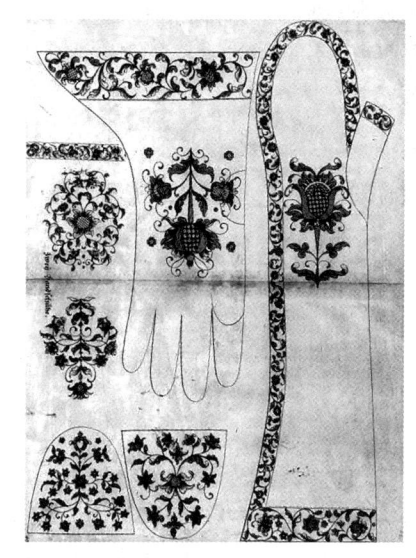

图5-25
刺绣图样书《针线工艺》铜版插图
(1725年)

第五章　印刷艺术

书中有 500 张插图，这些图为铜版雕刻，手工上色，这些植物画色彩清新，自然柔和。英国插画家威廉·布莱克（William Blake）为《天真和经验之歌》（Songs of Innocence and Experience）创作的插图《病玫瑰》（1794 年）中，玫瑰的枝叶由下而上环绕着页面四周，花枝舒卷自如，色彩虽略显黯淡，但色调和谐悦目，文字与图像融为一体。《商业和政治图表集》（The Commercial and Political Atlas，1786 年）在当时是一部很新奇的书，作者用直观的饼状图、折线图、柱状图等图表来呈现统计数据，该书的出版引发了热烈的社会反响（见图 5-27）。

在 18 世纪出现了木刻版画的复兴。由于木版画较为粗糙，17 世纪和 18 世纪的大部分时间，铜版画代替木

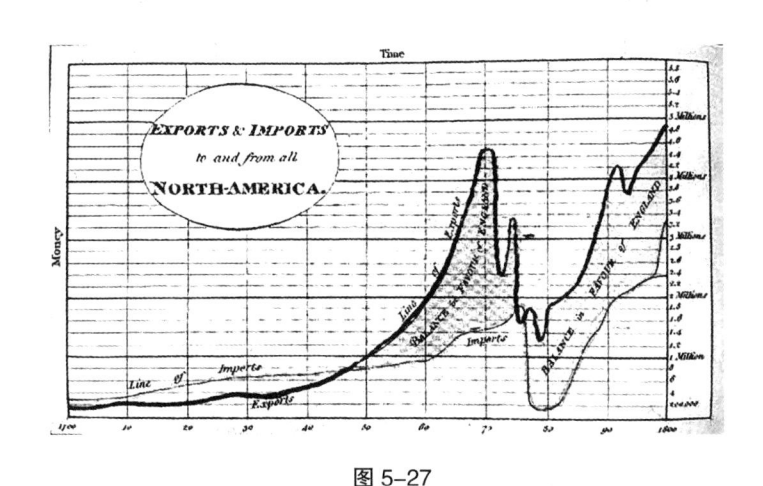

图 5-26
布莱克威尔《奇妙的植物》插图（1739 年）

图 5-27
《商业和政治图表集》插图　（1786 年）

版画成为首选的书籍插图形式，木版画则多保留在条饰、字母、尾花、商标等次要插图中。[①] 18世纪晚期人们改变了过去将木料纵向切开雕刻的做法，而将木料横向切开，在质地紧密的横截面即木口板上雕刻，形成了木口木刻（Wood Engraving）的新方法。木口木刻的图像在细节上可与铜版效果媲美，而且木刻为凸版印刷，木版与活字可拼在一个模具中，这样一次印刷便可得到一个完整的文图页面。英国的托马斯·毕维克（Thomas Bewick）在插图创作中运用这种新方法取得了精美的画面效果。他为著名的《英国鸟类史》（*History of British Birds*，1797年）创作了插图，《夜莺》（1797年）便是其中一幅木口木刻版画，画中的线条细密精致，不同的线条与色调使画面具有丰富的层次，整个画面细腻入微，十分精美（见图5-28）。木口木刻使得木刻版画重新风靡世界，成为最流行的书籍插图形式之一。

图 5-28
毕维克《英国鸟类史·夜莺》
木口木刻插图　（1797 年）

(三) 19 世纪的书籍插图

在18世纪开始的工业化、城市化进程在19世纪有了更加快速的发

[①] BRANO BLASSEUE：《满满的书页——书的历史》，余中先译，上海书店出版社，2002，第105页。

展，蒸汽滚筒等大型印刷机、多色印刷技术等新技术、新方法的使用大大促进了印刷业的蓬勃发展。通过将排好铅字的版面铸造出副本的铅版浇铸法（stereotyping）使书籍重印变得简单而便宜。钢版雕刻（siderography）使印版比木版、铜版更为坚固耐用。石版图像、照片图像为书籍提供了新的插图形式。此外，造纸机器的出现，识字人群的扩大等因素也都一并推动了这一时期书籍出版的繁荣发展。通俗小说、儿童读物、旅游手册、烹饪等实用类图书是这一时期广为流行的书籍。

这一时期小说是常配有插图的书籍类型。18 世纪的小说篇幅都较短，随着印刷及书籍生产能力的提高，三卷本小说成为 19 世纪英国小说的常见形式。① 一些艺术家的小说插图艺术性高，并表现出鲜明的个性风格。英国插图画家奥伯利·比亚兹莱（Aubrey Beardsley）的插图具有优雅精简的线条表现力，他为《莎乐美》（*Salomé*，1893 年）创作的插图以单纯强烈的黑白色块和流畅唯美的长曲线而著称（见图 5-29）。保罗·古斯塔夫·多雷（Gustave Doré）是 19 世纪法国著名版画家，其创作以铜版画为主，因其为《圣经》《神曲》《堂吉

图 5-29
比亚兹莱《莎乐美》插图
（1894 年）

---

① 罗德里克·凯夫等：《极简图书史》，戚昕、潘肖蔷译，电子工业出版社，2016，第 180 页。

诃德》等经典名著插图而成为欧洲闻名的插画家。他的版画多为黑白两色，善于通过光感表现形象和场景。他曾为了给小说《堂吉诃德》插图创作了几百幅版画。堂吉诃德一手拿书，一手举剑，包围在他身边的是他读过的骑士小说中的各个形象，人物的衣服、手中及散落各处的书籍以及左侧的窗帘都被表现得极富质感，画面光感的营造自然而微妙（见图5-30）。

图5-30 多雷《堂吉诃德》插图

儿童读物也是常配有插图的书籍。以往的出版商往往把儿童视为"小大人"，儿童读物就是成人读物的改编版。19世纪的儿童读物发展迅速，出现了专为儿童出版的读物，英国的儿童读物出版尤其突出。[①]沃尔特·克莱因（walter crane）的《铁路字母表》（*Railroad Alphabet*，1865年）融合教育与娱乐，充满幽默与快乐，深受儿童读者的喜爱。另一位英国插画家伦道夫·考尔德科特（Randolph Caldecott）在《嗨，扭一扭》（*Hey Diddle Diddle*，1882年）的插图中，以拟人化手法描绘了翩翩起舞的盘子、罐子和汤匙。他放弃了通常木刻画中的细黑影线，

---

① 王受之：《世界平面设计史》，中国青年出版社，2009，67页。

第五章 印刷艺术

使画面中的线条十分清爽，色彩鲜艳明亮（见图5-31）。

19世纪铁路、轮船及短期休假推动的旅游繁荣也催生了一个新的书籍种类——旅游指南。版本众多的各式旅游手册大量出版，1839年出版的《从斯特拉斯堡到杜塞尔多夫的莱茵河之旅》，其书名页印有莱茵河沿岸的各国风光，书中还附有一个当时其他旅游手册没有的折叠式地图，提供了一种新的书籍插图类型。

图5-31 考尔德科特《嗨，扭一扭》插图（1882年）

很多烹饪书是这一时期实用类图书中的畅销书。在著名法国厨师亚历克西斯·索亚（Alexis Soyer）出版的《时髦主妇》（*Modern Housewife*，1849年）中，有一幅调味汁广告插图，图中曲线婀娜的包装瓶专为女性而定制，画面单纯，主题鲜明，有很强的功能性和吸引力（见图5-32）。

图5-32 《时髦主妇》插图（1849年）

石版印刷为书籍带来了新的插图形式。19世纪末出现的石版印刷技术给19世纪的版画、书籍插图及各类绘画的复制带来了很大改变。德国人阿洛伊斯·塞内菲尔德（Alois Senefelder）通过用油性笔在石板上画出图像，在淋过水的石板上刷油墨，利用水油相斥原理，使石板上有图像的部分着墨成像，然后进行印刷的方法，发明了石版印刷。因为它的印刷部分既不是木版的凸版，也不是金属版的凹版，被称为平版印刷。之后人们用不同颜色的多块石版可以进行彩色石版印刷。相比木版和金属版，石版画面制作简便易行，版面坚固耐用，印刷速度

359

大大加快。当 1840 年著名的《美洲鸟类》（Birds of America）重印出版时，原来的铜版插图被石版插图所替代。

19 世纪 30 年代摄影技术的出现也为书籍带来了新的插图形式。摄影照片具有真实映现现实世界的优势，及至 20 世纪它将成为最具传播力的图像形式。《银版上的牙买加旅行》（Daguerian Ecursions Jamaica，1840 年）中的这张插图便是一张早期银版照相法的摄影照片，记录了牙买加金斯顿当地法院的景象（见图 5-33）。还有一种通过氰版照相法，也称为接触法获得的奇特照片。如《英国藻类图片集：氰版照相法印制》（Photographs of British Algae：Cyanotype Impressions，1843—1853 年）中的照片，不使用照相机，而是将海藻直接放置在感光纸上，在阳光下曝光后获得图像。照片上呈现出深浅不一的反白图像，别有一番韵味。

图 5-33　《银版上的牙买加旅行》银版照片插图（石印）（1840 年）

(四) 20 世纪上半期的书籍插图

20 世纪上半叶的两次世界大战深刻改变了世界格局和社会生活的面貌。公共图书馆的普遍建立促进了书籍的流通与阅读，书籍日益成为大众化的物品。随着印刷技术的发展，书籍插图的表现形式更加多元，诸多艺术家的参与使书籍插图更加风格化、个人化，艺术领域中各种异彩纷呈的思潮流派，在带来艺术风格多样化的同时，也带来统一的艺术标准的消失。

20 世纪十分活跃的艺术思潮流派给插图创作带来了时代气息和创新活力。未来主义、构成主义等现代主义流派认为随着现代工业与科技的发展，旧的文化已失去价值，美学观念必须改变。表现在书籍插图上，未来主义以"超理性主义"手法，用不规则的书页、铅字组成的图案、大号字体的随意排列表达出对既有艺术规则的决裂与反叛。埃尔·利西茨基（El Lissitzky）在《为了声音》（*For the Voice*）中的插图，富于动感和高度抽象性，体现了现代主义的激进美学风格。达达主义、超现实主义也同样拒斥艺术传统，它们崇尚非理性，以无政府的、虚无主义的态度看待世界与艺术，试图以新的方式表达对动荡世界的感受（见图 5-34）。德国艺术家马克斯·恩斯特（Max Ernst）将现代艺术中的拼贴法运用到书籍插图中，他选取 19 世纪的一些木刻版画，在其上拼贴其他图片，再通过照相制版制成印刷版图。他的图像小说

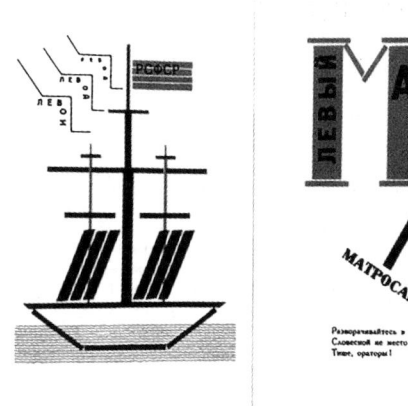

图 5-34　利西茨基《为了声音》插图
（1923 年）

图 5-35
恩斯特《仁慈的一周》插图
（1934 年）

《仁慈的一周》是超现实主义书籍的一个里程碑，其中通过拼贴重新组合而成的画面具有奇异而令人困惑的效果（见图 5-35）。

这一时期，一些著名艺术家的插图作品技艺精湛，独具一格。毕加索（Pablo Picasso）为他朋友的诗集、巴尔扎克的小说以及古罗马的《变形记》（*Metamorphoses*）等作品创作了木版和铜版画插图，与毕加索同为立体主义创始人的乔治·布拉克（Georges Braque）为古希腊《神谱》（*Theogony*）创作的插图具有鲜明的立体主义风格。野兽派代表人物、法国画家马蒂斯（Matisse）的插图画面简洁干净，线条单纯而富于韵味。

20 世纪更多专业插图画家的出现促进了插图艺术的繁荣，除了在欧洲，在美国和苏联也是如此。20 世纪大量的报刊是美国插图画家生存发展的土壤，在摆脱英国插图的影响后开始形成自己的特色，并成为美国文化的一个重要组成部分。插画家的作品广泛见于报纸期刊、广

图 5-36
派尔《罗宾汉奇遇记》插图
(1902 年)

图 5-37
吉布森《女郎》插图

图 5-38　洛克威尔
《星期六晚邮报》封面插图

告、书籍等各种载体之上。美国的"插画之父"霍华德·派尔（Howard Pyle）自编自绘了 24 本书，曾为 100 多部书做了插图。①他的插图画富于想象力和写实风格，富于感染力。他的《罗宾汉奇遇记》（*Some Merry Adventures of Robin Hood*，1902 年）插图形象生动准确，细节丰富。画面中的两个人物一为正面像，一为背影，两人手中的长棍在画面中部形成一个三角形，画面线条娴熟自如（见图 5-36）。查尔斯·达纳·吉布森（Charles Dana Gibson）以他简洁明快的钢笔画塑造了符合美国公众理想，漂亮、独立、朝气蓬勃的吉布森"女郎"（见图 5-37）。纽厄尔·康弗斯·韦思（Newell Convers Wyeth）曾为近百部书籍创作插图，他热衷美国西部题材，其插图富于真实感和生活气息。他的插图《心情·冬》中，人物在画面中高大凸显，富于力量感，在写实刻画的同时又具有隐喻性。诺曼·洛克威尔（Norman Rockwell）是美国最受欢迎的插图画家之一，他为《星期六晚邮报》杂志创作了 300 多幅封面插图，他乐于描绘生活中的美好事物，善于通过画面传达幽默与情趣（见图 5-38）。

在苏联，有很多画家致力于插图创作，特别是文学

---

① 苏珊·迈耶：《美国插图画家》，蒋淑均译，人民美术出版社，1994，第 8 页。

名著的插图，他们的插图有很强的文学性，具有扎实的造型功力，大大提升了插图艺术的水准。施马里诺夫（Dementy Shmarinov）用 10 年时间创作的《战争与和平》（*War and Peace*）插图（1944—1953 年）堪称插图史上的经典，他的插图作品中用大块的黑白灰结构画面，色彩单纯而层次丰富，画面庄重而富于内蕴的力量（见图 5-39）。库克雷尼克塞（Kukryiniksyi）是 3 个苏联画家的创作组合，他们的文学插图多描绘具有情节性和戏剧性的场景，擅长用光影营造和烘托环境。安吉洛的画面中用多条直线突出了纵向的空间感，位于画面上下部的静态人物造型具有张力和丰富的联想性（见图 5-40）。

图 5-39
施马里诺夫《战争与和平》插图

通俗化、大众化以及更加多样化的书籍插图构成了 20 世纪插图创作中的另一面相。随着图书出版的繁荣，出现了对精品印刷的追求，出现了一些昂贵的限量版书籍。1930 年出版的美国诗人惠特曼（Walt Whitman）的限量版《草叶集》（*Leaves of Grass*），书籍印制精良，以瓦伦蒂·安吉洛（Valenti Angelo）简洁的木版画与惠特曼豪放粗犷的诗句相

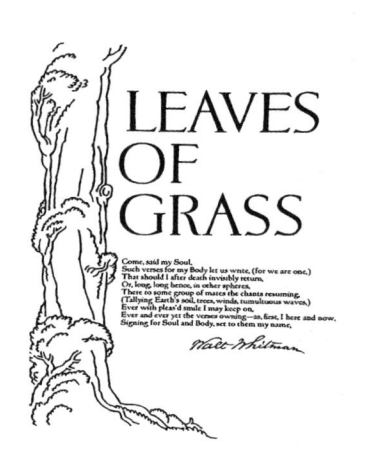

图 5-40
安吉洛《草叶集》书名页插图
（1930 年）

配，风格协调统一。更能体现 20 世纪书籍大众化发展趋势的是以企鹅平装书为代表的简装纸皮书的流行，它以厚纸封皮取代皮面、布面或纸板的精装、半精装装帧，制作更简便，也更廉价。早期企鹅书的封面上常有单色小型版画插图，之后随着时代的演进，新的插图风格与形式也都体现在企鹅书籍封面插图的演进中。

20 世纪中，妇女解放的观念和更包容的性观念催生了一批有关女性、婚姻及两性关系的书籍。尽管有些书最初因为被认为写得过于露骨而被拒绝印刷，但最终仍获得出版。《爱情之于婚姻》（*Married Love*，1918 年）这本书出版时被认为是对教会的冒犯，但它拥有广泛的读者群，销量超过 100 万册。

第二节　印刷书中的版式与字体艺术

书籍的版式是指对书籍页面各种元素的安排设计。印刷书籍的版式是在手写书籍版式的基础上发展而来的，但手抄书籍的版式有较大的随意性。印刷书籍是以每一版为基本组成单位，版印书籍根据版面的特点形成了一些较为固定的版面安排格式，这些版式兼具实用性与装饰性，构成了印刷艺术中独具特点的一部分。通过设计形成的不同字体风格则构成了印刷字体的艺术。

一、中国古代书籍的版式与字体艺术[①]

中国古代印刷书籍的版式是在手写书籍版式的基础上发展而来的，如简册由上而下、从右至左的书写顺序，帛书上分隔字行的纵向直线即行格等，但印本书最终形成了自身特有的版式安排。中国古代版印书籍

[①] 本部分所用图除特别标明外，皆出自曲德森：《中国印刷发展史图鉴（上）》，山西教育出版社、北京艺术与科学电子出版社，2013。

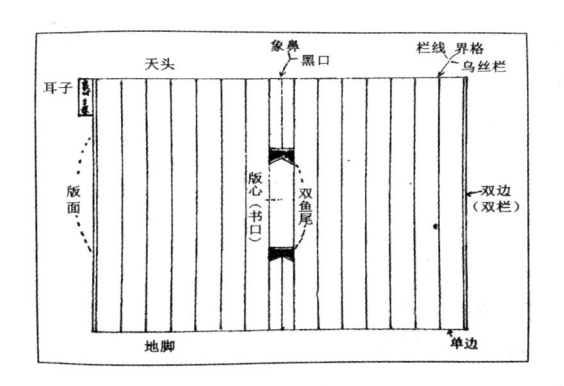

图 5-41　古代版印书籍版式

版式①的主要元素包括边栏、界行、版心、象鼻、鱼尾、书耳等（图 5-41）。

边栏也称版框，是指一个版面内围绕文字四周形成的边线，它从视觉上使一个版面内的文字形成整体感。边线如是单线称为单边，如是双线称为双边，如上下边为单线、左右边是双线的称左右双边，左右单线、上下双线的称上下双边，②也有在双线之间添加花纹图案的，称为花边。

界行也称界格，行格，是指版面内将文字分行的纵向直线，界行使文字及版面显得端庄整齐。刻印、排印

---

① 古代版印书籍版式图，见：姚伯岳：《中国图书版本学》，广西师范大学出版社，2022，第 105 页。

② 左右单线、上下双线的边栏，见：李致忠：《古代版印通论》，紫禁城出版社，2000，第 141—142 页。

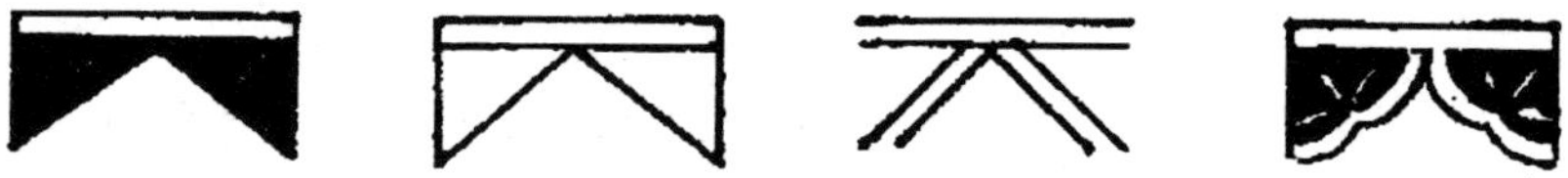

黑鱼尾　　　白鱼尾　　　线鱼尾　　　花鱼尾

图 5-42　鱼尾样式

的中国古代书籍绝大多数都有界行。

　　版心，也称版口，是指一个完整版页的中缝部分，版心将整个版页分为左右或前后版面，通常由左右两根直线形成，其线条上下端与上下边栏的横线相连接。中国古代印本书籍的每一印张在中央对折成为一个印张页的两面，版心部分有线条及图案作为折页时的标准。有的版心处有文字标注页面内容的标题、印张页次、该印张的字数、刻工姓名等信息。包背装、线装的书籍其版心在书籍翻阅的开口处，这时也称为书口（见图 5-42）。

　　鱼尾是指在版心中间部分出现的单个或一对凹形尖角图案，因形似鱼尾而得名。版心中的鱼尾有多种形式变化，[①] 只有一个鱼尾图案称单鱼尾，有两个鱼尾时称双鱼尾。两个鱼尾方向一致时称顺鱼尾，方向相反时称对鱼尾或逆鱼尾。鱼尾部分为全黑时称黑鱼尾，鱼尾图案中间是空白时称白鱼尾，还有在鱼尾中加入装饰的花鱼尾。鱼尾也是标识中缝线，是便于折叠书页的标记。除了其标记功能外，鱼尾在版心中是最具装饰性的元素，具有象征性的视觉形象，且变化丰富，很典型地体现了版心设计中的艺术性。

[①] 姚伯岳：《中国图书版本学》，广西师范大学出版社，2022，第 106 页。

黑口、白口与象鼻。鱼尾上下到版框有一条线，叫做象鼻。象鼻为一条细黑线的叫细黑口或小黑口，象鼻为一条粗黑线的称为粗黑口或大黑口，无象鼻者为白口。黑口可以作为折叠书页的标记。版心处的黑口、白口在页面上有不同的视觉效果，白口需要更多工时，是刻书精细的表现。象鼻、黑白口等构成了版心中多元素、多层次的版心艺术形象。

书耳是指边栏或版框外左上角的一个小型长方格，里面通常放简化了的该页面内容的篇题。因其附着在边栏上方仿佛书长了耳朵，故称为书耳。

中国印刷书中的字体最初是各种手写体的翻刻，如欧体、柳体、颜体、赵体等，手写体形式灵活，风格多变。及至后来逐渐使用规范的印刷体宋体，但也仍有大小、粗细、长扁、正斜等多种变化处理。这些字体或雄健，或秀媚，姿态各异，构成了印刷书籍中的字体艺术。

（一）唐代、五代的书籍版式与字体

唐及五代是雕版印刷的早期阶段，页面版式较为简单，通常有边栏，界行的出现并不固定。现存最早具有明确年代的整本印本书卷是唐咸通九年（868年）印刷的《金刚般若波罗蜜经》。[①]"唐代雕版印刷尚处于初起

[①] 钱存训：《钱存训文集·第二卷》，国家图书馆出版社，2013，第169页。

阶段，社会上仍以纸写本书为主要的图书形式。"① 这时雕版印本的内容主要为佛经、历书，用于作诗的韵书及民间的阴阳五行、占卜相书等，大多印制粗糙。然而前述咸通九年的《金刚般若波罗蜜经》文图精美，刀法流畅，是这一时期的精品。该经页面有细单线边栏，无界行，文字为工整的楷体。唐代印版书籍的边栏以四周单边为主，也有双边，但没有后来版印书籍中的版心、象鼻、鱼尾等，说明这一时期的页面版式比较简单，主要是对写本书版式的沿袭继承。这时的版面文字已有大小字号区分，字体有手写风格楷体，也可见到仿颜体的字体。

五代时期印刷品的内容有了进一步扩展，除大量印行的经卷、梵咒、佛像外，首次出现了儒家、道家经典著作和历史著作的印本书籍。另外，还出现了目前传世最早的分页印本书籍。② 五代版印书籍的版面设计与唐代近似，版面文字四周多有边栏，但页面少有界行。如五代时曹元忠主刻的《金刚经》，其版面文字四周围以粗黑单线边栏，文字行间无界行，也无象鼻、鱼尾等版口形象。因其为卷轴装，前后版面相衔接，会使前一版的左边栏与后一版的右边栏形成重复的边线，因此这时只有首版刻右边栏，末版刻左边栏，其余中间各版只刻上下边栏，这样其上下边栏就成为版面中最为突出的元素。③ 这是卷轴装时期边栏的特

---

① 姚伯岳：《中国图书版本学》，广西师范大学出版社，2022，254页。
② 钱存训：《钱存训文集·第二卷》，国家图书馆出版社，2013，第173—177页。
③ 李致忠：《古代版印通论》，紫禁城出版社，2000，第77页。

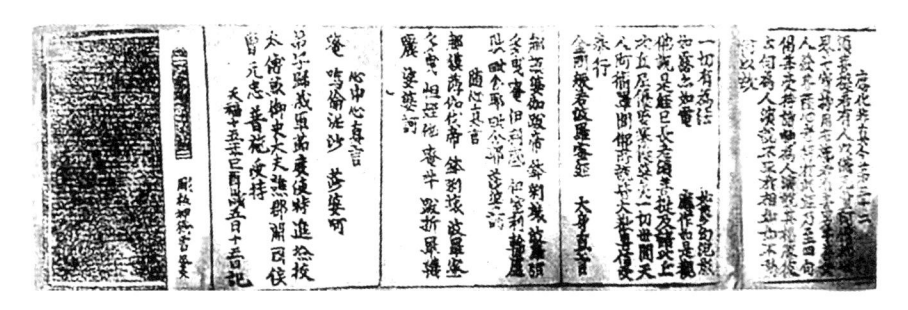

图 5-43　《金刚经》页面　五代曹元忠刻本

定处理（见图 5-43）。

后唐时由国子监雕刻了《九经》，开创了古代官刻的先例。该经的版面中，采用经文用大字，注释用小字的文字格式，成为后世经书的标准格式。这种根据内容区别大小字号的设置使页面文字主次分明，富于层次。《九经》的版刻文字正文为楷体，标题为隶书。五代时期刻印的大量佛像，页面通常为上图下文版式，上图约占版面 2/3，文字占 1/3，字体多古朴凝重。

（二）宋代的书籍版式与字体

在唐与五代的基础上，宋代进入古代刻书的黄金时代。宋代刻书规模大，版印精，内容校勘精审，刻写文字优美，用纸用墨质量高，各方面都大大超过了前代。北宋时期版刻书籍的版式前期与五代近似，后来出现了版心、黑口白口、鱼尾等新的版面元素和版口形象，成为宋代书籍精美形象的重要组成部分。北宋前期版面的边栏与五代时期近似，多为四周单边，即在版面上围绕文字四周刻印一条粗黑栏线。北宋后期边栏多为左右双边，少数有四周双边。左右双边即在左右竖直粗黑栏线的内侧加刻一条细线，在左右两侧各形成一粗一细的双边线，也称文武线。而四周双边是沿四周粗黑单栏线内侧再刻一圈细线，使四周形成粗细双栏线。相比单边栏线，双边栏线更费工耗时，是对更精细工艺的追求。

北宋刻书版面出现了五代没有的版心，即在一个完整版页的中央部分用两条并行的纵向直线将整个版页分隔成左右页面（折叠后成为前后页面）。两宋刻书几乎都是白口，少数是细黑口，个别的是粗黑口。[1] 具体看，北宋多为白口，南宋多为细黑口。[2] 细黑口的出现与书籍装订方式的改变有关。南宋时期书籍装订由蝴蝶装向包背装发展，这样版心也就由原来靠近书脊而变为处于书的外翻口，这就对版心的中缝提出了更准确和美观的要求。细黑口也就是在版心的上下端雕刻一根细黑线，以便可以作为折页时的标准。版心的出现意味着宋代书籍的印制有了对精准性的更高要求。

版心上的鱼尾，即版心上的鱼形装饰物更能体现宋书版面的精心设计。宋代书籍版面讲究，几乎书书有鱼尾，版版有鱼尾。[3] 其鱼尾又有单鱼尾、双鱼尾、三鱼尾等多种变化。版心的黑白口、鱼尾都兼具功能性与装饰性，视觉效果突出。除了鱼尾，在版心上方会镌刻书名，下方刻页码。此外，宋版书还常在边栏左上角加刻书耳，即一个小型长方线

---

[1] 李致忠：《古代版印通论》，紫禁城出版社，2000，第112页。

[2] 姚伯岳：《中国图书版本学》，广西师范大学出版社，2022，第139页。

[3] 李致忠：《古代版印通论》，紫禁城出版社，2000，112页。

框，里面放置页面内容的篇名或主题词。

宋代版刻的字体多为端庄凝重的楷体，属于手写体风格，[1]尤其是经书的字体，严整端庄，楷法有则。北宋刻字多为瘦劲工谨的欧体（欧阳询体）。南宋的浙本多沿用欧体，建本字体多修长挺秀的仿柳体（柳公权体），蜀本字体多为气势雄浑的仿颜体（颜真卿体），也有一些地区刻本的字体并不专主某一种字体。[2]总之，宋版书的页面版式出现了新元素，版面设计更为丰富，有鲜明的审美意识与艺术性。

（三）辽、西夏、金的书籍版式与字体

辽代的印本书籍版式脱胎于唐及五代，重致用，轻装饰，风格古朴。辽代版面的边栏有四周单边、四周双边，以及左右双边、上下双边的多种样式。此外，辽代佛经版式中出现了特有的花栏，即在上下双边的两条线之间印有佛教降敌法器金刚杵和祥云纹饰，其目的是配合经文消灾祈福，但装饰效果显著，成为中国印版书籍版面花栏的滥觞。[3]辽代书籍版面有的无界行，有的有

---

[1][2] 姚伯岳：《中国图书版本学》，广西师范大学出版社，2022，第259、263页。

[3] 李致忠：《古代版印通论》，紫禁城出版社，2000，第142页。

界行。但与通常分隔版面每行文字的界行不同，其界行只出现在版面首行标题以及页面中有标题的地方，并且在界行上部有单鱼尾，这种用来标示题目的鱼尾在古代书籍中极为少见。[1]辽代版面上版心的出现并不固定，有的没有版心，只有一条单直线分隔左右版页。有的则是两条线的版心，其上下端有作为折页标准的短直线，即人们所称的象鼻。辽代的重要版印书籍大藏经被称作"契丹藏"或"辽藏"，全部用汉文书写雕版，大字楷书，工整有力。

西夏的版印书籍版面与宋、辽书籍相近，同时又具有西北部地区的刻书的独特风格。西夏人尊崇佛教，雕印了大量佛经、佛画和字典、辞书、诗集等书籍，如类书《圣立义海》（见图5-44）、文学书《新集锦合辞》。西夏书籍版面的边栏大多为四周单边，也有少数左右单边和四周双边。有的有界行，有的无界行。西夏刻书大都有版心，版心中有的刻有鱼尾，有的没有。西夏版面的一个独特之处是在版面文字的空隙处雕饰梅花、菱花、星花等装饰图案，在中国古代书籍版面中独树一帜。西夏印本书除雕版印本外，也有活字印本。西夏印本书籍采用西夏文、藏

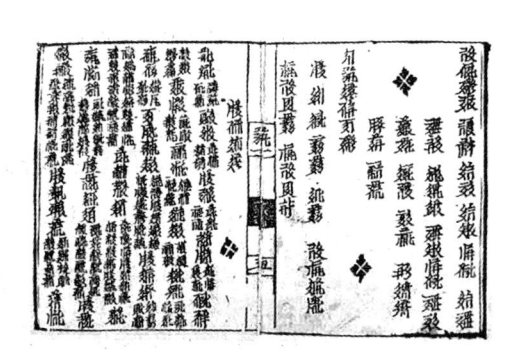

图5-44 《圣立义海》页面
乾祐十三年（1182年）

---

[1] 李致忠：《古代版印通论》，紫禁城出版社，2000，第144页。

文、汉文刻印，版面中可见大、中、小不同字号。[1]

金人在攻破汴京时，掳走了很多北宋典籍及刻字、刷印工匠，因此金代书籍的版式、装帧有着明显的宋书风格。金代书籍版面的边栏有上下单边、左右双边、四周双边等不同样式，版面中有的有界行，有的没有。与宋书一样，金代刻书大都有版心，且多为白口。版心中有单鱼尾或双鱼尾，但有的鱼尾如辽书版面不是放在版心，而是作为文字开头或标题的标识，如金刻本《刘知远诸宫调》（见图5-45），[2]说明金代对鱼尾的使用更

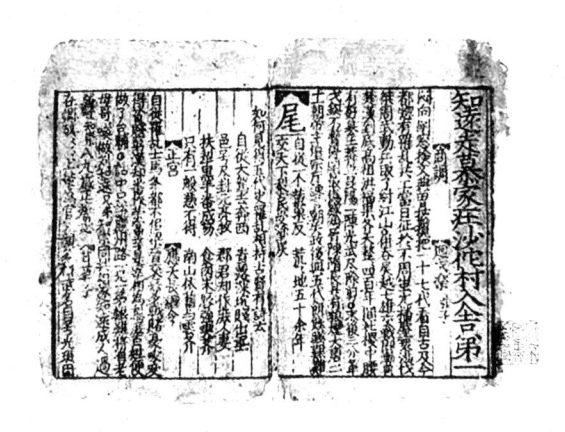

图 5-45 《刘知远诸宫调》页面
金平阳刻本

---

[1] 李致忠：《古代版印通论》，紫禁城出版社，2000，第162页。

[2] 曲德森：《中国印刷发展史图鉴（上）》，山西教育出版社、北京艺术与科学电子出版社，2013，第256页。

为灵活多样。金代的版印书籍用女真文、汉文刻印,金代刻佛经代表作《赵城金藏》以汉文楷体刻印,十分精谨工整。此外,金代版刻页面上出现了表示句读的"○",在版面上增加了新的视觉元素。①

(四)元代的书籍版式与字体

随着雕版印刷的发展,至元代印本书在图书中的占比大大增加。元代初期有些版心为白口,但元代刻书绝大部分为黑口。北宋书籍版心多为白口,南宋出现了细黑口。白口意味着在镌刻时要将版心一部分的木板全部剜除,细黑口意味着要剜除木板的大部分。刻版时如果不刻除版心的相应部分,刷墨印刷后在纸上便呈现出版心上的粗黑口或大黑口,可知粗黑口可以省工省时。由于元代刻书中追求快速盈利的坊刻比重上升等原因,元代刻书的版面未能精雕细刻,反映在版心上便形成了粗黑口,但这也成为元代版面视觉上的一个特点。

元代刻书字体多模仿赵体、欧体,主要是仿赵体楷书。赵体即赵孟𫖯体,赵孟𫖯是唐代之后书法的集大成者,在元代从士大夫到一般文人,到版印雕刻工,人们多以赵字为美,刻意模仿,成为时尚。赵孟𫖯的楷书流丽娟秀,具有手写书法体特有的审美韵味。元代刻书讲究书法,多请名手书写上版,一些元代刻本可与宋本的上乘刻本相媲美。但元代刻书总体上不及宋书刻印精细,兴文署、各级儒学和书院的刻书质量较好,但大量书坊刻书为图省料,版面行紧字密,文字不分段落,天头地脚狭窄,缺乏美感。②

---

① 李致忠:《古代版印通论》,紫禁城出版社,2000,第180页。
② 姚伯岳:《中国图书版本学》,广西师范大学出版社,2022,第284页。

（五）明代的书籍版式与字体

明代刻书数量大，品种多，超过宋、元前代。除版刻书籍继续发展，饾版、拱花等彩色套版印刷兴起和应用，铜活字、锡活字印刷也发展起来。印刷字——宋体字开始形成。明代刻书可分为三个阶段：明初、明中期和明晚期。明初刻书多继承元代风格，中期刻书纸张洁白，字大宜读，多精品书。晚期书籍刻印量大，质量参差不齐。在刻书的版面方面，3个阶段呈现出明初"黑口赵字继元"，至明中为"白口方字仿宋"，至明末"白口长字有讳"的特点。①

具体来看，明初期（1368—1521年）的特点是"黑口赵字继元"。黑口、赵字是元代刻书的风格，之所以进入明代该风格仍持续了百余年，大致原因有二：一是明初原来元代的书坊、刻工仍以惯常的方式、风格刻书印书，并未随着政权的更迭而马上改变。二是明代社会高度集权，书坊翻刻官书、经典都需按钦颁官书样式刻印，这种社会环境容易形成一体化的刻书风格，并在相当一段时间里持续不变。

明中期（1522—1620年）的版式风格为"白口方字仿宋"。白口是宋代书籍版式的重要特征，这种风格的改变

---

① 李致忠：《古代版印通论》，紫禁城出版社，2000，第268页。

与明中期的社会文化背景密切相关。自明初期，四书五经被国子监规定为必修课程，并明令全国府州县及私塾，都须以孔子所定经书教学，还规定以八股取士。①同时粉饰太平、歌功颂德的"台阁体""茶陵诗派"统治着文坛。出于对这种沉闷僵化的思想文化状态不满，文坛出现了文学复古运动，反对"台阁体""八股文"的流弊，提倡读古代传统优秀文学，即"文必秦汉，诗必盛唐"。这种文学复古的风气也影响到刻书上，刻书的复古就是复宋书之古。宋代是中国雕版印刷的黄金时代，宋书版刻白口大字，端庄古朴，被版刻家视为典范。明正德之后，无论官刻私刻，都将宋元旧书，特别是宋书照样翻印，全面仿宋。因此明中期的版刻书籍"纸白墨黑，行格疏朗，白口，左右双边，颇有宋版遗韵"。②明中期的版刻书大都采用字形方正齐整，横轻竖重的宋体字。宋体字也被称为硬体字，与宋体之前的手写风格字体（也被称为软体字）不同，体现了一种整饬规范的字体之美。

明晚期（万历后期至崇祯）的版式风格被概括为"白口长字有讳"。具体来看，明晚期的版式表现为两个方面，一个方面是"白口长字有讳"，另一方面是丰富多变。所谓"白口长字有讳"，其中白口是对明中期版刻风格的继承，"长字"是指版刻文字从方正的宋体变为瘦长体，可能是为了在一个版面上多刻字数，节省板材。"有讳"即刻书时回避

---

① 八股即八股文，是明清科举考试的一种文体，文章分为八个部分：破题、承题、起讲、入题、起股、中股、后股、束股，形成固定格式。

② 李致忠：《古代版印通论》，紫禁城出版社，2000，第271页。

皇帝名讳，①就是刻书遇到与皇帝名字（姓氏不避）相同的字时，需要以改为近义字或同音字、空字或减少笔画等方法避讳，从而在版面文字上出现的一种特异表现。明晚期版式表现的另一方面是丰富多变。明晚期商品经济萌芽，社会生活活跃，印刷业繁荣，这一时期书坊刊刻了大量戏曲和小说。这些戏曲小说的版式较为灵活多变，比如一些上下双边的两条线之间雕刻竹节、花草、博古文等图案形成了富有特色的花栏，有的版心不仅有单鱼尾、双鱼尾，甚至有了六鱼尾，大大强化了其装饰效果。②戏曲小说中多有插图，插图与文字在版面上有上图下文、左图右文、右图左文等多种图文版式结构。

（六）清代的书籍版式与字体

清代是中国古代印刷业最繁荣的时代，除了雕版刻本，还有活字本、套印本以及新式的铅印本、石印本。清代也是印刷业大变革的时代，在这一时期，西方印刷术传入中国，并最终取代了中国的传统印刷技术。清代书籍校勘甚精，是中国历史上对古籍进行全面清理的时期。清代学者"求古""求真"，目录、校勘、版本之学

---

① 名字避讳是中国古代的一种文化现象，在文字中遇到本朝皇帝或尊者的名字时，均要回避（姓氏不避），以示尊重。避讳的方法通常是改为近义字或同音字、空字或减少所避文字的笔画。

② 李致忠：《古代版印通论》，紫禁城出版社，2000，第272页。

成为显学。无论官刻、私刻，清代书籍文字内容的校勘精审程度都大大超过以往朝代的刻书。清代书籍版式基本沿袭前朝的风格，边栏多为左右双边或四周双边，行窄字细，字体瘦长，白口，双鱼尾。

清代康熙时期的版刻字体为工整的楷体，多由名家写样上板。相比规整的宋体字，这种手写体书法字更加柔和多变，人称软体字。但清代刻本总体以宋体字居多，对于不喜欢这种字体的人便觉得它呆板拘谨。清代刻书仍讲究讳字。比起前代，清代书籍在纸张上更为多样，如洁白柔和，有横纹印痕的罗纹纸、洁白细腻的开化纸和开化榜纸、光润匀净的连史纸、米黄色的毛边纸等，也成为清代书籍整体艺术效果的一部分。①

二、外国书籍的版式与字体艺术

（一）15世纪、16世纪的书籍版式与字体

西方在15世纪中期迈入印刷时代。在早期的印本书籍中无疑以古腾堡的42行《圣经》为代表（见图5-46）。据考证这部书印于1455年，共印制160—180本，其中30本印在小牛皮纸上，其余为纸本。这本书使用活字印刷，用了约300种不同的活字，共335万个字符。这部《圣经》为大型对开本，高405毫米，宽209毫米。②每页文字分纵向

---

① 李致忠：《古代版印通论》，紫禁城出版社，2000，第337页。
② 埃万·克莱顿：《笔下流金：西方文字书写史》，张璐译，浙江人民出版社，2022，第122页。

第五章 印刷艺术

图 5-47 谷登堡 42 行《圣经》哥特字体（1455 年）

图 5-46 谷登堡《圣经》页面（1455 年）

两栏排列，从左至右，左右对齐。开头页面是每页 40 行，后来的为每页 42 行，故名 42 行《圣经》。字体为字形瘦长、笔画端有尖角的哥特体。页面有首字母和页边沿的彩色装饰（见图 5-47）。早期印刷书籍也有页面不分栏的，如 1459 年印刷的《美因茨的圣诗》（Psalterium），该书以黑、红、蓝三色印刷，页面不分栏。

谷登堡《圣经》的字体及页面版式模仿了中世纪的书籍风格，体现了印刷书籍在书页风格上从手抄本到印刷本的过渡特点，如谷登堡《圣经》选用了中世纪后期出现的有书写风格的哥特字体，两栏排列的版式也是中世纪抄本的常用版式。这种过渡性更典型地体现在首字母和页边的装饰上。谷登堡《圣经》和早期的印刷书是先印刷文字，在印成的页面部位留有一些空白处，然后由上色装饰匠和插图画师手绘出彩色的首字母装饰和页边装饰，这些页边装饰也沿袭自中世纪卷曲的植物花卉。

人们发现，在谷登堡的《圣经》版本中，一些页面装饰图画是从 1450 年前后出版的一部手抄本《哥廷根图样书》里几乎照搬来的。[①] 印后书籍页面的手绘工作大大增加了制作的周期。1460 年之后，在印刷时使用金属活字版加木刻插图版的组合在德国得到普及，在世纪末又有了更精致的铜版插图。这种不同版块的组合不同于之前将文图刻在整块木板上的版面设计，而是现代意义的"排版"（topography），[②] 这种方式大大加快了书籍制作完成的时间。

谷登堡的铅活字印刷技术很快传播到欧洲各地，欧洲的一些贸易城市如巴塞尔、纽伦堡、威尼斯、巴黎、里昂、安特卫普、伦敦等陆续成为印刷中心。在这些印刷中心印制出许多设计印刷精良的书籍，体现了这一时期印刷艺术的探索与风格。这一时期的书籍开本多为对开和四开本。根据一项统计，"1500 年以前印刷的书中，有一半是四开本，另外一半中又有一半以上是对开本"。[③] 1501 年威尼斯阿尔丁出版社的一本罗马诗人维吉尔的诗选被认为是第一本八开本的印刷书。

这一时期印刷书中使用较多的字体是罗马体（Roman）（见图 5-48）、意大利斜体（Italic）（见图 5-49）和哥特体（Gothic font）。罗马体源于古罗马时代，其特点是主要笔画端的装饰线以及方形的大写字

---

① 罗德里克·凯夫等：《极简图书史》，戚昕、潘肖蔷译，电子工业出版社，2016，第 99 页。

② 王受之：《世界平面设计史》，中国青年出版社，2009，第 32—33 页。

③ 基思·休斯顿：《书的大历史：六千年的演化与变迁》，伊玉岩、邵慧敏译，生活·读书·新知三联书店，2020，第 287 页。

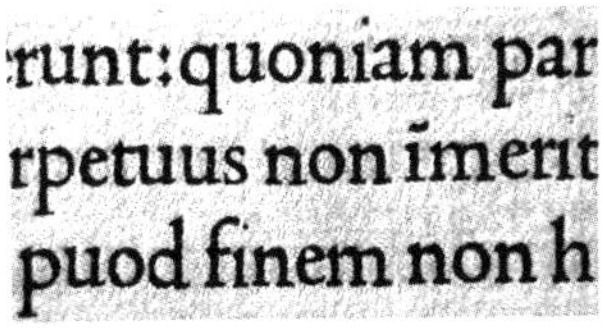

图 5-48　罗马体　15 世纪 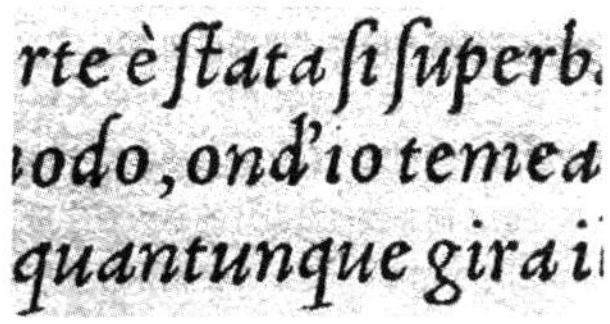　　图 5-49　意大利斜体　16 世纪

母，风格端庄正式。1470 年，尼古拉斯·让松（Nicholas Jeanson）通过将小写字母的衬线改为与大写字母一样的铭文式对称衬线改进了罗马体。意大利斜体源自意大利，略有倾斜，近似手写体，比罗马体更为紧凑，这样在一行内可放进更多的字母。前述 1501 年阿尔丁出版社的维吉尔诗选的全书都采用了斜体字。哥特体出现于中世纪晚期，笔画较粗，风格凝重，富于装饰性。书籍字体的选用有一定的地域性。在现存的 2.4 万种 16 世纪以前的印刷书中，有 77% 是拉丁文本。在这些拉丁文本中，主要使用罗马体和意大利斜体。而在德国、奥地利、瑞士等国家和地区，则更多使用哥特体。[1]

无论手抄本还是印刷本，首字母都是页面装饰的一个重要看点。在 15 至 16 世纪的印刷书中，首字母装饰除了印刷文字后再在提前预留的页面空白处手工绘制外，在法国或瑞士，一些印刷商也会使用事先刻好的木版花

---

[1] 埃万·克莱顿：《笔下流金：西方文字书写史》，张璐译，浙江人民出版社，2022，第 129—133 页。

体字母。[1]对首字母的刻画，无论是写实风格还是抽象图案，基本都是装饰性的。但也有一些首字母的图画与书籍的内容或主题相呼应。1478年出版的《名人传》（*Vies des hommes illustres*）中的一页，左上方的花饰字母"Q"的中间有一幅书籍作者普鲁塔克[2]（Plutarque）坐在桌前写作的图像。在一部约15世纪末、16世纪初的书籍书页上，大写首字母"Q"的中间可以看到土地和麦穗，[3]呼应着书籍《田园诗》的内涵。

  这一时期印本书的页面版式除了常见的双栏排或不分栏之外，偶尔也会见到三栏排的版式。出版于1514—1517年间的多语种对照本《圣经》（*Multilingual Bible*）就是纵向三栏版式，页面由左至右分为三列，依次分别是希伯来语、拉丁语和希腊语的圣经（见图5-50）。如果算上左右页书口处排列的词汇词根，也可以视为四栏版式。在文字页面，除了这样整齐的版式，还会见到一种更具设计感的倒金字塔版式（见图5-51），通常是在书名页、章尾或书的结尾页面。这一时期在文字四周的页边装饰沿用了抄本的手工描绘方式和抄本时代的图案，但在一些书籍的页边可以见到木版雕刻的装饰花纹。在一本1514年出版于意大利的阿拉伯语基督教祈祷书的页面上，其上下左右四边是阿拉伯式的木刻

---

[1] BRUNO BLASSELE：《满满的书页：书的历史》，余中先译，上海书店出版社，2002，第64页。

[2] 普鲁塔克（46—120年），古罗马时期的史学家和传记作家。

[3] 田园诗风格首字母，见：罗德里克·凯夫等：《极简图书史》，戚昕、潘肖蔷译，电子工业出版社，2016，第109页。

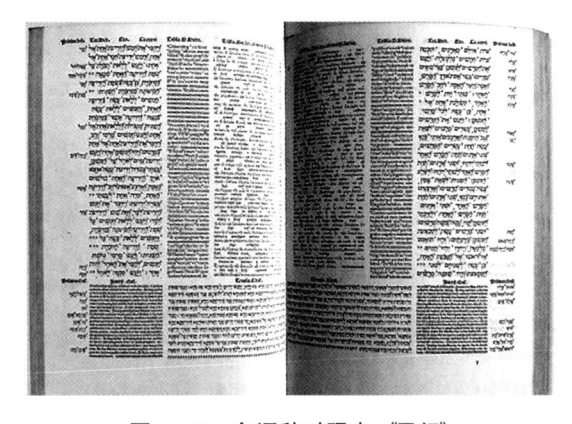

图 5-50 多语种对照本《圣经》（1514—1517 年）

图 5-51 伊拉斯谟《新约》书名页（1516 年）

装饰图，绘有花草鸟类，图案外围有粗细双线的线框。页面中的插图除了木版画、铜版画的图像外，也出现了其他的图形符号。1482 年印刷出版于威尼斯的欧几里得《几何原本》（*Elementa Geometriae*）页面中有 400 多幅几何图形，体现了这一时期书籍图像的多样化形式。

大约从 15 世纪末开始，印刷书籍逐渐摆脱了中世纪的面貌，形成新的书籍结构，如版权页的出现，同时页面内容有了不同的空间位置，形成了文本层次。中世纪没有版权页，抄写人在书籍末尾的结语中留下有关书籍作者、译者、印刷商及印刷时间、地点的相关信息。后来印刷商在书籍末页的书籍信息之外添加了书商的商标及装饰补花，形成了版权页。随着书籍产量的增加，为了方便对书籍信息的确认，这些信息被移到了书籍的前面，与书名、作者姓名一起出现在书籍的首页，使版权页与扉页融为一体。①在书籍页面中，页眉上开始标注书名，书中各章另行起页增强了文本层次，标点和脚注的出现增进了阅读的便利，有的书籍在页边以手指图案指示特定段落文字的重要性，页码由罗马字母改为阿拉伯数字。这些书籍形式和面貌的变化有利于信息的传递与阅读，也为书籍空间带来了新的表达形式。

(二) 17世纪、18世纪的书籍版式与字体

17世纪的印刷业在15、16世纪的基础上继续发展，印刷书籍已不是新奇之物，开始成为日常物品。即使皇皇巨著《百科全书》也出版了平价的小开本。印刷物的范围和种类都在扩展和增加，1640年在美国出版了美洲的第一本重要印刷书《海湾诗集》。②书籍的种类除了已有的宗教书、历史书、教科书及实用类书籍外，还出现了小说、戏剧、儿童书籍等新的印刷书籍类型。在17世纪上半叶，新的印刷物类型期刊、报纸也都出现了。17世纪的印刷物注重功能，讲究实用性。

17世纪印刷书籍的开本进一步变小。一些重要的大型书籍，如《圣经》《百科全书》仍采用最大的对开本。在一般书籍中，12开本逐渐代替4开本，这种小开本有利于私人祈祷书、小说的销行。③1629年，

---

① BRUNO BLASSELE：《满满的书页：书的历史》，余中先译，上海书店出版社，2002，第86页。

② 罗德里克·凯夫等：《极简图书史》，戚昕、潘肖蔷译，电子工业出版社，2016，第128页。

③ BRUNO BLASSELE：《满满的书页：书的历史》，余中先译，上海书店出版社，2002，第102、114页。

第五章　印刷艺术

埃尔泽菲儿家族开始出版 12 开本古典著作丛书。在 17、18 世纪的藏书热中，随着造纸机的出现，原来因操作不当而出现的毛边纸开始成为一种刻意的存留，成为对一种书籍形象风格的追求。

这一时期的豪华封面是羊皮封面加图案装饰，如用红色摩洛哥羊皮封面加印镀金纹章，在书的封皮上印上所有者的纹章是当时的流行做法。而同一时期被称作"蓝皮书"的大众读物是一种以无文字的蓝色封面为标志的简易小开本册子，内容五花八门，花一两个铜板就可买到。并不是所有的书籍都有插图，有时候书名页是书中唯一有插图的地方。一些书籍喜欢用建筑图像作为书名页的插图。1623 年出版的《莎士比亚作品集》)的书名页使用罗马字体，以大字号印出作者姓名，其余文字为中小号罗马字体，书名下放莎士比亚大幅半身像，整个页面主题鲜明，文图并茂（见图 5-52）。出版于 1607 年的《英国马术师》的书名页为大线框中套小线框，小框中以 3 个倒金字塔型排列书名及相关信息，小线框四周对称排列马匹、马术师及各式马具，页面生动而富有设计感（见图 5-53）。而出版于 1686 年的现代物理学的里程碑著作，牛顿的《自然哲学的数学原理》是一个纯文字的书名页，以两根细线的四边线框收纳书名及相关文字，书名、作者姓名、出版者信息等文

图 5-52
《莎士比亚作品集》书名页
（1623 年）

图 5-53
《英国马术师》书名页
（1607 年）

字以大中小不同字号有序排列，中间以 3 根细横线分隔，页面严谨理性而层次清晰。

18 世纪印刷书籍的数量在增长，质量也在提升。宗教书籍、拉丁文书籍走向衰落，有更多科学书籍出版，游记探险类书籍盛行，阅读小说的时尚推动了小说的出版。体现启蒙时代精神的法国《百科全书》的出版是这一时期令人瞩目的出版事件。越来越多的图书馆和阅览室扩大了阅读的人群。

直至 18 世纪，西方的印刷字体尚无统一的标准，各个印刷厂有自己的字体尺寸和标准。法国的字体设计师皮埃尔·西蒙·富尼耶·勒让（Pierre Simon Fournier le Jeune）于 1737 年出版了《比例表格》（*Table of Proportions*），对字体的尺寸比例做出规范，又于 1742 年出版了字体手册《印刷字体》（*Modeles des Caracteres del' Imprimerie*），其中收集了 4600 种字体。勒让的这两本书推动了法国印刷业和平面设计中印刷字体的统一和标准化。①

18 世纪的西方出现了多款新的多样化的印刷字体。其中具有代表性的是 5 款在既有罗马体基础上设计的"新罗马体"，最早的是法国的"帝王罗马体"（The Romain du Roi）（见图 5-54）。17 世纪末的路易十四时代晚期，法国皇家管理印刷的特别委员会以方格为比例依据，在几何方格网络中进行字体设计和版面编排，这是对字体和版面进行科学规范的尝试。他们设计出新的罗马字体——端庄典雅的"帝王罗马体"，

---

① 王受之：《世界平面设计史》，中国青年出版社，2009，第 40 页。

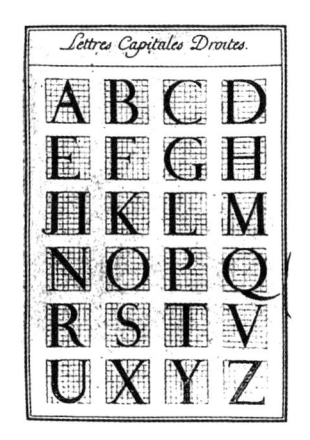

图 5-54 帝王罗马体（1695 年）

成为18 世纪的一个重要字体。[①] 另有两款来自英国。英国印刷商约翰·巴斯克维尔（John Baskerville）设计的巴斯克维尔罗马体（Baskerville）对曲线粗细变化的处理十分精致，笔画之间的连接流畅，其风格介于古典罗马字体与现代字体之间，是两个时期设计风格之间的过渡性风格。卡斯隆体（Caslon）被认为是由英国字体设计师威廉·卡斯隆（William Caslon）在荷兰罗马体的基础上设计而成，其字体因笔画清晰，亲切稳健而广受欢迎。还有两款来自意大利，一个是波多尼罗马体（Bodoni），其字体兼具传达功能与形式美感。另一个是迪多罗马体（Didot），其字体突出笔画的粗细对比，加长了字体的上伸部和下伸部，看起来更加精致清秀（见图 5-55）。

图 5-55 迪多罗马体（18 世纪）

除上述字体外，值得一提的还有广告专用字体和装饰字体。18 世纪伴随着工业革命的兴起，宣传推广各式

[①] 王受之：《世界平面设计史》，中国青年出版社，2009，第 41 页。

产品的广告得到发展，出现了广告专用字体。1765年英国人托马斯·科特雷尔（Thomas Cottrell）首创出一种体积和尺寸都很大的广告专用字体。后来经过改造的这种字体字面更宽大，特别是它的字干部分，其字母浓重的黑色十分引人注目，用于广告和标题十分成功。广告字体用木质或黄铜材质铸成活字使用。[①] 18世纪的法国风行浪漫卷曲的洛可可风格，法国人勒让设计了装饰性字体，他的装饰字体尺寸大，笔画中有细白线的装饰。他还设计了花丝、镶板和花卉图案组成的花体字母，他的装饰字体与当时法国平面设计和印刷出版中流行的洛可可风格——非对称布局、曲线装饰和华丽的版面具有相同的美学风格。

这一时期印本的书名变得简短，有时被印成黑红两色，商标逐渐缩小和简化。虽然有越来越多的小说出版，但小说人物直接引语的标点符号还没有固定的形式。笛福（Daniel Defoe）在《鲁滨孙漂流记》（*Robinson Crusoe*）中采用以不同字体来区分不同人物的说话，如鲁滨孙的话用罗马体，他的仆人"星期五"的话用意大利斜体。英国作家劳伦斯·斯特恩（Laurence Sterne）奇异的小说《项狄传》（*The Life and Opinions of Tristram Shandy*）体现了文学的视觉化实验。小说中使用了罗马体、哥特体和意大利斜体3种字体，意大利体表示引起注意的重点，罗马体和哥特体则出现在道德思考、学术参考或情感性情节的文字中。作者在文字中加入了多种表意符号，如星号、手指号、破折号、波

---

① 埃万·克莱顿：《笔下流金：西方文字书写史》，张璐译，浙江人民出版社，2022，第248页。

浪线等，用波浪线代表小说之前的情节，用破折号表达人物思想感情的突然中断和波动。这些符号给书籍页面带来了丰富的视觉元素和生动的气息。①

（三）19世纪、20世纪前半期的书籍版式与字体

在19世纪，蒸汽动力印刷机、全金属结构印刷机的出现，铅板浇铸法的使用以及造纸原材料的扩大都推动了印刷出版业的进一步发展，有了越来越多的报纸期刊，广告海报快速发展，书价明显下降。识字人群的扩展增加了社会的阅读需求，廉价大众读物广为流行，如英国的黄皮小说（*yellowback*）、铁路丛书（*Railway Library*），德国的百科文库（*Encyclopedia Library*），美国的一毛钱小说（*dimenovels*）等，但一些廉价书的设计制作也被认为不够水准。②

早期在德国及欧洲蓬勃发展的印刷业蔓延至世界更广泛的区域。美国的印刷出版业在南北战争后开始崛起，19世纪的悉尼、墨尔本已成为澳大利亚报纸出版、图书出版业的中心，19世纪末俄罗斯已有印刷出版机构近千家，中国开始引入西方印刷技术，日本自19世纪下半叶

---

① 埃万·克莱顿：《笔下流金：西方文字书写史》，张璐译，浙江人民出版社，2022，第232—233页。

② 罗德里克·凯夫等：《极简图书史》，戚昕、潘肖蔷译，电子工业出版社，2016，第193页。

开始有出版社、书店大量出现及书市的形成，19世纪下半叶以埃及、加纳等为代表的非洲印刷出版业开始起步，19世纪末20世纪初拉丁美洲的印刷出版业有了较大的发展。[①]围绕印刷出版业的现代平面设计快速发展，字体设计、版面设计、书刊印制装订及发行等方面日益专业化。

19世纪快速传递信息的需求十分强盛，新兴的石版印刷技术使字体并非一定通过铸字方式，也可通过绘制方式印刷，这使字体及印刷与艺术创作产生了前所未有的密切联系，促成了19世纪字体设计的大爆炸，无数新字体涌现出来，字体设计出现大繁荣和大混乱。[②]

从字体发展的角度看，在19世纪的多种字体设计中有4种代表性的字体和字体系列，这就是以"卡斯隆"旧体为基础的新字体系列、古典字体改造后的古典体（old-style）或埃及体（Egyptian）、无饰线体（Sans-serif）和富有装饰性的美术字体。无饰线体是19世纪字体设计中的重要发展，无饰线体没有装饰线，简单明了，传达功能强。开始只有大写字母，后来又设计出小写字母。到19世纪中期以后，这款在后来20世纪最重要的字体开始逐渐被采用。

美术字体包括使用多种方式对字体进行装饰的字体，如展示字体、立体字等。立体字通过透视、阴影等手法造成字体的立体效果。展示字体等美术字使用各种方式，包括绘画图案来装饰字体，以达成醒目华丽的效果。美术字体在各种标题、广告海报上使用较多。

---

① 吴筒易：《书籍的历史》，希望出版社，2008，第124—136页。
② 王受之：《世界平面设计史》，中国青年出版社，2009，46页。

在 19 世纪的大部分时间里，追求繁琐华丽、具有中世纪风格特征的维多利亚美学风格在欧洲各国及美国广泛流行，这种风格也反映在当时的书籍报刊、广告海报的设计中。这一时期的书籍设计、印刷设计追求装饰性，版面边沿出现大量繁复的图案。在威廉·莫里斯（William Morris）的《乔叟作品集》（*The Works of Geoffrey Chaucer*，1806 年）扉页中，可以看到页面边沿四周布满细密的花卉图案，花卉图案的底纹还铺满扉页的文字线框中，体现出中世纪书籍页面装饰和繁复的维多利亚风格（见图 5-56）。在 1864 年出版的《哈泼版插图圣经》（*Harper Illuminated and New Pictorrial Bible*）的页面中环绕插图的繁密装饰图案也是这一时期流行时尚的体现。

这一时期的期刊版面缺少专业人员的设计，期刊中

图 5-56 威廉·莫里斯《乔叟作品集》书名页

的插图由艺术家创作，但页面版式通常交给非专业设计人员，如编辑或印刷厂人员来处理。版面常常是双栏排列，较少变化和设计，趋于单调沉闷。出于成本考虑页面十分饱满甚至拥挤，文章标题采用全大写字母，文章之间连排不转页。

在广告海报设计中，根据内容选用多种不同风格和字号的字体，以纵横方式进行版面排列，根据需要将字体进行纵向或横向拉伸，最终形成密集饱满的版面。如一些文字广告，版面没有插图，使用不同字体和字号，通过加大或加粗，拉长或压扁等变化来安排版面，以达到突出主题，层次有序的效果。

由于美国是一战的受益者，第一次世界大战后，美国的经济及出版印刷业繁荣兴盛，纽约、费城、波士顿成为出版中心。随着1929年的经济大萧条出版业陷入衰退，出版社不再以出版精装书为主，平装纸皮书出版逐渐增多，并成为20世纪上半期图书出版的一个趋势。1936年成立的英国企鹅出版社主打小型平装纸皮书，充分释放了纸皮书的市场潜力。它的成功带来大批出版社效仿，企鹅书的启示给美国出版界带来了纸皮书革命。二战后联邦德国出版了用新闻纸印刷的简装本书籍，到20世纪50年代又采用了更简便的口袋书形态，即开本小于32开，不超过10个印张的书。20世纪平装纸皮书的发展改变了以往以硬皮精装书为主的图书出版结构，平装书成为20世纪图书出版的最基本形态。[①]

20世纪前半期的印刷字体设计在19世纪繁荣发展的基础上仍然继

[①] 吴简易：《书籍的历史》，希望出版社，2008，第124、138页。

第五章 印刷艺术

ABCDEFGHIJKLMN
OPQRSTUVWXYZ?
abcdefghijklm
nopqrstuvwxyz!
1234567890

图 5-57
Helvetica 字体
(20 世纪 50 年代)

ABCDEFGHIJKLMN
OPQRSTUVWXYZ?
abcdefghijklm
nopqrstuvwxyz!
1234567890

图 5-58
泰晤士新罗马体
(1932 年)

续着大发展的态势，各式新字体纷纷出现在书籍、报刊、广告海报等印刷媒介上。这些新字体大致可以划分为两大类：无衬线体和新罗马体（Times New Roman）。无衬线体中包括拜耶通用体、铁路体、基尔无衬线体、Helvatica 字体等（见图 5-57），源于 19 世纪的无衬线体因其简明清晰、易辨识的理性风格在 20 世纪受到广泛认可与欢迎，大为盛行。20 世纪 30 年代的泰晤士新罗马体是英国《泰晤士报》对罗马体的再设计，它锐化了装饰线，纵横笔画相区别，使其在保留原有典雅稳健风格的基础上，简洁清新，富有现代气息（见图 5-58）。新罗马体在《泰晤士报》推出后便被广泛采用。此外，在装饰艺术运动中出现的醒目而多变的装饰艺术风格字体，为这一时期的字体设计增添了丰富多彩的一笔。

在 20 世纪上半期的平面设计中可以看到两个既有联系又互有区别的方面：一是简约理性，具有现代主义风格的版面设计，这一风格广泛表现在书籍、报纸期刊、广告海报等平面设计中。茨池候德（Jan Tschichold）的《世界艺术史》宣传册封面（1947 年）以文字为主体，以大小号字体构成强烈对比，二者重复的交错排列形成页面节奏，整个页面雅致纯净，体现了典型的 20 世纪现代简约的页面风格。1923 年《包豪斯展览》海报的画面，以圆形、半圆、直线、矩形等几何图形构成点线面组合图像，文字作为图形的组成部分，版面有大面积空白，简洁抽象，具有鲜明的现代主义风格（见图 5-59）。

另一方面 20 世纪上半期达达主义（Dadaism）、立体主义（cubism）、未来主义（futurism）、构成主义（Constructivism）等现代主义艺术运动激进的艺术理念与大胆探索给平面设计带来了新鲜的生机和活力。未来主义者马里内蒂（Filippo Tommaso Marinetti）《语言的自由》页面中通过对文字加大、缩小和无序的排列，表达了对既定规范的挑战和对自由的追求（见图 5-60）。法国诗人阿波利奈尔（Guillaume Apollinaire）以版面为画布，将不同的文字排列成人的形象，以及喷泉、飞鸟和眼睛的形象，将文字内涵与图形融为一体，形成奇异的版面安排，被称为"图像诗"或"立体诗"（calligramme）（见图 5-61）。

图 5-59
《包豪斯展览》海报
（1923 年）

图 5-60
马里内蒂
《语言的自由》页面

图 5-61
阿波利纳
《被刺杀的鸽子与喷泉》中的
"图像诗"

第三节　版画艺术

版画是通过制版、印刷而呈现艺术品的一种艺术形式，以刀或化学药品在木、石、铜等材料上雕刻、蚀刻或绘制后印刷出图像。版画与印刷术的产生与发展相伴随。版画分为复制版画与创作版画。复制版画是以复制图画为目的的版画，其画、刻、印环节为三者分工，刻与印是复制绘画的手段，不属于艺术创造。早期的版画都是复制版画。中国古代的版画主要是木刻版画，主要用于书籍插图，属于复制版画。中国是木刻版画的发源地，早在汉代便出现了制版印刷织物图像，历史上第一件有年代记载的木刻版画是唐咸通九年（868年）的《金刚经》扉画。13世纪左右中国的木刻制品流传到欧洲。欧洲早期的版画也是复制版画，主要用于宗教和书籍图画。

创作版画的很多创作者集绘、刻、印于一身，自画、自刻、自印，在每一环节都包含着艺术创造。也有的创作版画是画家绘制图像，然后请专业雕刻和印刷技工进行刻印。创作版画具有间接性和复数性。间接性是指版画需经过制版、印刷的过程才能转化成画面，不像油画、中国画等画家用绘画工具在绘画材料上直接绘出画面。复数性是指版画通过原版可印刷出多幅相同的作品，凡经作者签名的均属原作。

一、中国年画

年画是表现民间世俗生活，主要于岁时年节张贴的一种中国民间传统绘画种类，广义的年画也包括表现民间世俗生活，由民间艺人创作，经由作坊行业刻绘经营的绘画作品。木版水印是传统年画的主要制作方式，因而是印刷艺术中一个独具特色的类别。年画的题材内容丰富，主要有神话传说、历史故事、世俗生活、仕女娃娃、风景名胜、花鸟虫鱼等。年画的制作技艺主要包括木版套色、半印半画、漏版刷印、手工绘制等。

年画起源于古代的宗教祭祀活动。早在汉代民间崇信的门神、灶神便已有了艺术雏形。到隋唐时期，以艺术形象呈现的钟馗和脱胎于远古图腾崇拜的民间诸神成为民间避灾祈福的崇拜对象。雕版印刷的应用是年画得以广为传播的基础。及至宋代，年画逐渐形成自己的风格和特点，发展成为一个独立的画种。年画艺术线条单纯，色彩明艳，寓意吉祥，表达了民间的审美趋向和文化祈求。

（一）宋代、元代的年画

年画正式形成于宋。宋代经济繁荣，商业、手工业发达，市民文化

第五章　印刷艺术

兴盛，这一时期出现了以门神、灶君、钟馗、纸马[①]等为题材的"纸画儿"和专事经营"纸画儿"的作坊，这些纸画便是宋时的年画作品。

宋代年画的生产经销已有一定规模。当时开封城内到处可见卖画儿的市场。据孟元老《东京梦华录》记载：市场中"多有货药、卖卦……纸画、令曲之类。""十二月近岁节，市井皆印卖门神、钟馗……"[②]可见当时年画兴盛的市场状况。这些具有节令特色的年画通常由当时的纸马店印制，由于雕版印刷的发展大大推进了年画的传播与普及。[③]

随着年画的发展，也形成了一批绘制年画的民间画工。其中的一些佼佼者参加宋代画院的招试而被录取，可以想见他们的精湛画艺。当宫廷需要娃娃画、"村田乐"等作品时，画院会高价向民间画工索购。据记载，当时有擅长娃娃画的杜孩儿、专工"村田乐"的杨威、善画楼台亭阁的赵楼台、工于佛像鬼神的于氏等，他们

---

① 薄松年：《中国年画艺术史》，湖南美术出版社，2008，第12页。

② 王树村：《中国年画史》，北京工艺美术出版社，2002，第66—67页。

③ 纸马：中国民间祭祀财神、灶神等神祇时所使用的物品。

都是民间绘画的高手。①

宋代年画的绘制方法主要有两种：一是木版刷印，二是手工绘制。木版刷印的纸画主要是年节时张贴的门神、钟馗、灶王纸马等，形象基本定型，通常贴在房屋的固定位置，一年一换。手工绘制的通常是表现庆丰收、村田乐、儿童嬉戏等内容的纸画，此类纸画的需求量不似前者那么大。

门神画是宋时年画的代表种类，这时的门神仍沿用汉代"神荼、郁垒"的名称。宋代绘制的门神画今已不存，目前能够见到的是宋代墓葬出土的砖刻门画。甘肃临洮县宋墓出土了一对砖刻门神。门神身披锁子甲，腰系战裙，胸前有护心镜。其中一位倒提斧头，一位双手握斧钺。两位门神身姿高大，神态英武（见图5-62）。

图 5-62
宋代门神（砖雕）甘肃临洮

元统一中国后，在文化上很快汉化。据相关记载，元代年画中较有代表性的是耕织图、四公子门画和戏曲年画。耕织题材创作始于宋代，南宋楼璹首创《耕织图》，以绘图形式记录了古代耕作与蚕织活动。原作今不存，仅有元代程棨的摹本，清乾隆时曾刻程的《耕织图》摹本上

---

① 王树村：《中国年画史》，北京工艺美术出版社，2002，第62页。

图 5-63
《耕织图》（拓本） 元·程棨（摹）

石（见图 5-63）。关于四公子门画，元代熊梦祥《析津志》中曾记载："酒槽坊，门首多画四公子"，[1]即春秋时期著名的齐国孟尝君、赵国平原君、魏国信陵君和楚国春申君，酒槽坊的四公子门画有利于营造豪爽畅饮的气氛。元代出现了戏曲的大发展，为年画提供了丰富的表现素材，虽然这一时期的戏曲年画今已不存，但人们可以从元代墓室砖雕和寺庙的杂剧演出壁画看到元代戏曲绘画的面貌。

（二）明代的年画

明代是中国古代版画艺术的黄金时代，雕版印刷到明代已逐渐形成以南京、苏州、北京、安徽徽州、福建

---

[1] 王树村：《中国年画史》，北京工艺美术出版社，2002，第88页。

建安等为代表的刻印中心，这些刻印中心刊行了大量书籍与版画。尽管古代版画的主流是书籍插图，但年画也是古代版画的一个重要类别。明代年画有门神图、钟馗图、灶君图、寿星图、行孝图（见图5-64）、耕织图、历画图等丰富类别。

图 5-64　《孝行图》　明·天津杨柳青

门神门画是中国古代年画，也是明代年画的传统类别。明代以前的门神有神荼、郁垒、天王等，明代的门神则有源于唐代的大将军秦叔宝、尉迟敬德的"门神二将军"，也有将门神称为门丞、户尉的。明代北京刻印的门丞户尉图上绘有一对左右对称的武士，他们身穿武士服，手握长矛，在他们脚下可见一只大元宝，显示出此时的门神不仅可以除邪消灾，还可使人财源广进（见图5-65）。

长寿、劝孝是年画的常见主题。明代年画十分流行寿星图，祈求寿比南山，长命百岁。《南极星辉图》即为此类绘画。画中人物为南极仙翁，其原型应是道教中的寿星神仙。画中人物以高额、大耳、长髯表现了长寿及非凡人物的特征。杨柳青作坊的《孝行图》（《二十四孝图》）共8条，每条3人，刻画了不同的孝子形象。画面采用上文下图构图，

图 5-65
门丞户尉门神图（明·北京）

图 5-66 《十王图》
（彩色套印加手绘）（明）

图 5-67 《太微仙君》
（印本着色）（明）

人物以细线框相围。画中线条明晰，色彩清淡。

彩色套印《十王图》、印本着色《太微仙君》体现了佛教、道教惩恶向善的义理及与之相关的民间道德与信仰。"十王"是道教中十个主管地狱的阎王的总称。《十王图》中，王者戴冠居中而坐，主簿、判官分立于其左右。画面线条简括，造型明确，人物形象各有特征。此画为彩色套印加手绘，色彩鲜明典雅（见图 5-66）。太微仙君是道教天神，其所著《太微仙君功过格》认为，人们可以通过积累功德而获得现世的回报，而不必等到来世。《太微仙君》中仙君居中，坐态悠然，左右有仙童、仙鹤相伴，与其脚下的青石、花卉一起烘托出人物的仙风道骨（见图 5-67）。

（三）清代的年画

清代的年画发展十分繁盛，超过了此前的任何一个朝代。清代的年画印制中心遍及全国多地，如天津的杨柳青年画、苏州的桃花坞年画、北京年画、山东杨家埠年画、河南朱仙镇年画、河北武强年画、四川绵竹年画、陕西凤翔年画、广东佛山年画、福建漳州及泉州年画等，其中尤以北方的杨柳青和南方的桃花坞为代表。据记载，在杨柳青，各类大小作坊画店沿街林立，在店外即可见到门神画牌和新刻画样。冬至前后远近各地的买画客商便会云集杨柳青，直至新年前夕。桃花坞、杨柳青这样的品牌大店不惜重金聘请名画师出稿绘刻新样，刻版印制精益求精。随之出现的仿制品和翻刻著名画店版样的作坊不在少数，清代年画的繁盛由此可见一斑。

以戏曲、曲艺故事为题材的年画是年画中的一个重要类别。此类别中又分为两种，一种是以戏曲故事、人物为题材描绘的戏曲年画；另一种则侧重表现真实舞台上的角色形象和剧目情景，画师会亲临现场描摹，将戏台上的精彩场景定格于画面，此种被称为"戏出年画"。[①] 在清代年画中还有一种特别的唱词小曲年画。清初朝廷严禁淫词小说刊行，致使大量被禁的淫词小说被绘刻成图流传，一些原来的插图画家也转入年画行业。清乾隆时期又对当时坊间刻印的一种唱词小曲，因其"淫词秽说"而限时销毁。于是出现了唱词小曲故事的年画，即将小曲内容分为12个片段画在一张年画上，画面旁配有相应的唱词，也有将故事分为24个情节，画在两幅年画上，如南曲《琵琶记》、"茉莉花歌"曲词等。

以小说故事、人物为题材的年画一直是广受欢迎的一个年画类别，如《西厢记》《水浒》的人物年画。小说《红楼梦》在清代虽禁而不止，也被移入年画而流传。以《红楼梦》为题材的年画至少有几十种之多，《史湘云醉眠芍药裀》《刘姥姥醉卧怡红院》《黛玉调琴》《红楼围棋》等都很流行。杨柳青年画《喜出望外平儿理妆》为横幅构图，画面四周有一圈装饰线框，画中的表现对象丰富而穿插布局均衡得当。通过站、坐、蹲及半遮蔽的不同姿态，对5个人物的表现灵活而多变。画中线条精致俊秀，色彩富丽典雅（见图5-68）。

[①] 王树村：《中国年画史》，北京工艺美术出版社，2002，第189页。

图 5-68 《喜出望外平儿理妆》 清·天津杨柳青

晚清时节，国家忧患重重，出现了反映政治时事、社会重大事件的年画。鸦片战争后，反帝题材年画大量出版。最早的反帝年画是《火烧望海楼》（1858年），描绘了天津民众火烧望海楼教堂的历史事件。年画《林文中得胜图》歌颂了林则徐抗击英国侵略者的反帝斗争。[①]《刘提督克复水战得胜全图》记录了光绪九年（1883年）法国进兵亚洲，欲夺取我国广西、云南作为殖民地，黑旗军将领刘永福率兵抗敌的历史战役。该画为杨柳青绘制，单色印刷。画面开阔，人物众多，线条繁复细密。前景的海水和远景的山峦烘托出战场的宏大气势（见图5-69）。

[①] 薄松年：《中国年画艺术史》，湖南美术出版社，2008，第160页。

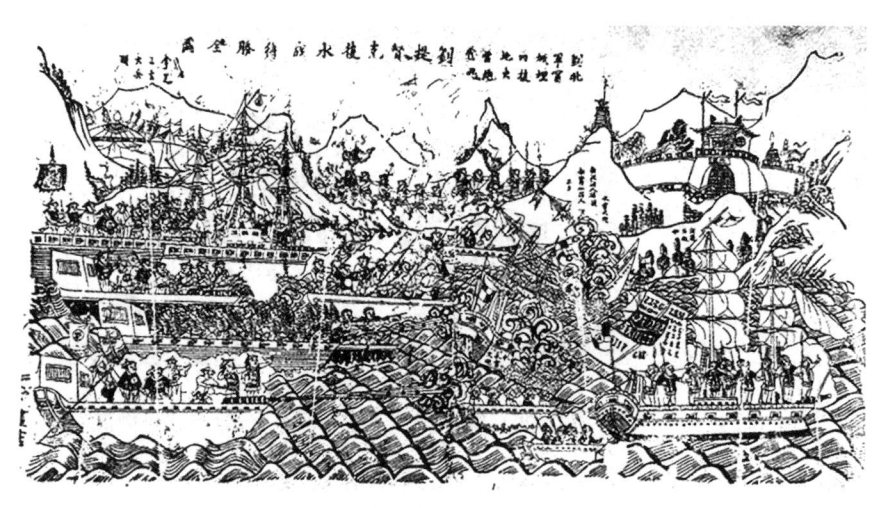

图 5-69 《刘提督克复水战得胜全图》　清·天津杨柳青

    晚清时期富国强兵、拯救中华的维新思潮和中国社会与西方文明交汇中出现的新事物，如火车、汽车、电车、轮船、电灯等也在年画中得到了表现。苏州桃花坞的年画《上海火车站》为横式上下构图，画面上半部是一列冒着浓烟的火车，下半部是车站前熙熙攘攘的繁忙景象，画面饱满而富有秩序。火车的车头、车厢、车轮被刻画得完整细致，赋予画面鲜明的现代气息（见图5-70）。《女学堂演武》画面中描绘了4位正举枪操练的女学生，通过左侧亭子中堆放的书籍点出了人物所处的学堂环境。晚清这些描绘新式学堂建筑、儿童操练、女子习文练武等新事物的年画颇受人们喜爱而成为当时的流行作品（见图5-71）。

    清代年画也体现了西方文化对年画表现方式的影响。早在乾隆时期，天津、北京、苏州的一些年画就开始模仿西画的技法，以明暗画法晕染人物的衣饰，表现明暗光泽，近大远小的焦点透视也出现在一些风景名胜年画中。如苏州的《姑苏阊门图》便吸收了欧洲铜版画以排线表

图 5-70 《上海火车站》 清·苏州桃花坞

图 5-71 《女学堂演武》 清·天津杨柳青

图 5-72 《沪景开彩图》（中西月份牌）（石印） 清·上海

现明暗的技巧和透视画法。①晚清时期随着大量外国商品进入中国，一些年画也开始使用"洋纸""洋染料"，并采用石印法进行印刷。随着中外交往的频繁，由于公历、农历换算的需要，出现了阴阳合历的月份牌和月份牌历画。最早的月份牌历画是光绪二十二年（1896）上海随彩票销售奉送的中西月份牌上的《沪景开彩图》，进入民国之后，形成了年画中一个新的类型月份牌年画（见图 5-72）。

二、中国现代版画艺术

中国的创作版画有近百年的历史。清中后期，随着

---

① 薄松年：《中国年画艺术史》，湖南美术出版社，2008，第33页。

铜版、石印技术进入中国，许多书籍不再用木刻插图，木刻版画衰微不振。20世纪30年代初，作家鲁迅将欧洲版画介绍到中国，一些人开始学习欧洲版画，进行版画艺术创作。为了与中国古代的复制版画相区别，也被称作"新兴版画"或现代版画。现代版画产生时中国救亡图存，寻求民族出路的历史情境，为这一新兴艺术打下了以版画为武器，参与社会革命与救亡斗争的时代烙印。在学习欧洲版画的基础上，版画创作者借鉴民族传统及民间美术，融汇现实生活，开辟出凝聚民族精神，具有民族风格的中国现代版画道路。

（一）起步阶段的现代版画（1931—1937年）

中国的现代创作版画产生于20世纪30年代初。中国的创作版画是从学习外国版画的基础上发展起来的。从1929年起，作家鲁迅以刊登和出版版画集的方式向中国介绍外国版画。1929年，鲁迅等人出版了《艺苑朝花》美术丛书5本，其中包括英、法、意、美、瑞典、苏联等国版画家的作品，这是外国创作版画首次在中国结集出版。这些版画来自不同国度，形式风格多样。1930年鲁迅用珂罗版[①]（collotype）影印了德国木刻家梅菲尔德为苏联小说《士敏土》所做的10幅木刻插图。1930年10月鲁迅举办"西洋木刻展览会"，以展览的方式向人们介绍外国创作版画。这些外国版画引起了中国艺术家的关注，并开始尝试创作。1931年6月，第二次"一八艺社习作展览会"首次展出了中国艺

[①] 珂罗版印刷，是把要复制的文图底片晒制在涂过感光胶层的玻璃片上制成印版进行印刷，也叫玻璃版印刷。

术家的木刻创作作品，这标志着中国创作版画的诞生。

此后，在1931—1933年间，又有培养木刻人才的木刻讲习会以及各类有关外国版画的展览，如"德国作家版画展""德俄版画展览会""俄法书籍插图展览会"等相继举办，还有著名版画家麦绥莱勒（Frans Masereel）、珂勒惠支（Kathe Kollwitz）及苏联版画集的出版，这些都为中国艺术家学习借鉴外国版画提供了环境与条件。于是，在上海、杭州、北平、天津及广东等地出现了学习交流创作版画的社团，包括杭州一八艺社、上海的MK木刻研究会及未名木刻社、北平木刻研究会、广东的现代版画会等。在1935年、1936年分别举办了第一次"全国木刻联合展览会"和第二次"全国木刻流动展览会"。在当时北平举办的第一届全国木刻展原定展期7天，后因观者众多延期至10天。[1] 这些活动与展览体现着新兴的中国创作版画的发展与实绩，并在其中涌现出最早的一批中国创作版画艺术家。[2]

这一时期是中国新兴版画的起步阶段，胡一川、江

---

[1] 李桦、李树生、马克：《中国新兴版画运动五十年（1931—1981）》，辽宁美术出版社，1982，第244页。

[2] 齐凤阁：《中国现代版画史1931—1991》，岭南美术出版社，2010，第11—13页。

图 5-73 胡一川《到前线去》（1932 年）

丰、刘岘、陈铁耕、陈烟桥、力群、李桦等一批年轻的艺术家带着对社会现实的忧愤之心和对版画的巨大热情投入了创作之中。

胡一川是最早以木刻作品参加艺术展览的创作者之一，他的版画笔法粗犷，个性鲜明。他的《到前线去》（1932 年）表现了九一八事变后中国民众抗日的激愤之情（见图 5-73）。作品刻画了一个大声呼喊、挥手召唤人们上前线的人物形象。画面中倾斜的人物与建筑表现出强烈的动感，粗率的刀法和大块的黑白色传达出创作者浓烈的情感。江丰也是最早以木刻作品参加艺术展览的创作者，其作品刀法流畅，表现力丰富。他的《东北抗日义勇军》（1935 年）主要使用黑白细线刻画图像，笔触细致，在恢宏沉郁的背景中展现人物。同为第一代新兴版画艺术家的刘岘，在 1930 年代就举办了个人木刻展，出版了多本版画图集。他的作品冷静深沉，其画作《贫困》语言简练，情感凝重，具有空间感。陈铁耕的《母与子》（约 1932—1933 年）是这一时期较有代表性的作品。画作为竖构图，画面强调了纵向的线条和造型，笔触坚挺而有力度。力群的《采叶》（1936 年）也是这一时期给人印象较深的作品。

画面中主体人物高大突出，饱满结实（见图 5-74）。这一时期李桦的一些作品表现出摆脱欧洲版画风格的趋向，他的《怒吼吧！中国》（1935 年）画面背景留白，表现对象集中，绘画语言简洁、准确而有力（见图 5-75）。

这一时期的新兴版画具有鲜明的政治性，并有着为大众而艺术的理念。虽然这时的作品还很稚嫩，还存在模仿和欧化的痕迹，但它开辟了关注社会与民生的战斗传统，以及发展新艺术形式的广阔空间。

图 5-74
力群《采叶》（1936 年）

图 5-75
李桦《怒吼吧！中国》（1935 年）

（二）抗战时期的现代版画（1937—1945 年）

1937 年七七事变后，抗日战争全面爆发，改变了整个中国和版画创作的环境与面貌。版画创作者纷纷加入各种抗日救亡的剧团、演出队、宣传队，投入全国的抗战文艺热潮中。由于社会动荡，一些油画、国画创作失去了相应的环境和条件，而以木刻为代表的版画创作条件简便，一幅刻版能制作多幅作品，相比其他画种更具实用性和宣传鼓动性，因而造成这一时期版画创作的活跃与兴盛。

1938 年在武汉成立了第一个全国性的木刻组织中华全国木刻界抗敌协会，尽管后来由于时局的变化，抗敌协会辗转重庆、桂林并更名，在十分艰苦的条件下，协会还是积极组织各种木刻展览会，组织或协助中国版画出国展出，推动了木刻及版画事业的发展。浙江、广东、江西、福建、湖南等地也陆续成立了全国木刻界抗敌协会的分会或地方版画社团。这些组织和社团在多地举办了"七七"抗战木刻流动展览会、抗战木刻展等专题展览,出版了以木刻为主的《战时画报》《抗战木刻》周刊、《抗战木刻选集》等抗战主题出版物。同时,即使在战时情况下,他们也通过出版各种木刻画集、举办中外版画展等活动坚持创作版画的艺术探索与交流。① 在敌后抗日根据地,版画创作也没有停顿。在晋察冀根据地,很多美术工作者创作了动员参军、支援前线、努力生产的木刻画发表在当时的《抗敌报》《抗敌画报》上。②

这一时期的版画创作者在抗战的大背景下,无论国统区还是我抗日根据地,人们都以各自的艺术创作参与全民抗战,表达自己的心声,并磨砺着艺术的技艺。在国统区的版画创作者中,黄新波逐渐表现出自己的个性特征。使用漫画和讽刺手法是他这一时期版画创作的一个特征,另一特征是象征手法的运用。其作品《他并没有死》(1941年)以"皖南事变"的悲剧为背景,但并未写实地描绘事件本身,而是通过牺牲战士露出地面的手和脚,特别是战士手中闪闪发光的枪和书籍,来象征革命的真理和革命的武装力量,使画面不囿于具体事件而得以升华(见图5-76)。国统区的另一个版画创作者王琦接受过系统的西方绘画训练,

---

① 齐凤阁:《中国现代版画史(1931—1991)》,岭南美术出版社,2020,第43—52页。

② 李桦、李树生、马克:《中国新兴版画运动五十年(1931—1981)》,辽宁美术出版社,1982,341页。

图 5-76
黄新波 《他并没有死》
(1941 年)

图 5-77 古元《离婚诉》
(1942 年)

图 5-78
彦涵《当敌人搜山的时候》
(1944 年)

他的版画作品富于生活气息和地方特色。他的《嘉陵江上》（1938—1945 年）画面上部有较多留白，通过对连续重复的船只、桅杆和桥板的刻画，赋予平淡的日常生活场景一种装饰性的韵律。

在以延安为中心的解放区和晋察冀等敌后抗日根据地，以古元、力群、江丰、马达、刘岘、焦心河、彦涵、胡一川、罗工柳、邹雅等为代表的版画创作者在解放区和根据地的环境中进行着新兴版画的探索。

古元的创作在解放区的版画中具有代表性，他的作品以农民为对象，具有浓郁的乡土气息，借鉴了传统木版年画的表现手法。他的版画《离婚诉》（1942 年）、《减租会》（1943 年）简化了不必要的背景，画面中虽有众多人物，但布局得当，重心突出，生动自然，显示出对画面元素与场景的驾驭能力（见图 5-77）。彦涵也是这一时期解放区版画的代表人物。他曾接受西方绘画的系统训练，进入延安后，通过在鲁艺的学习，开始以木刻作为自己的武器。他的版画具有鲜明的战斗性和较强的艺术表现力。他的作品《当敌人搜山的时候》（1944 年）构图巧妙，黑白映衬自然，人物形象结实而体态富于变化，主题突出，细节丰富（见图 5-78）。胡一川是解放区最早探索套色木刻的创作者之一，其作品大色块的对比具有视觉冲击力。他的《牛犋变工队》（1943 年）描绘了陕北农民以变工互助的形式团结协作，

图 5-79　胡一川《牛犋变工队》（1943 年）

开荒生产的情景。画面采用仰视视角，牛和人物向下略带倾斜，前景中黑白相间的垄沟使画面富于动感，作品使用了套色，色彩简朴，风格浑厚（见图 5-79）。这一时期力群的创作开始摆脱苏联木刻的影响，在他的《饮》（1940 年）中，画面中是一个正在饮水的农民侧身形象。作品画风质朴，通过多种不同的线条来刻画人物和背景的不同部分，具有丰富而细腻的表现力。他的套色木刻《丰衣足食图》（1944 年）借鉴了民间年画的构图与常用物象，色彩明快，主题吉祥，体现了这一时期延安版画汲取传统艺术营养的民族化探索。同样，焦心河的《商定农户计划》（1938 年），其装饰性的背景，以线条为主的造型，单纯明快的人物形象，也体现出一种民族化的风格。

这一时期的中国创作版画无论从数量还是质量上都有提高，超过了战前的起步阶段。模仿与欧化、缺乏个性特征的问题依然存在，政治与艺术的关系问题受到关注并被讨论。解放区的版画立足新的社会环境，作品描绘新生活，具有情节性和叙事性的特点。由于解放区文艺对于为工农兵服务及民族化风格的倡导，出现了淡化欧化风格，借鉴传统和民间艺术的民族化探索，开始出现具有中国民族风格的版画作品。尽管这一时期版画创作还有这样那样的问题，但创作者们以自己的作品记录了全民抗战的伟大历史，并在艺术的探索中逐渐走向成熟。

（三）解放战争时期的现代版画（1945—1949 年）

1945 年抗日战争胜利结束，1946 年解放战争，亦称第三次国内革命战争爆发，版画创作的社会环境又发生了很大变化。1946 年，中国木刻研究会更名为中华全国木刻协会，由重庆迁往上海，并积极开展各项活动。同年举办了"抗战八年木刻展"，有近 900 幅作品参展，蔚为大观。1947—1948 年间，共举行了 4 次全国木刻展，个人展览则更多，版画创作呈现活跃的状态。[1] 在国统区，反内战、反饥饿的民众运动与木刻运动结合起来，创作者制作的大量木刻传单在运动中产生了广泛影响。这一时期还创作出套色木刻招贴，以迎接各地和全国的解放。在各解放区中，东北解放区的版画创作活跃，他们举办木刻画展，利用现代印刷设备出版了大量画报和书刊。晋绥解放区出版了面向农民的石印套色通俗画报。解放区还出现了改造旧年画，创作新年画的热潮。传统

---

[1] 齐凤阁：《中国现代版画史（1931—1991）》，岭南美术出版社，2020，第 97—98 页。

年画大都由木版雕刻印刷，因而年画与木刻有着不解之缘。新年画的创作也推动了这一时期木刻版画的发展。

在国统区的版画创作中，李桦这一时期的代表作是《怒潮》组画（1946 年），其包含 4 幅木刻作品，分别是《挣扎》《抓丁》《抗粮》和《起来》。其中的《挣扎》（又名《苦耕》），通过前景中 3 个人物极度弯曲的身体表达了劳苦大众在现实中的重负与挣扎。最后一幅《起来》，画面中众多人物俯身向前冲的反抗姿态与前一幅人物疲惫沉重的身体姿态形成鲜明对照，大面积的黑色使画面显得十分厚重，画面充满一种火山爆发般的激情（见图 5-80）。《起来》很好地呼应了《怒潮》这一组画的主题。相比单幅作品，组画的内涵更为丰厚。这一时期黄新波的《香港跑马地之旁》（1948 年）仍然以看似平静的场景来表达对现实的批判。画中人物夸张的面部刻画传达出无奈与悲哀，画中富有特色的精致细密线条形成视觉的吸引力（见图 5-81）。新兴版画产生以来，一直保持着对劳动大众的关注与表现，底层人物形象在新兴版画中并不少见，而杨可扬的《教授》（1947 年）（见图 5-82）、《老

图 5-80
李桦《怒潮·起来》（1946 年）

图 5-81
黄新波《香港跑马地之旁》
（1948 年）

图 5-82 杨可扬《教授》
（1947 年）

教师》（1946—1949 年）等作品由于对知识分子的表现成为新兴版画创作中不可多得的作品。黄永玉的作品《我在海上一辈子》（1948 年）采用肖像画的表现手法，人物的上衣和下裤，一白一黑形成映衬，人物虽为坐姿，但在画面中显得十分高大，背景中寥寥几笔的房屋、船只、鹅卵石都富于意趣。

解放战争时期，解放区一边支援战争前线，一边开始土地改革。一些亲身参加了土改工作的版画家通过作品来表现农村中这一巨大的历史变革。彦涵的《审问》（1948 年）画面十分简练概括，通过人物占据的不同空间将阶级的对立给予视觉化，又通过人物的动作姿态生动地刻画出翻身农民对"审问"这一场景的控制与把握。古元的《人桥》（1948 年）表现了解放战争中的渡江场面，画面开阔，通过上半部的火光、硝烟和下半部的江水描绘出战场环境，作品使用了套色，红色的火光使战士的黑色剪影得以凸显，整个画面上淡淡的红色烘托出战场的紧张与激烈（见图 5-83）。

无论在国统区还是解放区，从 20 世纪 30 年代新兴版画产生以来，从 30 年代表现底层劳动大众，到抗战时期以版画为武器投入抗敌救亡，再到表现解放区新生活和土地改革，版画创作一直保持着革命文艺的战斗传统。由于创作环境不同，国统区的创作更多揭露和批判，解放区的创作更多肯定和赞颂。"解放区版画在抗战时期

图 5-83 古元《人桥》（1948 年）

出现高潮，而国统区版画在解放战争时期呈现出高峰状态。"[1]随着版画创作的发展，版画艺术家逐渐摆脱欧洲版画的影响，在这方面解放区版画的改变更为迅速，但有的作品又走向了另一个极端。国统区版画在借鉴民族传统、民间艺术的同时，还更多保留着欧洲版画注重黑白及刀法的特征。经过十几年的发展，一些版画艺术家开始形成自己的个性特征与风格。此外，中国创作版画也逐渐产生国际影响，在美、英、法、新西兰、朝鲜等国陆续举办了中国木刻展，中国版画曾在日本多个城市展出，产生了广泛影响。

（四）新中国初期的现代版画（1949—1966 年）

1949 年中华人民共和国成立，中国现代版画结束了在社会动荡和艰苦条件下创作的历史阶段，开启了在和平安定环境中全面发展的新时期。从 1949 年至 1966 年共举办了 5 届全国版画展，1956—1961 年间出

---

[1] 齐凤阁：《中国现代版画史（1931—1991）》，岭南美术出版社，2020，第 120 页。

版了《版画》双月刊。一些美术院校设立了版画系,版画教育开始进入高等教育课堂。

这一时期版画创作的数量和质量都有了明显提高,不再是过去以黑白木刻为主的较为单一的状态,出现了铜版、石版、胶麻版、石膏板、套色版等多种版画类型。1949年后套色版画的发展十分迅速,在1959年的第四届全国版画展中套色木刻占 3/5,改变了过去黑白木刻占主导的状态。1949年后,版画新人辈出,第四届全国版画展参展艺术家近 200人,其中 160人左右是 1949年后成长起来的版画新人,占参展总人数的 68%。[①] 由于版画不再像 1949 年前那样与紧迫的生存斗争和社会革命相联系,创作题材更为广泛,风景、花卉等多样题材开始被关注和表现。新的社会生活和新的受众催生了新的审美需求,抒情性成为版画创作的一个显著特征。在这一时期还可看到作为艺术创作成熟标志的个人版画风格和风格化地域流派的出现,后者以四川的人物版画、黑龙江的北大荒版画和江苏的水印木刻版画为代表。

这一时期的中外版画交流也十分活跃,苏联、波兰、保加利亚、匈牙利、捷克、英国、芬兰、日本、墨西哥、

[①] 齐凤阁:《中国现代版画史(1931—1991)》,岭南美术出版社,2020,第128页。

阿根廷等国都曾来华举办版画展或综合性美术展览，其中包括世界著名版画家凯绥·珂勒惠支、法郎士·麦绥莱勒的个人画展，麦绥莱勒还应邀来华访问，与中国艺术家交流。同时，中国的创作版画也走出国门，在苏联、波兰、南斯拉夫、匈牙利、阿尔巴尼亚、日本、朝鲜、印度尼西亚等国举办展览，一些作品在国际性展赛中获得了奖项，扩大了中国版画的国际影响。

（五）黑白木刻版画

黑白木刻曾是1949年前中国新兴版画的主流样态，在1949年后仍是多样化版画创作中举足轻重的一部分，黄新波、李桦、彦涵、赵延年、王琦、刘岘、莫测、董其中、李习勤等是其中的代表性艺术家。

1949年后，经过一段时间的探索，黄新波的版画在民国时期善于运用寓意、象征的基础上，表现出绘画语言更概括精简的特征。在麻胶版画《年轻人》（1961年）中，他只选取人物的头部和上半身为表现对象，脸部左右部分的黑白对照具有舞台追光灯的强烈效果，人物头发、口鼻阴影处和衔接左右脸部的线条十分精细，充分显示了创作者黑白版画语言的概括力和表现力（见图5-84）。李桦这一时期的创作保持了1949年前关注现实、表达时代精神的特点，艺术功力更为精进。他的《山区生产》（1957年）中，画面中大块的黑白相映表现得自然而恰到好处，黑白相间的人物形象和苗田丰富了画面的表现语言。彦涵在新中国时期仍然创作了很

图5-84 黄新波《年轻人》（1961年）

图 5-85　赵延年《鲁迅像》（1961年）

多历史题材的版画，在作品中仍然喜用大面积黑白对照。在《埋地雷》（1965年）中，他对黑白灰的使用十分自如，画面丰富而又统一协调。赵延年的创作个性在20世纪60年代开始显露，他汲取民族、民间艺术的营养，专注于黑白木刻创作。他的《鲁迅像》（1961年）以粗放硬朗的艺术语言，体现了对鲁迅冷峻强毅性格的表达，是众多鲁迅木刻肖像中受到广泛赞誉的一幅（见图5-85）。莫测是1949年后成长起来的版画家，他的创作题材常常与水相关。在《江畔》（1963年）中，他结合运用阴刻和阳刻线条，特别是以大面积黑色中工细的白色线条来表现江南水乡的清新秀美。董其中也是新中国成立后的版画后起之秀，他的版画具有民族、民间艺术的气质。他的《送春肥》（1963年）画面中，小块黑白交错，构图与人物、动物造型具有民间剪纸趣味，稚拙淳朴，十分可爱。

（六）套色版画

1949年后套色版画得到快速发展，改变了原来以黑白版画为主较为单一的状态，为新时期的版画创作增加了亮丽的色彩，力群、沈柔坚、陈天然、修军、吴燃等是这一时期套色版画的代表性艺术家。

在力群1949年后的创作中，风景版画占有重要位置。他的套色木刻《黎明》（1957年）中，以淡蓝色为底色，以黑色描绘主体的树木和人物，画面中一上一下淡淡几笔白色的运用十分精到，遥相呼应，成为画面中的一个亮点（见图5-86）。沈柔坚1949年前的创作以黑白人物木刻为主，1949年后开始创作套色风景版画，套色版画体现了他对色彩的理解与认识。在《渔舟》（1965年）中，以黑色为主的渔船表现出结实的质感，淡绿色的波浪设色浅浅，表现了海水的轻盈和清澈，上下相映的淡绿色赋予画面一种柔和的韵味。修军是新中国成立后成长起来

图5-86 力群《黎明》
（1949年）

的版画家，他地处陕西，受到陕西传统文化艺术的影响，他的《秋》（1958年）表现关中农村堆积如山的玉米，画面中以黑白色为辅，以红色为主，红色的运用深沉而热烈，富于乡土气息和装饰性。

（七）水印木刻版画

水印木刻的发展是这一时期版画创作的一个特征。中国古代的复制版画就是使用水质颜料印刷。但在20世纪，1949年前的木刻版画基本是油印木刻，水印版画很少。新中国成立后，中央美院、浙江美院等高等学校的版画系开始教授水印版画，推动了水印版画的发展。李平凡、黄永玉、古元、梁栋、赵宗藻等是这一时期木刻水印版画的代表性艺术家。

李平凡是1949年后最先从事水印木刻的版画家之一，他的作品多次参加全国版画展，女孩儿形象是他创作的常用题材。作品《我们要和

图 5-87
李平凡《我们要和平》
(1957 年)

图 5-88
黄永玉《阿诗玛》
(1956 年)

图 5-89
古元《祥林嫂》
(1956 年)

平》（1957年）为纪念世界和平运动10周年而作，画中以上下交错叠加的方式刻画了3个世界不同地区的女孩儿，她们手中的和平鸽表达出和平的主题。画中线条清晰粗犷，色彩柔和丰富（见图5-87）。该画获得1959年德国莱比锡国际版画比赛银奖。黄永玉为书籍《阿诗玛》（1956年）创作的水印版画插图，线条精细活泼，用色清新明艳，富于装饰性（见图5-88）。古元在1949年后除了继续之前的油印版画，也开始创作水印木刻，《祥林嫂》（1956年）是他水印木刻的精品，以白色为主的人物头部在黑色背景的映衬下成为视觉中心，人物的表情和眼神十分传神，背景的大片黑色象征着压迫人的黑暗现实和她不幸的命运（见图5-89）。

（八）地域性流派版画

新中国成立后全国各地的版画创作中，四川、黑龙江、江苏形成了3个较为突出的地方性风格流派，成为这一时期版画创作发展中的一个重要现象。

四川的版画家既有前一辈的艺术家，也有1949年后的新起之秀。四川的版画注重对人物的刻画。李少言、吕琳、林军、酆中铁、牛文、李焕民、吴凡、吴强中、徐匡、宋广讯等是其中的代表性艺术家。牛文的创作以藏族同胞及其生活为主要表现对象，他的《欢乐的藏族儿童》（1959年）构图新颖，手拉手的儿童造型黑白相间，富于韵律感，画面氛围轻盈活泼。作为版画后起之秀的李焕民也以表现藏族同胞形象而著称。他的《初踏黄金路》（1963年），以人物连线构成的S形使画面构图轻松活泼，富于变化。用黑色强调人物和牛头，以稍浅的黄色、粉色铺满画面，形成丰盈秀美的黄色基调（见图5-90）。吴凡的创作以儿童题材见长，其水印木刻富于中国传统艺术的气韵。他的《蒲公英》（1959年）构图单纯，表现语言简洁，线条和色彩具有国画的意韵。该画获得1959年德国莱比锡国际版画比赛金奖。吴强年的人物肖像画在新中国这一时期的肖像画版画中具有代表性。他的套色版画《公社姑娘》（1963年）略去了背景和情节，集中于人物本身的刻画，黑色的直立人物与横向的黑色树干形成坚实的十字形构图，人物形象健朗质朴。虽然人物以黑色为主，但浅黄色的背景使整个画面明亮通透。

图5-90
李焕民《初踏黄金路》（1963年）

北大荒版画具有开创性，其创作者大多为业余出身的非专业画家，北大荒版画具有鲜明的地域特色与风格。张作良、晁楣、张祯麟、杜鸿年、张路等是其中的代表性艺术家。张作良的版画以北大荒为表现对象，构图开阔，色彩浑厚。他的《冰上行》（1961年）表现了冰雪覆盖的北大荒，虽然画面运用了冷色调表达主题，但画中的地域风情给人带来一股暖意。晁楣是军人出身，通过自学成为版画新秀。他的套色版画《北方九月》（1964年）画面开阔，画面中铺满了红色的高粱，对近

第五章　印刷艺术

图 5-91　晁楣《北方九月》（1964 年）

景中的高粱给予了特写式的刻画，高粱挺拔而富于生机，色彩深沉而浓烈（见图 5-91）。张祯麟是水兵出身的版画家，他的作品善于刻画人物，富于生活气息。他的《打麦场上》（1963 年）描绘了社员观看庆丰收文艺表演的情景。作品构图新颖而有层次，黑色的粮食袋和橙黄色的地面形成强烈对照，大面积橙黄色表现的阳光感和喜庆感是画面中最值得称道之处。

江苏的水印木刻在这一时期的版画创作中独具特色。版画在江苏有着悠久的历史渊源。自 14 世纪起，当时已成为全国出版中心之一的金陵（今南京）书籍作坊林立，苏州桃花坞年画闻名全国，古代的书籍及木版年画都采用水印方式。20 世纪 50 年代版画界兴起学习民族传统的风潮，江苏的版画家积极跟进。到 20 世纪 60 年代，江苏水印木刻显现出鲜明的地方特色。1963 年在北京举办了江苏水印木刻展,江苏水印木刻集体亮相进入人们的视野。吴俊发、黄丕谟、张新予、朱琴葆等是其中的代表性艺术家。黄丕谟最初的创作是以人物为主的油印版画,20世纪60年代开始创作水印木刻,以水印风景为主。他的《喜雨江南》(1963年)画面以淡绿色为主,色彩有晕染效果,很好地表现出江南水乡水汽迷蒙的韵味。朱琴葆的《春》(1959年)中,画面中粉色的桃花、黑色的地面和拖拉机、白色的天空表现得层次清晰,大面积红白相间的桃花使画面荡漾着春天的气息(见图5-92)。张新予、朱琴葆的水印套色《绿遍江南》(1963年)以绿色为基调,画中绿、黑、白三色穿插交错,画面清新明快。

图 5-92　朱琴葆《春》(1959年)

1949—1966年这17年的版画创作是在1949年前版画基础上发展而来的,在创作理念、题材和风格上与解放区版画的继承关系更为明显。这17年的版画创作取得了辉煌的成绩,自1931年创作版画诞生以来,20世纪40年代是中国现代版画的第一个高峰,而新中国成立后的 60 年代后期至 60 年代前期则是中国现代版画的第二个高峰。①

三、日本浮世绘

（一）浮世绘的产生

浮世绘是流行于日本江户时代（1601—1867 年）的民间木刻版画，以表现这一时期普通人的日常生活、民俗风景，线条流畅、色彩鲜艳为主要特色。

16 世纪初，经历了"应仁之乱"②后的日本，表面的、局部的繁荣与国家整体形势的不稳定使人生短暂、世事无常、及时行乐的观念在平民阶层滋生蔓延，在这一时期产生，并持续一个世纪以上的风俗画便是这种观念与心态的反映，风俗画拉开了之后浮世绘画的序幕。

江户时代初期，以木版刻印为主的江户出版业十分兴盛。随着遣唐使的交流，中国唐代的版刻书籍传入日本，日本最初的版画起源也应追溯到这些早期的佛教木

---

① 齐凤阁：《中国现代版画史（1931—1991）》，岭南美术出版社，2020，第 203 页。

② 应仁之乱是 1467—1477 年日本室町幕府时代封建领主间的一次内乱，是在细川胜元和山名持丰等守护大名（领主）之间发生的争斗。

刻印本。[1]到平安时代（794—1192年），随着日本僧人入宋，日本木刻版画有了飞速发展。及至17世纪初，输入日本的明代插图刻本成为日本画师的范本。经由在长崎居住的旅日苏州人，"姑苏版"年画进入日本，[2]受到日本民众的欢迎，推动了日本版画的发展。

菱川师宣被认为是浮世绘的创始人。菱川师宣早期的创作是手绘作品，后来受明清版画的影响，采用版画与手绘结合的技法，部分版画采用手工上色。菱川师宣的作品表现了江户的民俗风情，他以优雅的方式表现风月场所和其中的风流男女，他的大部分作品通过木版翻印而广为传播，引领了时代的审美潮流。[3]他的《吉原之体 扬屋大寄》（1680年）为墨拓笔彩，即墨印后手工上色（见图5-93）。吉原是江户（今东

图 5-93　菱川师宣《吉原之体　扬屋大寄》（1680年）

---

[1] 潘力：《浮世绘》，湖南美术出版社，2020，第41页。

[2] 同上书，第237页。

[3] 大村西崖、田岛志一：《浮世绘三百年》，万般、肖良元译，湖北美术出版社，2020，第57—70页。

京）第一个集中娼妓区，经过长期发展，成为江户最大的社交场所，江户大众文化的发祥地。画作描绘了吉原中游女（妓女）与客人嬉乐的场景。画面中的人物弹唱舞蹈，相得甚欢，环境宽敞舒适。画面的线条生动轻松，色彩简淡。菱川师宣的单幅美人画首开后来风行的浮世绘美人图的先河。他的《回首美人图》（1688—1704 年）描绘了美人的回首一刻，该画为手绘绢本着色，其精致娇美的发式、头饰及和服的精美图案等特征都为后来的浮世绘美人画所继承（见图 5-94）。

图 5-94
菱川师宣《回首美人图》
（1688—1704 年）

（二）江户时代的浮世绘

17 世纪是浮世绘的早期兴起阶段，18 世纪是浮世绘的成熟期，19 世纪是浮世绘的黄金时代，20 世纪后浮世绘逐渐衰落。[①] 浮世绘主要以江户时代的民间社会生活、民俗风景等为主要题材，有美人画、歌舞伎画、风景花卉画、春画等类型。早期的浮世绘为单一墨色拓印，部分会手工上色。最初的手工上色，尽管也有一些黄色、绿色，但主要使用的是红色矿物质颜料"丹"，因而被称为"丹绘"。后来，人们用植物性颜料"红"取代"丹"，其色彩更为柔和透明，这种浮世绘被称为"红绘"。随着雕版和拓印技术的进一步成熟，人们在墨中混合胶，拓

[①] 潘力：《浮世绘》，湖南美术出版社，2020，第 26 页。

印后产生类似漆的光泽，因而被称为"漆绘"。随着后来多色套版方法的使用，传统浮世绘制作工艺取得突破性进展，浮世绘画面变得五彩缤纷起来，这种多色套印方法在日本被称为"锦绘"。

美人画是浮世绘最主要的题材和类型，体现了浮世绘中的唯美世界和浮世绘画的审美理想。早期的美人画表现出人物的生机和活力，后来逐渐趋于类型化。铃木春信以其具有青春气息的美人形象开创了美人画中的"春信样式"。[①] 不像大多浮世绘美人画以当下女性为对象，铃木春信的很多美人画源自中国和日本的故事传说，属于参照前人画意或图式进行新创造的"见立绘"绘画类型。铃木春信以南宋禅僧画师牧溪的《潇湘八景》为蓝本创作了《坐铺八景》（1766 年），描绘了江户上层市民年轻女性的日常生活。《坐铺八景》中的《琴路落雁》对应中国古代名曲《平沙落雁》，画面中的两个少女，一个在给自己绑指甲，一个在看古琴谱，人物形象秀美，富于典雅气息。两个人物之间的连线和她们之间的古琴构成十字交叉构图，背景中格栅的交叉线条和门框、地面的交错线条赋予安静的画面丰富的视觉变化（见图 5-95）。

图 5-95
铃木春信 《坐铺八景·琴路落雁》
（1766 年）

---

① 潘力：《浮世绘》，湖南美术出版社，2020，第 77 页。

鸟居清长以其体形拉长的清长美人而成为江户中期美人画的典型样式。鸟居清长的美人形象多来自江户的普通百姓，其另一特点是画中有西画的写实背景和透视法的使用。他创作了描绘江户游女的 3 个系列浮世绘。其中的《美南见十二侯》系列表现了江户南部游乐街区的场景，其中的《八月赏月之宴》（约 1784 年）描绘了艺伎和客人宴饮的场面。10 个主要人物在画中以高、中、低的姿态形成参差错落的空间安排，悬挂的灯笼、画面中间的饭食、人物间互动呼应的姿态烘托出宴饮的热闹氛围，画中站立女性的修长身姿体现了鸟居清长的女性理想美（见图 5-96）。

与此前美人画大多描绘女性全身像不同，喜多川歌麿以其"大首绘"的半身美女像，以特写式的精美服饰及

图 5-96　鸟居清长《美南见十二候·八月　赏月之宴》（约 1784 年）

细微表情创造了美人画的新风格。他的手绘画作《吉原之花》描绘了吉原游女三月赏花的场面，画中有约50位人物，场面奢华富丽，是唯一一幅全景式表现吉原的浮世绘。他的《歌撰恋之都》（1793年）系列，将半身像的构图进一步变为以人物头像占据画面的主要空间，增强了画面刻画人物心理的空间和视觉冲击力。其中的《深忍之恋》突出了人物颈部的肌肤和含蓄微妙的面部表情（见图5-97）。

图5-97　喜多川歌麿《歌撰恋之部·深忍之恋》（1793—1794年）

　　歌舞伎画是浮世绘的另一个重要类型。歌舞伎最初是街头为平民演出的集体歌舞表演，以女演员为主。后来因为"整肃风纪"，禁止女性参演歌舞伎，女角改由男性扮演，称为"女形"，歌舞伎及"女形"是浮世绘的重要表现对象。日语中将歌舞伎的角色称为"役"，其扮演者称为"役者"，歌舞伎题材的绘画被称为"役者绘"。江户时代，歌舞伎是城市生活的重要娱乐之一，海报、节目单等相关版画促进了歌舞伎画的发展。鸟居清信的《瀑井半之助》（1706—1709年）是一幅丹绘浮世绘，其描绘的瀑井半之助是一个江户的歌舞伎"女形"演员，即男扮女装的演员。画面中人物的身姿圆润丰满，富于女性气息，服装上是富有特色的书法图案（见图5-98）。歌川丰国是一个歌舞伎画的重要画师，善于以写实手法表现演员。他的《役者舞台之姿绘》（1795年）是一幅锦绘浮世绘，描绘了演员的定格舞姿，人物动作生动自然，富于韵律感，画面色彩丰富而协调（见图5-99）。

图 5-98
鸟居清信《瀑井半之助》
（1706—1709 年）

图 5-99
歌川丰国《役者舞台之姿绘》
（1795 年）

风景花卉是浮世绘中的美人画、歌舞伎画衰落后出现的又一重要类型。19 世纪，随着日本民间旅行热潮的兴起，浮世绘风景画进入成熟期。西方绘画中的焦点透视及光线、阴影表现，中国明清的年画和院体绘画[①]也对浮世绘风景画产生了影响。葛饰北斋是浮世绘画大师，他的绘画涉猎广泛，但以浮世风景版画的成就为最高。[②]他的著名风景版画系列《富岳三十六景》（19 世纪 30 年代）历时 5 年，包含 46 幅作品，描绘了以富士山为背景的各式生活场景和风景画面。其中的《神奈川冲浪里》，其雄伟的海浪造型、鹰爪式的浪花给人留下深刻印象（见图 5-100）。该系列的另一幅《凯风快晴》，画面很好地发挥了点、线、面的造型能量，画面概括而富于表现力，色彩艳丽而沉着，具有深邃意境（见图 5-101）。画中使用了来自国外的化学颜料维尔林蓝，取得了不同以往的色彩效果。歌川广重是葛饰北斋之后另一位风景画大师。他的《木曾海道六十九次》（约 1837 年）中的《洗马》描绘了位于长野县的洗马景色，画面大面积使用了冷色调的蓝色，画中线条细致，画面层次

[①] 院体画简称院体、院画，指宋代翰林图画院及之后宫廷画家的绘画，通常以花鸟、山水、宫廷生活等为题材，风格华丽，工整细致。

[②] 潘力：《浮世绘》，湖南美术出版社，2020，第 249 页。

433

图 5-100　葛饰北斋
《富岳三十六景·神奈川冲浪里》（1831 年）

图 5-101　葛饰北斋
《富岳三十六景·凯风快晴》（1831 年）

丰富，意境静谧而萧淡（见图 5-102）。他的另一幅作品《江户名所百景·大桥暴雨》（1857 年）是一幅锦绘浮世绘，贯穿画面的黑色密集细线很好地表现了骤雨的速度与力量，有研究认为，画面中两种不同角度的雨线是用两块雕版叠加套印而成的（见图 5-103）。①

图 5-102　歌川广重
《木曾海道六十九次·洗马》（约 1837 年）

图 5-103　歌川广重
《江户名所百景·大桥暴雨》
（1857 年）

---

① 潘力：《浮世绘》，湖南美术出版社，2020，第 285 页。

19 世纪，以浮世绘为主的日本美术对欧美艺术产生了巨大影响。1867 年巴黎世纪博览会上展出的日本工艺品激起了欧美社会对日本美术和东方趣味的兴趣。欧美举办了日本美术展和浮世绘展，以浮世绘为主的日本艺术简洁洗练、平面化、线条的表现力等对当时的新古典主义、维也纳分离派、印象派等艺术家都产生了不同程度的影响。

四、外国版画艺术

（一）15 世纪、16 世纪的版画

西方最早的版画大约出现于 14 世纪晚期。版画是一种通过木或金属等材料制版，然后刷墨将图像转移到纸上的艺术形式。到了 15 世纪，木版版画、金属版画以及套色版画都已陆续出现。当时的版画制作有的是将绘、刻、印的环节分工，由不同的人来完成，也有的是由创作者一人独自完成绘、刻、印的各个步骤。版画的印刷也有不同方式，有的是手工印刷，有的是使用印刷机。印刷机的出现不仅推动了西方社会的发展，也推动了版画和书籍版画插图的发展。

在 15 世纪，版画是一种新的艺术，相比壁画、油画、雕塑等艺术形式，版画既有传统的宗教主题，也表现世俗生活，曾经发生过因为有些版画过于惊世骇俗而

被查没的情况。[1]版画还是一种大众艺术，因为一个印版可复制多张画作，版画的售价便宜，普通人也可以购买，当时的人们将版画悬挂在房间内的墙上。[2]刚出现不久的印刷书采用活字版与木刻版画组合印刷的方式来应对与手绘抄本的竞争。这时期最大的版画尺寸达 1.39 米×2.82 米，而最小的版画只有邮票大小。在 15 和 16 世纪，版画的创作主要集中在德国、意大利、尼德兰、法国等地。

(二) 新的艺术：木刻版画、金属版画和套色版画

版画中最早出现的是木刻版画。木版画是在木质板材上雕刻图像，再刷墨转印到纸张上的版画。目前可以见到的西方最早木版画印版推测为1380年。作品有明确纪年的是两幅在书籍中发现的木版画，其标注时间分别为1418年和1432年。[3]最初的木版画是各式圣画像和纸牌、日历等上的图像。之后，除了作为绘画的一种形式，木版以及后来的金属版画常常被用作书籍中的插图。

老卢卡斯·克拉纳赫（Lucas Cranach）曾是德国萨克森的宫廷画家，他的画既有宗教题材，也有世俗题材，更擅画风景。他的木版画《逃往埃及途中的休息》为竖构图，画中有一棵贯通上下的高大树木，画面重心在下。树下以众星拱月的图式描绘了怀抱耶稣的圣母和围绕着他们的

---

[1] 马丁·坎普：《牛津西方艺术史》，余君珉译，外语教学与研究出版社，2009，第183页。

[2] H. W. 詹森：《詹森艺术史》，艺术史组合翻译实验小组译，世界图书出版公司，2013，第500页。

[3] 杨虹：《西方插图艺术史》，岭南美术出版社，2014，第71页。

图 5-104
达·卡比 《圣·杰罗姆》
套色木刻（仿提香）
（约 1516 年）

活泼可爱的小天使。画面整体呈灰调，远处的景物呈现出透视效果。画面中以平行排列的影线表现阴影和物体的质感，线条灵动娴熟，显示出老克拉纳赫的艺术功力。明暗套色法标志着套色木版画的开始。这一时期出现了版画的明暗套色法，据说意大利的刻工达·卡比最先使用了这种方法，他在 1516 年向威尼斯市政厅提出了这一技法的特许申请。明暗套色法是将同一画面的明暗部分分别刻在不同木板上，再用不同明暗的油墨印刷而成。[①] 这一方法可使画面更有立体感和光线感，丰富画面的色调。达·卡比的《圣·杰罗姆》（Jerome，约 1516 年）是一幅模仿提香绘画的套色木版画，画的主体是人物的侧面全身像，人物和画面中使用了较粗的平行影线和交叉线，人物形象结实饱满。人物的头部、左臂、左腿和衣摆等多处呈现出白色的高光，很好地表现了画面的光感（见图 5-104）。

这一时期还出现了彩色木版画。彩色木版画将不同的颜色对应不同的版，即分版分色，分为主版和色版，主版是有墨线轮廓的版，色版是不同颜色的版。彩色木版画使画面有了更丰富的层次和色彩。

---

① 黑崎彰、张珂、杜松儒：《世界版画史》，人民美术出版社，2004，第 70 页。

在木版画出现不久便出现了金属版画。二者虽然都是版画，但木版画属于凸版画，金属版画属于凹版画，二者制版原理不同。前者是在板材上留下有形象的部分，用刀刻除无图像的部分，留下的图像部分凸起，故名凸版画。而后者正相反，是在板材上用刀雕刻图像部分使该部分凹进，然后在板材上涂抹油墨使其渗进凹处，然后转印到纸上。金属版画有两种处理方式，一种是用刻刀在金属材板上雕刻，即干刻，板材多为铜质，作品称为雕版画；另一种是在金属板材上覆盖一层蜡，用蚀刻针在表层绘制图像，即去除相应部分的腊，然后在露出金属的部分倒入酸性溶液使其受到腐蚀，清除腊层后，受了腐蚀的部分便显现出凹进的图像，故名凹版画或蚀刻画。金属版画出现后便得到了快速地发展。

安东尼奥·波拉约（Antonio Pollaiuolo）、安德里亚·曼坦尼亚（Andrea Mantegna）、马丁·盛高尔（Martin Schongauer）、卢卡斯·凡·莱登（Lucas van Leyden）都创作金属版画。波拉约是意大利画家，也是很有造诣的金属工匠。他的版画代表作是著名的铜版画《裸体的战士们》（亦名《相互厮杀的裸体人》约1489），10个人物形象仿佛浮雕般从背景上凸起，人体造型结构准确，人体阴影的处理柔和自然，构图对称均衡（见图 5-105）。曼坦尼亚与波拉约都是 15 世纪后半期意大利版画的代表人

图 5-105
安东尼奥·波拉约《裸体的战士们》铜版画
（约 1489 年）

图 5-106 安德里亚·曼坦尼亚 《圣母玛丽亚和圣婴》（约 1470 年）

图 5-107 盛高尔 《耶稣受难游行》（约 1480 年）

物，他的作品线条均衡而富于动感。他的铜版画《圣母玛丽亚和圣婴》（约 1470 年）中，圣母秀美的面庞表情温柔，刻画人物的线条整齐精细，人体和衣服上的多处白色块面营造出强烈的光感（见图 5-106）。盛高尔是这一时期德国的著名版画家，他是金属工匠的后代。丢勒和意大利版画家都将他的作品作为范本，他的作品追求具有立体感和明暗变化的绘画效果。他的《耶稣受难游行》（约 1480 年）描绘了戏剧性的情节与场景，虽然人物众多，但神态各异，生动传神。画中巨大的十字架起到了突出中心人物的作用，画面中的线条精细严谨（见图 5-107）。在金属版画中，蚀刻版画的出现晚于雕刻版画，大约在 1500 年被发明，莱登被认为是第一个创作蚀刻版画的艺术家。他的创作受到丢勒的影响，但他的线条比丢勒的更精细，画面中对白的处理很有特色。他的《被驱逐的夏甲》（约 1508 年）中，人物与画面中的各个部分安置得妥帖而有秩序，阴影的处理，特别是人物阴影的处理很有表现力，上方白色的天空使整个画面明朗清晰（见图 5-108）。

阿尔布雷希特·丢勒是德国文艺复兴的主要代表人物，这一时期德国和欧洲最伟大的版画家，一个"巨人"式的天才艺术家。丢勒多才多艺，他的创作涉及油画、肖像画、风景画、水彩画、水粉画等广泛领域，但他的艺术成就最充分地表现在版画创作中。丢勒将弗兰德斯传统与意大利文艺复兴艺术融汇于他的创作之中，他的版画善于驾驭多人物的复杂构图和精心的细节描绘，将木刻和雕版画的技艺推向极致。他的版画行销于整个欧洲，为他赢得了巨大的名望与财富。

图 5-108
卢卡斯·凡·莱登
《被驱逐的夏甲》铜版画
（约 1508 年）

图 5-109
丢勒《亚当与夏娃》雕版画
（1504 年）

《亚当与夏娃》（1504 年）是他的著名铜版画，两个裸体人物体现了丢勒对人体完美比例的理解，背景层次丰富，画面氛围沉郁。人物及画面中微妙而多变的点线刻画使作品表现出鲜明的绘画性（见图 5-109）。《忧郁Ⅰ》（1514 年）是丢勒创作中最令人费解的一幅作品，丢勒对传统题材进行了创造性地处理，赋予其人文主义的时代精神，画面内涵深厚，细

图 5-110 丢勒 《忧郁 I》（1514 年）

图 5-111 丢勒 《带大炮的风景画》蚀刻版画（1518 年）

节繁复。人物与环境周边的物体形成隐秘复杂的折射关系，表现出神秘而忧思的氛围（见图 5-110）。丢勒的版画以木刻与雕版最多，也有少量蚀刻，没有套色版画，体现了他对版画黑白艺术的倾心。他的蚀刻版画《带大炮的风景画》（1518 年）是一幅蚀刻风景画，画面构图宏大开阔，形成了近、中、远的视觉空间表现。远山、树木、房屋和田野错落杂陈，有着丢勒一贯的灵动细节（见图 5-111）。带轮子的大炮曾流行于 15 世纪的版画中，被视为权力的象征。富于变化的多种点线笔触为恢宏的画面增添了丰富的意趣。

（三）17 世纪、18 世纪的版画

在 16 世纪末，蚀刻法进一步成熟，越来越多的艺术家选择使用蚀刻技术，并在 17 世纪取代了木刻版画的地位，成为原创版画的常用方法。相比木版雕与铜版雕，金属蚀刻有更大的灵活性与自由度。而在同一幅金属版画的制作中，结合使用雕刻与蚀刻技术，给金属版画带来了更多的表现可能性。

木刻版画曾在16世纪开始的宗教改革中被用来作为报刊的插图使用，在17世纪的一段沉寂后，18世纪出现了在树木横截面雕刻的新方法即木口木刻，木口质地细密，刻印效果精致，木口木刻使木刻版画得以复兴。法国雕刻师让·米歇尔·帕皮龙（Jean-Michel Papillon）于1766年出版了第一本介绍在树木横纹面雕刻技法的书，而毕维克以其木口木刻的实践使这一技法获得成功。这一时期原创版画与复制版画并行发展，一些版画印刷公司纷纷以丢勒、提香等艺术家的绘画为蓝本制作复制版画，其复制技艺堪称精湛。尽管这种复制版画受到戈雅（Francisco José de Goya Lucientes）、布莱克（William Blake）等艺术家的抵制，但受到了市场和收藏家的欢迎。这一时期出现了精美的小型版画，由于小巧人们可以将它们摆放到收藏家的展示柜中或贴到书上。最受人们欢迎的题材有风景、神话和风俗画，以及意大利的题材和裸体画，风景版画尤其受到中产阶级收藏家的喜爱。18世纪粉笔画的收藏风靡一时，也推动了仿粉笔画版画的制作，人们使用点线压制轮等工具来模仿色粉笔的细粒线条效果，仿粉笔画的版画要比粉笔画更便宜。而各种彩色版画被人们用来装饰具有洛可可风格的房间。[1]

雅克·卡洛（Jacques Callot）是17世纪初最重要的法国蚀刻版画家，

---

[1] 马丁·坎普：《牛津西方艺术史》，余君珉译，外语教学与研究出版社，2009，第272页。

图 5-112　雅克·卡洛《绞刑树》蚀刻版画　（1633 年）

他创作了大量铜版画，其作品具有写实风格。《战争的巨大创伤》（1633 年）是他的系列蚀刻版画，共 18 幅，表现了战争带来的苦难。其中的《绞刑树》描绘了一场大规模的绞刑，令人触目惊心。画面场景十分开阔，居于中心的主体表现对象与周边人物及场景的处理表现出艺术家对画面的控制与调度能力（见图 5-112）。伦勃朗（Rembrandt Harmenszoon van Rijn）创作过很多铜版画，他的版画印版有 100 多块流传了下来。他使版画的制作从对素描稿的复制中解放出来，成为更加自由地创造。他的铜版画《三棵树》混合运用了雕刻和蚀刻技术，显现了他复杂精湛的技艺。画面中的大片白色体现了他对天空和光的表现，黑色的土地与白色的天空通过层次丰富的三棵树自然地衔接起来（见图 5-113）。

图 5-113　伦勃朗《三棵树》铜版画（1643 年）

作为大众艺术的版画将世俗生活纳入自己的表现范围，威廉·荷加斯（William Hogarth）便是以描绘世俗生活故事见长的艺术家。他以市民的日常生活为题材，画面具有叙事性，以讽刺性的轻喜剧风格表达鲜明的道德主题，并常常采用系列画的形式。雕版画《欢宴》是荷加斯组画《浪子生涯》（1735年）中的一幅，描绘了组画主人公与妓女饮酒狂欢的场面（见图5-114）。众人围桌而坐，酒兴正酣，人们手中拿着酒杯、酒瓶，地上是被凌乱丢弃的衣服和食物。画面左侧已经喝得东倒西歪的主人公即将接受他的人生教训。整个画面喧闹而混乱，画面不同部分之间色调的过渡柔和而自然。戈雅是18世纪末西班牙的伟大画家。他在18世纪90年代开始石版画创作，完成了80幅的蚀刻系列组画《加普里乔斯》，以隐喻的手法表现西班牙的社会生活。其中的《理智入睡产生梦魇》（约1799年）描绘了沉睡的人物和环绕在他身边的猫头鹰，人物的睡眠姿态和鼓翅而飞的猫头鹰形成静与动的对照。在人物头顶盘旋的猫头鹰很好地起到了表达主题的作用，它们的黑色阴影强烈地传递出诡异而不祥的气息（见图5-115）。

图 5-114
荷加斯《浪子生涯·欢宴》雕版画
（1735年）

图 5-115
戈雅《理智入睡产生梦魇》
蚀刻版画（约1799年）

(四) 19世纪、20世纪上半期的版画

在 19 世纪、20 世纪上半期，大型印刷机、多色印刷技术的使用进一步释放了印刷技术的能量，大大推进了文字信息与图像的传播速度与广度。19 世纪初期，原创版画仍以蚀刻方法为主，木刻版画多用于新闻报刊的插图。不同版画技法的使用推动着版画创作的发展。这一时期人们采用网纹版法制作复制版画，使用美柔汀法、点画法结合凹雕技术创作微型版画。英国风景画家透纳创造性地结合原创版画和复制版画的方法，出版了风景画画册。这一时期的版画创作还受到了日本浮世绘的影响。自 18 世纪末的法国大革命后，版画也被用于社会批判。[1]

1798 年石版印刷技术被发明出来，极大地推动了版画，特别是彩色版画的发展。石版印刷属于平面印刷，它以石板为材料，用油墨将图文绘制在石板上，用水湿润石板，由于水油相斥，有油墨的图文部分拒水，而无图文的部分吸水拒墨，然后将纸张覆盖石版，通过压力将石板上的图文转移到纸张上。石版印刷由于图像制作简捷方便，不易因印刷次数过多被磨损而具有独特优势。

---

[1] 马丁·坎普：《牛津西方艺术史》，余君玟译，外语教学与研究出版社，2009，第 378 页。

从 19 世纪开始，石版印刷被迅速用于各个领域。石版印刷成为拿破仑时期舆论宣传的工具，以及印刷政治和新闻报道插图的主要媒介之一。石版印刷还被广泛用于商业广告的制作，大型石版彩色商业招贴和各式海报曾是 19 世纪后期欧洲城市中令人瞩目的新审美景观，这些招贴和海报也是具有鲜明艺术特征的平面版画。

1862 年蚀刻版画画家协会创立，协会向社会介绍原创蚀刻版画艺术，倡导在版画创作的绘、刻、印的各环节中，艺术家都应亲力亲为，贯穿整个过程。19 世纪和 20 世纪的艺术流派，特别是前卫艺术家表现出对版画的兴趣和热情，后印象派（Post-Impressionism）、表现主义（Expressionism）、立体主义（Cubism）、野兽派（Fauvism）的艺术家都曾将版画创作作为他们探索艺术形式多样可能性的媒介。

在这一时期奥诺雷·杜米埃（Honoré Daumier）、麦绥莱勒等的版画中表现出了对底层人物的关注和对社会现实的批判。杜米埃是法国著名的讽刺漫画家和版画家，他的政治漫画具有尖锐的讽刺性。石版画《立法肚子》（1834 年）描绘了路易·菲利普七月王朝的群臣肖像，以夸张讽刺的手法表现了这些立法者的丑态。画面中的人物以多层次的微弧形呈现，均衡排列，黑白相间。比利时版画家麦绥莱勒的作品黑白对比强烈，线条粗犷有力，关注社会不平等现象。其连环组画《一个人的受难》中的表现手法简洁，人物的黑色背影在白色光中分外凸显，画面中垂直的黑色线条与横向的白色平行线条形成一种对照（见图 5-116）。

因为石版印刷的使用，19 世纪晚期彩色招贴和海报曾一度十分繁荣，法国后印象主义画家亨利·德·图卢兹－劳特雷克（Henride Toulouse-Lautrec）是其中的一个典型代表。劳特雷克曾经绘制过多幅石版招贴海

第五章　印刷艺术

报,他的这些石版作品构图新颖,人物形象生动脱俗。1891 年他为巴黎红磨坊歌舞厅绘制的彩色石版海报中,充分发挥了色彩的作用,以灰、黑和彩色的区分使众多人物的分布层次清晰,具有空间感。画面中心正在跳康康舞的女演员动感十足,画面以黄、红色为主色调,体现了石版画色彩艳丽夺目的特征(见图 5-117)。美国的印象主义画家玛丽·卡萨特(Mary Cassatt)在 19 世纪末创作了彩色蚀刻系列,她的《洗澡——第十七阶段》(约 1891 年)为铜版雕刻和软基底蚀刻,画风受到日本浮世绘的影响,艺术语言简洁,色彩单纯明亮,风格清新温暖(见图 5-118)。

版画创作是这一时期受各个艺术流派的青睐,成为

图 5-116
麦绥莱勒《一个人的受难》
木刻连环画 (1918 年)

图 5-117
亨利·德·图卢兹 – 劳特雷克
《红磨坊的拉·古留小姐》
石版画 (1891 年)

图 5-118
玛丽·卡萨特
《洗澡——第十七阶段》
(约 1891 年)

进行形式实验、艺术探索的一个媒介。后印象派画家保罗·高更（Paul Gauguin）的版画创作选择了木刻画，木版画与高更作品单纯质朴、色彩鲜艳而具有装饰性的特征具有内在一致性。他的《诺阿，诺阿》系列中的木版画《芬芳的土地》（1893 年），通过黑、白、灰表现对象，画面的色调单纯而又丰富，人物形象朴拙，画面内涵富于象征意味（见图 5-119）。表现主义追求表现内心的情感，往往将表现对象做变形和扭曲的处理，用以表达痛苦、恐惧的情感。表现主义女画家珂勒惠支的作品中常有痛苦的表情和扭曲的形体。她的蚀刻画《妇女和死去的孩子》（1903 年）中，画面敷了金色，母亲粗犷蜷曲的身体沉浸在悲伤之中，通过人物形体表达内心的沉痛，体现了表现主义不注重细节，重在情感表达的特点（见图 5-120）。恩斯特·路德维希·基希钠（Ernst Ludwig Kirchner）是德国表现主义社团——桥社的成员，他的木版画语言简练，人物形象简化变形。他的作品《桥社成员》（约 1905—1913 年）描绘

图 5-119　保罗·高更《芬芳的土地》木版画（1893 年）

图 5-120　凯绥·珂勒惠支《妇女和死去的孩子》蚀刻版画（1903 年）

了4个男子的形象，人物造型不追求写实，有简化和几何化特征。色彩的处理也是非写实的，人物脸部和地面用了同一色调，整体画面的色彩深沉浓郁，蹲着的男子手中的报刊是画面中的亮点（见图5-121）。立体主义通过将整体的表现对象分解，追求几何化的造型和抽象元素组合后的形式感，具有强烈的形式探索的诉求。毕加索的版画《坐在躺椅上的莱奥妮小姐》（1910年）结合使用了金属蚀刻和雕刻的方法，画面呈现出拆解成不同几何状的形体，表现出鲜明的反写实倾向。较长的单直线与纤细的平行影线构成变化与对照，表现出几何化、抽象化的强烈形式感（见图5-122）。

图 5-121
恩斯特·路德维希·基希钠
《桥社成员》
（约 1905—1913 年）

图 5-122
毕加索
《坐在躺椅上的莱奥妮小姐》
铜版画（1910 年）

第六章 印刷文化

第六章　印刷文化

人类文明是如此漫长，数千年的历史在文明长河中只是万古一瞬。那些更久远苍茫的过往，或者被历史风云掩盖，或者加入祖先的想象幻化为古老传说。而正是有了文字，这万古一瞬才变得更加清晰确切，史事得以记录，文明开始觉醒，逐渐在川流不息的历史波涛中长成耀目的明珠。

世界 4 种最古老的文字，以两河流域苏美尔人创造的楔形文字最早，距今已有 5000 多年。尼罗河流域的古埃及人创造了由意符、音符和定符组成的象形文字，称为圣书字，使用了近 3000 年。玛雅人是美洲大陆唯一留下文字记录的民族，他们在公元年前后创立的玛雅文字至今尚未被完全破译。遗憾的是，这 3 种古代曾通行的文字已经全部灭亡，从古至今唯一还在使用的活文字只有中国的汉字。

迄今发现，以甲骨文为肇端的成熟汉字系统发挥着积淀文明的作用，由此也形成了我国悠久的 3000 年文化记录史，特别是从公元前 722 年《春秋》记载起始之时直到今日，几乎没有哪一年缺少编年记录。汉字的稳定性和持久性，让中国人成为世界上最善于记录和著述的民族，这是世界上任何其他国家都做不到的事情。正如著名学者钱存训所言："中国文字的悠久历史，不仅保存了中国人的理想与抱负，记录了历史上的盛衰与兴亡，更使得这代代相传的文化传统，能得长存于天壤之间。其中所代表的古代思想、行为和制度，乃成为中华文明的传统。"①

文明的传承传播必然需要一定的载体。《尚书·周书·多士》有云："惟殷先人，有典有册，殷革夏命。"此处的"册"字始见于甲骨卜辞，为皮绳依次编连多枚竹（或木）简之形；"典"从册从丌，双手捧册为典，意为重要的书籍文献，至今仍彰显古雅之感。甲骨、竹帛、金石，曾经在中国人书写的天地间鼎足而立。虽然材质各异，特性不同，但典册木竹之间，缣帛金石之上，各类载体都凝结着先贤对记录知识、传承文化的期望。孔子"述而不作，信而好古"，删定编纂《诗经》《尚书》《仪礼》《易经》《乐经》《春秋》，将"仁""礼"等精神内核传于后世；先秦诸子百家争鸣，著书立说，打破了贵族垄断知识的局面，其思想成为中华文化深厚根基中的重要组成部分；东汉灵帝时官方审校儒家经典，刻"熹平石经"，观视及摹写者络绎不绝，对统一经典文本、传承儒家思想作用重大。

技术的变革助推文化领域的革新。东汉时期"蔡侯纸"诞生，质轻

---

① 钱存训：《书与竹帛：中国古代的文字记录》，上海书店出版社，2004，第2—3页

价廉，易于书写，在竹帛金石之外提供了更为理想的载体，文化的记录与传播也迎来了大众色彩更加鲜明的新阶段。西晋时，左思《三都赋》问世，争相传抄之下竟然引得洛阳纸贵。《宋书·谢灵运传》也曾记载："每有一诗至都邑，贵贱莫不竞写，宿昔之间，士庶皆遍。"

规模化的传播呼唤一种快速复制技术的出现。隋唐之际，印刷术逐渐崛起于历史的地平线上，与日臻成熟的造纸术相结合，开启了我国 1400 多年悠久而辉煌的印刷史。此后历经数百年经济贸易和人文交流，印刷术传向东亚、中东以及欧洲等地，成为世界文化史上技术传播和文明互鉴的重要篇章。

正如我们一直以来所谈到的，印刷术的伟大之处不仅在于推动中国先人创造出卷帙浩繁的典籍善本，为中华文明的发展壮大提供了源源不断的宝藏，而且在于推动中华文明远播四方，促进多元文化之间的碰撞和融合，更在于它启迪着全人类的文明，这是其他技术发明所不能媲美的，印刷术"人类文明之母"的美誉当之无愧。

技术只是手段，文化才是追求。印刷与人们的生活密切相关，包罗万象，其中蕴含的内核正是文化。目前，全国科学技术名词审定委员会已正式在《编辑与出版学名词》中收录"印刷文化"词条，定义为："以印刷技术为基础形成的以标准化批量复制和文本固定性为特征的知识生产与信息传播模式，以及由此所塑造的经济社会运行机制与思想观念。"[1] 印刷文化经历千百年积淀，综合建立在印刷技术、流程、工艺等基础上，以标准化批量复制以及文本固定保真为重要特征，在横向时间轴上传播文化、启蒙思想，在纵向时间轴上积累知识、传承文明，是我们共同拥有的宝贵财富。

---

[1] 编辑出版学名词审定委员会：《编辑与出版学名词》，http://www.cnterm.cn/sdgb/sdzsgb/jbxl/202111/W020211118532730944335.pdf，访问日期：2023-09-01。

第六章　印刷文化

第一节　印刷术发明被誉为"人类文明之母"

印刷文化启迪人类文明。在印刷术发明之前,知识和经验的传承传播往往依靠口传心授,书面传播只能依靠手工抄写的辛勤劳作。这样的文化传播方式,不足之处显而易见:不仅复制流传速度缓慢,辐射地域范围很受局限,而且很容易出现偏差和谬误,历经多次抄写和多人传播之后,知识信息难以保证忠实于原文原意。我们将印刷术誉为"人类文明之母",正是强调印刷术在克服上述手工传抄的缺点后,所迸发出的对于全人类文明进程不可估量的推动作用。

一、批量复制推进文化的普及与深入

人类的不断进步得益于知识的传承与创新。印刷术是复制术，伴随其发明与推广，书籍在大批量复制下化身千百，突破了抄写的局限，刺激了大众教育，为文化的普及与深入做出了巨大贡献。

早在我国春秋时期，贵族垄断知识的局面就已经被传抄出版打破，竹简、木牍、帛书兴起，成为宣传百家思想的载体，推动了中华文化"百家争鸣"盛况的出现。在很长的历史时期内，兼具图书复制与传播功能的"佣书"行业蓬勃兴盛，发挥了不可忽视的作用。《北齐书·祖珽传》中记载，一天一夜之内召集众人抄写完毕 620 卷的《华林遍略》，这足以折射出佣书业的成熟。不难想见，仅凭借抄写显然难以满足广大平民庶子的阅读需求，这与当时九品中正制的选官制度等因素叠加，无形中限制了知识与文化的扩散普及。

隋唐时期，科举制度的确立为大众提供了"朝为田舍郎，暮登天子堂"的阶层跨越可能。一方面，统治者为培养英才，于各州、县、乡广兴教育；另一方面，广大平民阶层对文化的渴求也因世家大族垄断的打破而受到极大激发。加之同一时期民间对于历书、经文的需求与日俱增，一条文化传播的新道路呼之欲出。

五代十国时期，为统一经典文本，满足科举考试需求，官方首次采用雕版印刷儒家群经。后唐长兴三年（932 年），冯道等奏请敕印《诗经》《尚书》《周易》《周礼》《仪礼》《礼记》《春秋左氏传》《春秋公羊传》《春秋穀梁传》，即后世流传的"冯道印九经"。历时 20 余年，经后唐、后晋、后汉、后周四朝，最终于广顺三年（953 年）完成，广颁天下，力图改变诸经"杂本交错"的局面。与此同时，后蜀宰相毋昭裔于广政十六年（953 年）奏请雕版刻印九经，颁予各郡县。关于毋昭裔，《五代史补》曾记载了一段其早年贫贱时的故事："尝借《文选》于交游间，其人有难色，发愤：'异日若贵，当板以镂之遗学者。'"这一段毋昭裔个人的窘迫经历，或许可以视为抄书时代万千寒门子弟求书而不得的一个缩影。

宋代是学界公认的印刷出版"黄金时代"，开始普遍使用雕版印刷这一新技术进行书籍生产，形成了由政府主导的官刻、以盈利为目的的坊刻、文人学者出资付梓的家刻三大出版系统。各路无一不刻书，各类书坊集中设立于开封、临安、婺州、建宁、漳州、长沙、成都、眉山等地，经史子集、医农历法等各类书籍广为印制。

更重要的是，在拥有广泛需求的基础上，印刷术大批量、低成本的复制开辟了书籍生产消费平民化、大众化的历史。据文献考证推测，图书印刷出版的成本仅约为相应条件下手抄书籍的 1/10，[1] 由此一场中国乃至世界书籍史上的"书价革命"勃然而兴。[2] 众多图书突破镶珠嵌宝的锦匣，知识智慧脱离危楼秘阁的束缚，即使是寻常巷陌，市井之家，亦遍布踪迹，文化知识在社会各阶层日益普及。

---

[1] 王伦信：《从印刷术的应用看媒介演进对教育的影响——技术向度的中国教育史考察之二》，《华东师范大学学报（教育科学版）》2008 年第 12 期。

[2] 田建平：《书价革命：宋代书籍价格新考》，《河北大学学报（哲学社会科学版）》2013 年第 5 期。

在论证宋代雕版印刷推动文化教育时，几乎都会举到"宋真宗问邢昺"这个典型例证。据《续资治通鉴长编》记载："(宋真宗景德二年)五月戊申朔，幸国子监，阅书库，问祭酒邢昺书板几何，昺曰：'国初不及四千，今十余万，经史正义兼具。臣少时业儒，观学徒能聚经疏者百无一二，盖传写不给。今板本大备，士庶家皆有之，斯乃儒者逢时之幸也。'"此时距离宋建立仅40余年，国子监所存书版就已经由当初的4000余片激增至10万余片，民间经典书籍供应不足的局面在几十年间大为改观，今昔对比十分鲜明。此外，宋真宗大中祥符三年（1010年），"三史"即《史记》《汉书》《后汉书》，以及《三国志》《晋书》等正史已全部镂版付梓，一改宋初"惟张昭家有三史"的情形，达到了"士大夫不劳力而家有旧典"的程度。至南宋，耐得翁《都城纪胜》如此描述临安一带文教盛况："宗学、京学、县学之外，其余乡校、家塾、舍馆、书会，每一里巷须一二所，弦诵之声，往往相闻。"

据不完全统计，宋代设州学234所，占州数的72%，县学516所，占县数的44%，教育体系之完备、教育普及程度之高都达到了空前的程度。[①]有宋一代300年间科举登科的总人数，虽然史料有缺，不同学者统计的具体数目存在参差，但都普遍推断处于5万至10万的区间内。从上述数据中可以看到印刷技术促进文化知识普及的功劳。

批量复制不仅带来文化在各社会阶层的广泛传播，而且进一步扩大了中华典籍的域外辐射影响力。更多典籍跨山越海，涌向域外，将中华

[①] 田建平：《宋代出版史》，人民出版社，2017，第133—134页。

第六章　印刷文化

名物典章、礼法制度、道德观念、节庆风俗等文化万象远播至日本、朝鲜半岛、越南等地，促进了东亚汉文化圈的形成。

在近代欧洲，印刷术也发挥了相似的作用。美国汉学家卡特教授在《中国印刷术的发明和它的西传》一书中认为，中国的印刷术对欧洲印刷事业的开启具有决定性的意义。[1]在改进中国毕昇活字印刷术的基础上，谷登堡金属活字印刷工艺一经问世，立即以惊人的速度普及开来，只用了不到40年时间就如星火燎原般传遍了整个欧洲。根据相关资料统计，至1480年西欧有不少于110座城镇开始了印刷活动。在15世纪的最后20年里，全欧洲至少印刷了3.5万种书籍。[2]随后的16世纪印刷术继续在欧洲快速发展，仅法国就形成了巴黎和里昂两个印刷中心，在一个世纪内分别印刷图书2.5万种与1.5万种。[3]

---

[1] 卡特：《中国印刷术的发明和它的西传》，吴泽炎译，商务印书馆，1957，第173—181页。

[2] FEBVRE L. MARTIN H. J. The Coming of the Book：The Impact of Printing, 1450−1800（Washington, D.C：Humanist Press, 1976），p. 18.

[3] FEBVRE L. MARTIN H. J. The Coming of the Book：The Impact of Printing, 1450−1800（Washington, D.C：Humanist Press, 1976），p. 189.

印刷机内的纸墨字符夜以继日排列组合，不仅制造出海量的书籍，而且极大地降低了生产成本，特别是简装书和小册子的出现，让书籍变得"平易近人"。16世纪，价格低廉的教科书涌入欧洲各地兴起的学校教室，大大推动了知识的普及，文化不再是少数特权贵族阶层的奢侈品，正如恩格斯所指出的："印刷术的发明及商业发展的迫切需求，改变了以往只有僧侣才能读书写字、接受较高级教育的状况。"[1]瓦特在《廉价印刷物和大众虔行（1550—1640）》中也谈到，廉价印刷物是一种社会黏合工具，把越来越多的人带入公共阅读。在愈发庞大的阅读人口基础之上，活字印刷术为欧洲培养了大量的专业知识分子，大大地推动了文艺复兴、科学革命、宗教改革、启蒙运动、工业革命等人类文明大事件的历史进程。

二、固定保真带来的时间穿透力

在手抄书籍的年代，文本历经多次复制传播后，即使佣书人保有职业操守，不至于故意窜改文字，但无意间的错漏讹误也必将层层累积放大，难以保证知识信息忠实于原貌。

事实上，为匡谬正误，中国古时官方曾先后7次雕刻石经，期望以固定的字痕维护儒学经典的标准权威。首次刻印为东汉灵帝于熹平四年（175年），雕《易》《书》《仪礼》《春秋》《公羊传》《论语》《尚书》

---

[1]《马克思恩格斯全集（第7卷）》，人民出版社，1982，第391页。

第六章　印刷文化

7 部儒家经典共 46 块石碑，立于洛阳太学门前，即上文已经提到的《熹平石经》。此后三国、唐、五代、宋等朝代均曾先后刊刻。距今最近的一次为清乾隆五十六年（1791 年）刻儒家经典 13 部共 198 块，立于北京国子监，史称"清十三经"。厚重的石经无法随意改动内容，固然可以对抗讹误的侵扰，但它本身却失去了信息广布远播之利。而印刷术使得文本化身千百，千百如一，既可承载文化辐射至九州四海，又能高保真且精准固定知识信息的原始面貌。

据统计，我国传世古籍约有 94% 为印本。[1] 以高保真内容为核心，以批量复制为保障，印刷出版赋予了文化更为强韧的时间穿透力。更多经世明道之文辞、闪耀千古之思想免于失落散佚，得以传于后世。由此，前人代代积累夯筑的知识台基变得更为坚实，后人拾级而上，一步步向文明的更高处进发。

印刷术带来的强韧时间穿透力首先表现为减少作品散佚。以"诗圣"杜甫的作品为例，从今日观之，杜甫将唐代盛衰骤变化为沉郁顿挫之笔触，在中华文化的垂

---

[1] 徐忆农：《东亚雕版印刷书的源流与历史价值》，载中国印刷博物馆主编《版印文明——中国古代印刷史学术研讨会论文集》，文化发展出版社，2019，第 39 页。

天阔野间熠熠生辉。但事实上，杜甫诗作的保存流传状况曾一度岌岌可危。由于抄写传播范围有限，同时代的樊晃在编录文集时已经搜求不到杜甫的原作60卷，只能采录遗文290篇，分为6卷。至中唐，韩愈在赞誉"李杜文章在，光焰万丈长""平生千万篇，金薤垂琳琅"的同时，也不禁唏嘘"流落人间者，太山一毫芒"，流传世间之作只不过像是泰山的毫末一般，其余的大部分已难觅踪影。经唐末五代兵矢动荡，宋初杜甫诗作更有亡佚颠倒之忧。宋人苏舜钦于《题杜子美别集后》言："今所在者才二十卷，又未经学者编辑，古律错乱，前后不伦，盖不为近世所尚，坠逸过半，吁！可痛悯也！"直至宋仁宗嘉祐四年（1059年），苏州王琪利用印刷术刊刻出版王洙整理的《杜工部集》，杜甫作品才最终得以广泛流传，"自后补遗、增校、注释、批点、集注、分类、编韵之作，无不出于二王之所辑梓"。①

杜诗的传承沉浮并非个例。刘麟刻本的《元氏长庆集序》道出了北宋末年唐人诗文亡佚之严重，原本在唐代"君臣所撰著文集篇目甚多"的作品，至彼时已经是"名公钜人之文所传盖十之一二尔"。归功于宋人的整理编纂、付梓刊行，尚存一二中的部分佳作才能在历史的涤荡下继续流传。据南宋周必大《文苑英华序》记载，北宋初年编纂《文苑英华》这部大型诗文类书时，印刷书籍极少，即使是韩愈、柳宗元、元稹、白居易等大文学家的作品流传都难言广泛，其他如陈子昂、张九龄等诸多名士的文集就更是世间罕见，因此官方在《文苑英华》的编修过

---

① 张元济：《续古逸丛书（集部）》，江苏古籍出版社，2001，第349页。

程中常常将诗文作品全卷收录,由此可见印刷术对于唐人作品流传的重要作用。至南宋,据南宋陈振孙《直斋书录解题》记载,仅眉山一地印刷的唐人文集就多达60种,历经近千年至今仍可见《李太白文集》《王摩诘文集》《孟浩然诗集》《昌黎先生文集》《新刊增广百家译补注唐柳先生文》等数十种。有唐一代琳琅精华得以光耀后世,印刷出版之功昭然可鉴。

强韧时间穿透力的另一方面是降低湮灭概率,这主要得益于印刷术带来的多复本分布式保存。在全部为原版高保真复制的前提下,复本越多,保存越分散,传播越广泛,完全湮灭不传的概率就越低。《永乐大典》与《古今图书集成》均为我国历史上编纂的大型类书,广收上迄先秦、下至编纂时代的繁博文献。《永乐大典》成书11095册,总字数约3.7亿字,《古今图书集成》分6汇编、32典、6117部,共10000卷。不过《永乐大典》未得镂版付梓,仅抄录正本与嘉靖副本,《古今图书集成》以铜活字印制复本60余部,分别庋藏于南北多处馆阁,这也使得两部巨著在兵燹人祸下的传世命运迥然有别。《永乐大典》今仅存嘉靖副本400余册,正本及其他万册副本踪迹无存;《古今图书集成》现有完帙珍藏于中国国家图书馆及故宫博物院,成为存世规模最大、最完整的类书,彰显出多复本保存对于文化传承的重要意义。

西班牙诗人、政治活动家曼努埃尔·霍赛·金塔纳曾写下诗歌《咏印刷术的发明》："你在数百年前给予思想和语言以躯体，你用印刷符号锁住了言语的生命，要不它会逃得无踪无影。如果没有你哟，时间也会吞噬自身，永远葬身于忘却之坟。但是你终于降临，思想冲破了藩篱，在它的襁褓时代就长久地限制着它的藩篱，终于展翅飞向遥远的世界，在那里，正进行着郑重的对话，这就是过去和未来。"印刷术赋予文化知识的强韧时间穿透力，正像诗人所赞美的那样，锁住了思想和言语的生命，使其免于被忘却所吞噬，从而联结起历史与未来。

三、思想变革与文明跃进的武器

印刷术以技术创新带来文化的革新，并在实践应用中不断与先人智慧碰撞融合，于历史长河中持续激发出一层层思想变革与文明跃进的涟漪。

印刷有版，版上生权。印刷术的广泛应用孕育着思想的创新，版权观念随之破土萌发。版权成于世界，而最早源于中国。宋代印刷出版的繁荣也在另一方面为盗印翻刻的孳生提供了条件。无论是通行于世的儒学经典、历书律法，还是积年而成的文论集萃、诗韵英华，众多文质兼美的印刷品上系国计民生大事，下系书坊衣食生存，都需极力避免被不法之徒剽窃盗刻、篡改翻版，于是两条主要的版权保护路径应运而生。

一是以官府文告警示各方，同时采取与之配合的行动禁绝盗版。如宋神宗熙宁八年（1075年），国子监新修经义之书，在交付杭州、成都府路转运司雕版时公告四方"禁私印及鬻之者"。除官方印刷出版外，民间遭遇侵权的一方亦可上陈官府请求发布禁令，维护权益；同时版权保护也非仅针对出版者，原书作者同样可以维护刻本上凝结的创造性成果。宋理宗淳祐八年（1248年），段维清呈请国子监保护《丛桂毛诗集解》的作者段昌武以及刊印者罗樾的版权，国子监应允请求并颁布公告，"备牒两浙路、福建路运司"，要求约束书肆，翻刻盗版一经发现即"追板劈毁，断罪施行"。

二是以牌记宣示保护版权。牌记是我国印刷书籍特有的标记，形式上常以墨阑环绕四周，分隔出与正文迥然有别的独立单元。宋代《东都事略》牌记刻"眉山程舍人宅刊行，已申上司，不许覆版"，明确宣示版权并禁止翻版，是迄今为止世界范围内可见的最早的版权声明。历代牌记所记载的版权保护内容可大致归纳为6类，分别是详注刻坊具体地址、表明已藏版存证、声明已上呈官府备案、添加或提示图形化标志元素、明文禁止翻刻盗版、警告翻印侵权后果。为强化震慑与保护效果，很多牌记所涉及内容并不局限于一个方面。如《东都事略》牌记就同时含有声明已上呈官府备案、明文禁止翻刻盗版两方面内容。又如宋代睦亲坊陈宅所刻牌记为"临安府棚北大街睦亲坊南陈宅刊印"，除详细标明书坊具体地之外，还一并将牌记最后的"印"字末笔加长弯折，进行图形化艺术处理。至于同时包含藏版存证、警告盗印两方面内容，组成诸如"本衙藏版，翻刻必究"牌记的实例，则更不可胜数。

自宋以来，官府颁文与牌记示权的举措在历朝历代都沿袭了下来，是事实存在的版权保护现象，发挥着不可忽视的作用。不仅如此，版权观念还随着中华典籍一同传播至朝鲜半岛、日本、越南等地。如朝鲜所刊《论语正文》牌记为"庚辰新刊内阁藏版"，日本江都书肆嵩山房刊行《论语古训外传》封面印有"不许翻刻，千里必究"，越南《御制越史总咏》印有"翻刻必究"，从中都可以清晰地感受到中国版权理念与实践方式所产生的影响。

中国印刷术的西传，不只是推进了欧洲印刷术的发展，更是推动了欧洲历史文化的发展。法国年鉴学派大师费夫贺与马尔坦在合著的《印刷书的诞生》一书中，将"印刷书"视为变革的推手，对欧洲人文主义的诞生、宗教改革产生了重要影响。马克思曾指出，印刷术是新教的工具，是科学的复兴的手段，是精神发展创造必要条件的最强大的杠杆。

从最直接的意义上看，谷登堡对于印刷技术的革新首先推动了德国的宗教改革。在宗教改革中，马丁·路德非常重视传播的作用，而美国历史学家杜兰曾精辟地指出，是谷登堡使路德成为可能。1520年，被誉为路德的"宗教改革三大论著"的《致德意志基督贵族公开信》，发表数天后就以4000本印刷小册子传遍全德各地。在1517年到1520年的短短几年内，由科隆、纽伦堡、斯特拉斯堡和巴塞尔等中心城市印刷的小册子就超过了30万份，包括著名的《巴比伦之囚》《基督徒的自由》等，宣扬宗教改革思想。在印刷品的广泛动员之下，路德的个人行动迅速蔓延至整个欧洲大陆，推动了新教改革思想的传播。

另一方面，伴随印刷机与铅活字的使用，印刷品的快速传播，古老的拉丁文跌下了神坛，逐渐失去了在文学和印刷领域的垄断性地位。欧洲不同民族和国家的"书面语"，如世俗的英语、法语、德语、意大利语和西班牙语等登上了历史舞台，无形中促使各民族人民对于自身文化的认同感逐步增强，民族意识逐渐觉醒。文字不再是欧洲宗教权贵的"道具"，它转而成为一种人人必备的交流工具，宗教著作也被人文学者的作品所取代，人文思想和科学文化得以广为流传。由此，更多出身低微的民众通过日益推广的教育、与日俱增的印刷书籍和熟练的阅读，汲取了知识，解放了思想，改变了社会地位，成长为推动社会变革的重要力量。可以说，印刷术打破了欧洲中世纪的黑暗，为迎接世界近代文明的曙光推开了一扇窗户，成为近代文明的播种机。

印刷技术的进步贯穿了第一次和第二次工业革命。18世纪末，捷克人发明了石印技术；19世纪，法国人发明了照相书和珂罗版摄影术，美国人发明了手摇铸字机和轮转印刷机，德国人发明了珂罗版印刷技术；20世纪初，德国人和美国人联合发明了胶印技术。印刷术从未停下创新的脚步，各类印刷品持续服务于人类的生产生活需求，并不断发挥着传播文化、启蒙思想的功用，成为撬动文明跃进的杠杆，引发了人类文明史上一次又一次的变革。

第二节　印刷术的诞生
　　　　不亚于当今互联网的出现

印刷术首先在中国跃出历史的地平线，展开了我国1400余年的印刷史长卷，辉映着历久弥新的光彩。它让印本飞入寻常百姓家，让户户皆闻读书声成为可能，启迪着一代代中国人读取传承先贤智慧，为中华文明的赓续远播注入源源不竭的活水。在欧洲，由谷登堡所创的机器（或称机械）印刷带来了书籍生产方式的重大变革，被后人称为"书籍革命"或"印刷革命"，极大地加快了西方文化知识的传播和积累，将现代社会到来的时间大大向前推移，为世界文明的发展做出了不朽的贡献。

当今，印刷术的触角无所不在，蕴含于人类日常生活的点点滴滴之中。可能也正是因为日用而不觉，如今的我们恐怕很难真切地感受印刷术诞生时带给人类社会的震撼与变革。或许，著名文化学者柳斌杰对于印刷术的评价可以为我们打开想象的空间，他曾经多次感慨道，印刷术的发明不亚于今天互联网对人类社会的冲击和影响。

第六章　印刷文化

一、世界范围内的文化传播

　　数字时代，互联网联通世界各地，让人类栖身的广袤星球变成了"地球村"。信息无论处于哪一个角落，只要接入互联网中，即可瞬时保真地传输至千里之外的另一处终端。知识文化在互联网的空间内畅通无阻，真正实现了世界范围内的传播，古人曾经设想的足不出户而知天下事的场景已经成为真切的现实。

　　印刷术的诞生，虽然尚不能完全与当今的互联网相媲美，但它毫无疑问在相当程度上延展了信息的辐射范围。回顾口耳相传和抄书复制的历史时代，知识和经验的传播速度缓慢，讹变错漏难以避免，在此基础上若要跨山越海地进行长距离的传播更是困难重重，这就导致文化辐射的地域颇受局限。隋末唐初印刷术诞生，由此人类的知识和经验依靠经济贸易和人文交流的商队行旅，得以在更大的范围传播，极大地促进了不同地域、不同民族的多元文化的碰撞和交融，推动了人类文明的不断进步。

　　在东亚，早在4世纪的抄本时代，中华典籍就已经在朝鲜半岛流通。我国印刷出版在宋代迎来黄金时代，宋太宗淳化四年（993年）至宋真宗天禧五年（1021年）不到30年时间里，高丽曾多次遣使，求取九经、正史、诸子、文集、医书、历日、阴阳、地理等书。百余年后，宋徽宗宣和六年（1124年）成书的《宣和奉使高丽图经》，曾描述高丽"闾阎陋巷间，经馆书舍，三两相望"，民众"以儒为贵，故其国以不知书为耻"，俨然"有齐鲁之气韵"。

明清时期，朝鲜文人使者更为孜孜不倦地广泛求取中华书籍。明代姜绍书的《韵石斋笔谈》中曾记载："朝鲜国人最好书，凡使臣入贡，限五六十人，或旧典，或新书，或稗官小说，在彼缺者，日出市中，逢人遍问，不惜重值购回。"成书于18世纪末、19世纪初的朝鲜古典文学名著《春香传》，大量引用四书五经及《资治通鉴》《古文观止》中的典故诗文，折射出由印刷书籍承载的中华文化在朝鲜半岛的影响力。

《旧唐书·东夷列传》记载，开元初年日本遣使来朝，不仅求请儒士传授经典，并且所得赏赐"尽是文籍"，满载泛海而还。进入印刷出版时代，日本曾通过僧侣及商人广泛引入各类经史子集典籍。宋太宗时期由李昉主持编纂的《太平御览》，收纂宏富，旁征博引，虽然官方严格管制该书流出，但在日本高价搜求下，仍至少有数十部宋刻本《太平御览》流入日本。南宋时，程朱理学兴起，朱熹所撰《四书章句集注》一经出版，其初印本就已经东传。中国管禁外流及初刻之书都能越海而至，中华典籍在日本的传播之盛可见一斑，同时也不禁令人感慨近千年前在印刷术的赋能之下，文化长距离传播的效率已经相对高效迅速。

印刷图书也曾经广泛传入越南。自10世纪起，汉字即作为越南历代封建王朝的官方书面文字。[①]宋真宗时，刻本典籍已借由商贸源源不断地南下传播。到了明代，《明史》称越南效仿中国制度设置百官，开设学校，以经义、诗赋科举取士，"彬彬有华风焉"。明代官方曾向越南的府州县学颁布赏赐"五经四书、性理大全、为善阴骘、孝顺事实"等书籍。得益于印刷术的广泛应用，当地文人学者博览群书。根据万历二年（1574年）严从简撰写的《殊域周咨录》记载，彼时越南儒生所藏之书，经有四书五经及《广韵》《玉篇》等，史有《资治通鉴》《少微通鉴》《汉书》《三国志》《贞观政要》等，集有《文选》《昌黎先生集》《柳河东集》等，至于"天文地理、历法相书、算命尅择、十筮算法、篆隶家、医药诸书"亦并而有之。此外，通俗色彩浓厚的明代小说也曾大量输入越南，在千里之外想象感受另一片地域上英雄儿女、市井百姓的离合悲欢，这与当今通过互联网社交平台浏览地球另一端人们的点滴日常，似有异曲同工之处。

在欧洲，众多哲学家与思想家也曾在传教士翻译的中国典籍中进行"检索"，寻找启迪智慧的文化财富，在

---

① 中国社会科学院历史研究所：《古代中越关系资料选编》，中国社会科学出版社，1982，第75页。

欧洲各地掀起了长达百年的"中国热"浪潮。"为政以德"的治国主张贯穿儒家经典，在欧洲启蒙运动时期，许多思想家都曾汲取施行德政的理念。18世纪法国启蒙思想家、"百科全书派"代表人物之一霍尔巴赫认为，中国是世界上唯一将道德与政治融为一体的国度，欧洲政府应当视中国为楷模，以德治国。著名思想家、文学家伏尔泰十分推崇儒家思想，同样力主法国借鉴"为政以德"的理念。"有教无类"是孔子秉持的教育观念，浸润了中国古代延续千年的科举制度。在众多启蒙思想家的提倡下，平等享有教育权利的主张对彼时欧洲大众教育产生了深远的影响，并成为吸纳中国科举制优点、建立西方文官制度的重要推动因素之一。同一时期，植根于中国悠久农耕文化的重农思想也在影响着欧洲。法国著名思想家魁奈受到中国传统经济思想启发，创立"重农学派"，倡导尊重自然法则，爱惜民力。1756年法国国王路易十五曾效仿中国于巴黎城郊举行亲耕仪式，这也是启蒙运动时期重农学派的观点引发广泛社会反响的一个体现。伴随着一册册印刷图书的翻阅，蕴含于一串串印刷文本的字里行间，来自遥远中国的优秀传统文化在欧洲近代历史舞台上镌刻下了难以磨灭的印迹。

在互联网世界中，我们可以将文件内容复制、另存下载，甚至进行"云端"存储，这些完全一致的副本将不会随原始文件的更改或删除而变化，底层字符代码所表征的特定信息因分布式存储而具备了长久的延续性。与之相似，在印刷术诞生后，印刷复本在世界范围内传播也可促成广义层面的分布式保存。《天工开物》是由明人宋应星撰写的世界首部农业、手工业生产综合性著作，初刊于崇祯十年（1637年），分上、中、下三部18篇，百科全书式地包罗了耕织、染色、造纸、陶瓷、兵器、机械、火药、制盐、采煤等 130 余项生产技术。该书早在 17 世纪即东传日本，迅速引起重视。为满足读者需求，1771 年日本以明崇祯十年初本翻刻出版"菅生堂本"，成为《天工开物》最早的国外刊本，进而开启了更为迅速、更大规模的广泛传播。19 世纪法国汉学家儒莲将《天工开物》涉及银朱、桑蚕、造纸等手工业章节译为法文，之后英、德等语言译本也相继出现，共同推动了欧洲相关技术的革新进步。

尽管清代《天工开物》埋没不传，但书中内容并未在 200 余年的历史风云中散佚，而是依托以"菅生堂本"为代表的各类海外印刷版本流传了下来。在 20 世纪 50 年代密藏于宁波墨海楼的明刊"涂本"重现于世之前，"菅生堂本"是我国"陶本"、华通书局本、商务印书馆本、世界书局本等各版《天工开物》的底本或校勘本，它为中国智慧的传承、中华文化在世界范围的传播贡献了力量。

二、新型生产生活方式的变革

互联网与数字技术正在重塑当今人类的生产生活方式，区块链、大数据、人工智能、虚拟现实、元宇宙等前沿科技应用及场景带来层出不穷的新变化。各类社交平台成为公众轻松获取与交换信息的渠道，电子商务早已嵌入日常生活成为必不可少的购物选择。建立在影音传输甚至虚拟现实基础上的新型交互模式，不仅提高了远程多地协同工作的效率，也带来了更加自由灵活的体验。特别是虚实融合的元宇宙工业的发展，将进一步加速产业高端化、智能化、绿色化升级，开辟数字经济新场景、新应用、新生态，引领新一轮科技革命和产业变革向纵深演进。

若干世纪以来，印刷术也正如今天的互联网一般，源源不断地为人类文明注入发展变革的新动能。印刷自身的变化可以直接带来生产生活方式的改变。今天，在大街小巷的咖啡馆中展开报刊读物，一面有滋有味地品尝咖啡，一面不疾不徐地浏览信息，已成为一幅平常而又富有文化生活气息的图景。而曾经，这样的图画代表着一种新型的生产生活方式，它正是由印刷的发展一笔笔绘制而成。近代欧洲，印刷技术的进步与读者群体的不断扩大，汇聚而成一股有力的涌动，不断推动报纸这一大众印刷出版物的蓬勃发展。作为当时欧洲印刷业最发达的地域，德国在1609年印制出了世界上最早的周报《通告——报道与新闻报》。在此后不到10年的时间内，各类周报在科隆、法兰克福、柏林、汉堡等大城市相继涌现，以每7天一期的间隔发布新闻事件，迅速吸引了一批又一批的读者。1663年，《莱比锡新闻》改版，发行周期缩短为一天，所刊登的信息更加"新鲜出炉"，而这也成为世界上最早的日报。在日益庞大的阅读人口的支撑下，报纸飞入了欧洲千家万户的生活中，发行量一路攀升。例如在英国，据统计1750年报刊发行量为730万份，1760年为940万份，1780年这个数字达到了1400万份，相较于30年前几乎翻了一倍，已有数以十万计的读者培养出了在报纸中获取信息、消遣时光的新习惯。

第六章 印刷文化

19世纪，报纸的生产效率在印刷技术的改进中不断提升，这也催生了廉价报纸的诞生。1833年，早期廉价报纸的代表《太阳报》在法国创办，短短数年每日发行量已升至3万份。1835年，英国《每日电讯信使报》以每份一便士的低廉售价迅速打开市场，仅仅4个月后每日发行量已达到2.7万份。这一时期的报纸已经名副其实地成为面向全社会各阶层的印刷品，无论是贵族官员还是市井平民，无论是学童妇女还是百工匠人，都可以在茶余饭后拿起一份适合自己的报刊读物，从中寻找到各自不同的乐趣。

报纸阅读需要惬意合适的场所，个人观点的分享需要聚集讨论的空间，各类登载信息需要互通有无的渠道，于是在印刷术改变生活方式、引发市民阅读潮流的进程中，一项如今看来司空见惯的事物开始兴起，那就是咖啡馆。它与报纸、大众的奇妙组合最终开拓出了特有的文化空间，甚至影响着近代思想政治观念的发展方向。17世纪50年代初，英国第一家咖啡馆在牛津开业，很快吸引了众多牛津大学的师生学者共聚此处。至18世纪，咖啡馆已风靡伦敦、巴黎等欧洲大城市，成为公共休闲生活中不可或缺的一环。除售卖饮品外，咖啡馆常向顾客提供报纸、小册子等印刷品，可以使民众紧跟新闻事件的最新发展状态，交换商业情报，一览身边奇闻逸事，这些信息转而都可以成为咖啡桌旁的新一轮谈资。

18世纪初，近代早期新闻业在咖啡馆中逐渐兴起，许多撰稿及编辑活动都在咖啡馆中进行，部分日后发行量可观的报纸，如德国汉堡的《爱国者报》最初也起源于咖啡馆。

不同于沙龙或课堂的相对封闭，一间间街头巷尾的咖啡馆凭借其开放性与包容性，吸引着社会各阶层人士，因此逐渐成为宣传思想、开展辩论、引发公众舆论的中心。在启蒙运动时期，卢梭、伏尔泰等思想家与众多博学之士经常在咖啡馆中举行聚会，高谈阔论，其余顾客则可作为倾听者，拓展眼界，增广见闻，获得启迪。部分廉价咖啡馆甚至被誉为"一便士大学"，意为只需支付一便士就可如同置身大学一般聆听讲授。孟德斯鸠曾称，每一位从咖啡馆离开的顾客，都会觉得自己比进入此处时机智了4倍。启蒙思想在印刷品之外，也沿着另一条路径向社会各阶层流传，对公众的政治、思想乃至文学、艺术理念带来了潜移默化的作用。

因此，印刷术的功绩不仅体现在直接带来变革，更在于它引发的连锁反应，悄然而有力地推动了人类生产生活方式发生天翻地覆的变革。有欧洲印刷史研究者认为，是印刷术划出中世纪与近现代社会的分野，技术的背后蕴含着迈向现代的动力。当印刷术令书籍变得廉价易得，当教育和阅读的普及使知识经验的传承不再主要依靠师徒间的口耳相传，当学者不用再穷其一生游历四方、搜集信息，深度思考与科学思维的萌芽就已经准备破土而发。哥白尼在印刷术的帮助下，得以有机会广泛阅览各类哲学家的著作，进而为日后天文学领域崭新体系的建立积蓄力量。牛顿利用购买及借阅的书籍，搜集上至欧几里得、下至笛卡尔的一切可得的数学论文，在此基础上发明了微积分。印刷术构筑起了知识的殿堂，供学者畅游其间，最终促成了人类对宇宙认识的质变。发生于 16 至 17 世纪的这场影响深远的变革被称为"科学革命"，它以自然科学体系的建立为光辉成就，而理论的革新也必将对人类实践产生巨大的推动作用。

此后数百年间的故事我们都已十分熟悉，英国人瓦特看到煤炉上的开水壶冒出源源不断的蒸汽，受此启发发明并不断改良蒸汽机，一系列技术革命引起了从手工劳动向机器生产转变的重大飞跃，由此开启了人类第一次工业革命。机器取代人力，大规模工业化生产取代个体工坊的手工劳作，人类文明进入加速发展时期。此后仅用不到百年时间，电力耀眼的光芒点亮了夜空，人类迎来第二次工业革命，进入电气时代。几十年后，人类又进入新的科技时代，今天我们正直面数字时代的到来。

回溯一系列大事件的起点，是中国的印刷术传入欧洲，谷登堡开启了机器（机械）印刷时代。印刷机器经过不断改进，推动了知识的传播与教育的普及，催生了近现代意义上的科学技术、思想文化，通过文艺复兴、科学革命、宗教改革、工业革命等一系列具有深远影响的历史变革，将世界引入了生产力与生产关系新的质变中，彻底地改变了人类社会。由此观之，在对人类生产生活面貌的变革方面，印刷术的发明完全不亚于互联网的问世，甚至站在今天的历史节点上比较，印刷术在部分领域的影响要更加彻底全面，它曾经并且至今仍然以深邃细致的笔触，绘制着人类文明的进程。

第六章　印刷文化

第三节　印刷文化是全人类共同的精神财富

在上文中我们曾提到，版权源于中国，成于世界；而印刷有版，版上生权。因此，作为孕育了版权思想的印刷文化，就更是源于华夏，成于寰球。面对印刷文化，我们需要站在人类命运共同体的高度，从整个人类文明的积淀出发，以科学理性和人文关怀兼备的角度，去审视、探讨、弘扬这一全人类共同的精神财富。

回望中国 1400 多年的印刷史，漫漫征途上屹立着 3 座里程碑式的高峰，分别是以雕版印刷为代表的印刷术肇始、毕昇活字印刷术的发明与全球传播、以王选为代表的激光照排印刷技术创新。每一轮印刷技术的革新都积极地影响着人类的物质生活，并极大地促进了文化交流互鉴与人类文明的持续进步。

在欧洲，15 世纪中叶德国谷登堡发明木质手扳架印刷机，印刷业步入了机器（机械）发展时期。从 15 世纪至今的这500多年间，世界机械印刷发展大致经历了3个阶段：一是从15世纪中叶谷登堡发明手动铅活字印刷机到19世纪初，为手工印刷机器（机械）发明发展阶段；二是19世纪初蒸汽动力的印刷机出现，标志着印刷机械的动力化驱动，再到凸、四、平、孔（漏）4种印刷方式的不断完善，为机器（机械）印刷的发展壮大阶段；三是从20世纪中叶至今，计算机的发明和应用，逐步实现了电脑排版、印刷机械机电一体，为数字印刷阶段。不断变革的技术印制出更多更精美的各类印刷品，为人类文明进程做出了巨大贡献。

因此，对于印刷文化，我们要更加自觉地以纵横千年时域、跨越全球地域的视角，全面辩证地看待全人类在印刷发展史上点亮的璀璨智慧光芒。例如中国北宋的毕昇发明了活字印刷术，以质的飞跃为印刷革新开辟了一条崭新的道路，是世界范围内当之无愧的"活字印刷之祖"。此后，中国的活字印刷术沿丝绸之路传向世界各国，在谷登堡研制出金属活字印刷工艺之前就已经传入了欧洲，活字印刷所需的"制作字坯、拼版、上墨、印刷"等工艺流程已被西方熟知。而谷登堡则在前人的基础上，根据西方拼音文字特点使用铅活字印刷，并培养了一批掌握活字印刷技术的工人，成功将这一新技术扩散到了欧洲各国，引领欧洲印刷业进入了一个新的发展时期。这一系列贡献使谷登堡成为欧洲活字印刷技术的奠基人，成为世界机器（机械）印刷时代的揭幕人，中国毕昇发明的活字印刷术得以继续发扬光大。毕昇、谷登堡同样是人类文明进程中的耀眼之星，闪耀着智者光芒。

千举万变，其道一也。任何技术创新都是基于已有成果的又一次探索。若要正确恰当地评价毕昇、谷登堡等不同历史时期、不同国家地域

第六章　印刷文化

的人物在人类文明发展中的贡献，就不能仅仅将视野局限于一时一地，而应从世界印刷史的大视野出发。以谷登堡为代表的欧洲活字印刷术，问世晚于北宋毕昇的活字印刷术 400 余年，承袭了毕昇所创活字技术的核心思想，沿用了毕昇的技术思路，存在灵感启发与再度创新的渊源。因此，中国北宋的毕昇是世界活字印刷之祖，而谷登堡做出了承前启后的杰出贡献，他们分别在人类文明发展长卷中写下了光辉的一笔。如此方可避开一叶障目不见泰山的陷阱，也彰显出了印刷文化是全人类共同精神财富的特质。

印刷还会陪伴人类继续走向数字未来吗？诚然，今天提起"印刷"这个词语，似乎有落伍之嫌。当今时代，数字化浪潮风起云涌，数字技术的更新迭代令人应接不暇。传统出版物和纸媒正在式微，纸媒生产的前端"印刷"似乎也将走进死胡同。如果这样狭义地从印刷出版物角度去理解印刷，进而预测印刷的未来，似乎也有一定的道理。毕竟，传统出版纸质书的单一品种印刷数量在下降是不争的事实，这也导致了出版物印刷的规模产值不可避免地下降。数字化确实是美好的前景，出版单位也都在进行数字化转型，但成熟的数字产品的盈利模式仍处在探索之中。

然而，这些现象只是集中于狭义的印刷范畴内观察的结果。如果"横看成岭侧成峰"，我们将目光扩展到广义的印刷，那么映入眼中的景象将会大不一样。广义印刷品包罗万象，印书印报等出版物印刷只是印刷品的一小部分，而在其他领域，尤其是包装印刷方面呈现出快速增长态势，规模已是出版物印刷的数倍。

千年前，印刷术的发明就是当时先进生产力的代表。工业化时代，印刷技术的革新持续突飞猛进。当今新一轮的数字科技浪潮席卷全球，知识更新速度日益迅猛，信息呈现几何级数增长。面对"未来已来"的数字时代，印刷继续以主动的姿态和积极的行动乘上了时代的快车，将人类的智慧和创造力，同数字的涌动迭代紧密相连，知识重组、媒介融合、全场景智能化呼之欲出。无版印刷、柔性印刷、3D打印、纳米印刷、电路印刷、芯片蚀刻、生物打印等诸多大众或许尚未熟知的专有名词背后，正是方兴未艾的多元化印刷技术与产业。

印刷是技术，更是文化；既是古老的，更是现代的。当今印刷是作为轻工服务业，同时"跨界"作为创意文化产业而存在的。可以想象，随着3D打印、生物打印材料的进一步研发和成熟，结合计算机扫描建模等信息技术的支持，"印刷"这个已历经千年之久的词语及行业，将会从出版物印刷、包装印刷等领域再次出发，由"印刷服务"走向"印刷制造"，继续为文化传播提供重要支持。曾经的印刷将油墨固定于纸张之上，而"屏显时代"的印刷又何尝不能将知识信息汇集于屏幕终端之上，"万物建模"、虚实相生之下的印刷，又何尝不能直接将事物凝聚于我们身边、融入生活的点滴之中。

弘扬印刷文化，就必须在传承厚重精神文化遗产的同时，抛弃因循守旧的因素，敞开胸怀，兼容并包，结合对古老印刷文化的活态化传承，不断丰富印刷文化的内涵。只要我们牢牢守护印刷文化服务于人类知识积累、文明赓续的基因，不断吸纳新技术、开辟新领域，相信印刷将永远在人类追求更美好生活的道路上相伴而行，作为人类发展生存的"营养素"持续惠及生产生活的方方面面。

在这个"地球村"的时代，我们要将"人"在世界舞台上高高举起，强化科技、研究、生产服务于人类健康幸福的理念，积极响应习近平总书记提出的"全球文明倡议"，为尊重世界文明多样性、弘扬全人类共同价值、重视文明传承创新、加强国际人文交流合作贡献力量。印刷文化历经千年发展凝结而成沉甸甸的精神财富，我们更应当尽力将全面服务于人类的素质提升、优雅生活、精神享受和全面发展，服务于人类文明新形态的创造，作为传承弘扬印刷文化的共同追求。

后记

作为国家社科基金特别委托项目研究成果，《世界印刷文化史》经历两年半的笔耕不辍，今朝正式付梓出版。这标志着我们在历史地考察全球印刷及印本文化发展的问题上，又做出了一些新的探索。

人类文明绵延至今，印刷术发挥了难以估量的巨大作用。它最早诞生于中国，搭建了人类拾级而上的阶梯，极大地推动了知识的传播和文明的进步，更催生了丰富多彩的印刷文化，并以自身跨山越海的脚步促进了世界范围内不同文化之间的交流和融合。当今，数字时代的大幕已在世人面前徐徐拉开，印刷还将润物无声地遍布于我们生产生活的各个角落，继续以技术推动进步，以文化滋养心灵。本书的编著，正是从印刷术发明国中国出发，以全球视野，基于翔实史料、细致推敲、切实论证，梳理阐释印刷起源、雕版印刷、活字印刷的发明演进，以及数字印刷的革新、印刷艺术的呈现、印刷文化

后　记

的积淀弘扬等，为世人呈现一幅较为完整、立体的世界印刷文化史长卷，以期加深对世界范围内文明互鉴、美美与共的理解，并激发更多关于印刷文化既往和未来的启迪思考。

印刷文化包罗万象、跨越千年，本书尚有一些疏漏不足之处，恳请广大读者不吝批评指正！

图书在版编目（CIP）数据

世界印刷文化史 / 孙宝林编著. —太原：山西经济出版社，2024.1
ISBN 978-7-5577-1222-8

Ⅰ.①世… Ⅱ.①孙… Ⅲ.①印刷史—文化史—世界 Ⅳ.①TS8-091

中国版本图书馆 CIP 数据核字（2023）第 228920 号

世界印刷文化史
SHIJIE YINSHUA WENHUASHI

编　　著：	孙宝林
出 版 人：	张宝东
出版策划：	王　珂
融媒体出版策划：	董晓宁
融媒体出版统筹：	张晓华
特约专家：	李志江　范中华　宋守江
责任编辑：	吴　迪
助理责编：	武文璇　张雅婷
	杨　晨　郭子君
复　　审：	申卓敏
终　　审：	李慧平
责任印制：	李　健
装帧设计：	阎宏睿
邮票设计：	申　飞
印章制作：	西泠印社
技术支持：	山西春秋电子音像出版社
	山西书海传媒科技有限责任公司

出 版 者：	山西出版传媒集团·山西经济出版社
社　　址：	太原市建设南路 21 号
邮　　编：	030012
电　　话：	0351-4922133（市场部）
	0351-4922085（总编室）
E－mail：	scb@sxjjcb.com（市场部）
	zbs@sxjjcb.com（总编室）
经 销 者：	山西出版传媒集团·山西经济出版社
承 印 者：	山西出版传媒集团·山西人民印刷有限责任公司

开　　本：	787mm×1092mm　1 / 16
印　　张：	30.5
字　　数：	350 千字
版　　次：	2024 年 1 月　第 1 版
印　　次：	2024 年 1 月　第 1 次印刷
书　　号：	ISBN 978-7-5577-1222-8
定　　价：	99.00 元